U0315255

国家出版基金项目
NATIONAL PUBLICATION FOUNDATION

有色金属理论与技术前沿丛书

红土镍矿多元材料冶金

LATERITE METALLURGY FOR COMPOUND MATERIALS

李新海　李灵均　王志兴　郭华军　著
Li Xin hai　Li Lingjun Wang Zhixing Guo Huajun

内容简介

Introduction

本书在阐述材料化冶金理论基础上，论述了以红土镍矿为原料合成多金属共掺杂$Ni_{1-x-y}Co_xMn_y(OH)_2$和 $FePO_4 \cdot xH_2O$ 前驱体的方法，经配锂热处理后分别得到锂离子电池正极材料 $LiNi_{1-x-y}Co_xMn_yO_2$ 和 $LiFePO_4$。其中主元素与金属掺杂元素(Cr、Mg、Al 等)分别以氢氧化物或磷酸盐的形式均匀地分布在这两种前驱体颗粒中，因此合成 $LiNi_{0.8}Co_{0.1}Mn_{0.1}O_2$ 和 $LiFePO_4$ 时无需再掺杂。这不仅显著缩短了工艺流程，降低了生产成本，而且掺杂元素的引入能有效抑制富镍三元材料的锂镍混排，缓解锂离子脱嵌过程中的结构变化，提高 $LiFePO_4$ 体相内的电导率，最终提升这两种正极材料的电化学性能。

作者简介

About the Authors

李新海，男，1962 年生。中南大学教授，博士生导师，国务院政府特殊津贴获得者。先后主持国家“973”计划、国家科技支撑计划、湖南省科技计划重大专项等多项课题。研究方向主要涉及先进电池与储能材料，如锂离子电池、镍氢电池、无汞碱锰电池、燃料电池等；碳素材料，如碳纳米管、富勒烯、超级电容器用碳材料等；有色金属资源高效利用，如盐湖资源和复杂镍、钴、锰、锂资源等。先后有 12 项科研成果通过省部级科技成果鉴定，荣获省部级以上科技奖励 10 项，其中国家科技进步二等奖 1 项、湖南省技术发明一等奖 1 项、湖南省科技进步一等奖 1 项。申请国家发明专利 60 余项，授权发明专利 30 余项，发表学术论文 300 余篇。

李灵均，男，1984 年生，冶金物理化学博士，长沙理工大学教师。2014—2015 年在香港城市大学从事博士后工作；目前在国家留学基金的资助下，在加拿大 Dalhousie University 从事锂离子电池的研究。主持国家自然科学基金、湖南省自然科学基金、湖南省教育厅基金等项目。研究方向主要涉及多元材料冶金与先进微纳能源材料，包括难处理资源的高效分离提取，高能量高安全锂离子电池微纳材料的设计、可控生长、界面原位修饰、体相掺杂以及晶体结构分析。

王志兴，男，1970 年生，中南大学教授，博士生导师，冶金物理化学博士，化学工程博士后。长期从事冶金、材料与电化学的研究。先后主持国家“973”课题1项，国家自然科学基金项目1项，主持或参与省部级、校企合作项目19项。研究方向主要涉及新型化学电源、能源材料、有色金属资源综合利用等领域，并取得多项创新性成果。

郭华军，男，1972年生，中南大学教授，博士生导师，冶金物理化学博士，材料学博士后。2008—2009年公派留学于加拿大不列颠哥伦比亚大学（University of British Columbia，UBC），2010年晋升为教授。研究方向主要涉及能源材料、新型化学电源、电化学冶金、资源高效利用等领域。

学术委员会

Academic Committee

国家出版基金项目
有色金属理论与技术前沿丛书

编辑出版委员会

Editorial and Publishing Committee

国家出版基金项目
有色金属理论与技术前沿丛书

总序

Preface

当今有色金属已成为决定一个国家经济、科学技术、国防建设等发展的重要物质基础，是提升国家综合实力和保障国家安全的关键性战略资源。作为有色金属生产第一大国，我国在有色金属研究领域，特别是在复杂低品位有色金属资源的开发与利用上取得了长足进展。

我国有色金属工业近30年来发展迅速，产量连年来居世界首位，有色金属科技在国民经济建设和现代化国防建设中发挥着越来越重要的作用。与此同时，有色金属资源短缺与国民经济发展需求之间的矛盾也日益突出，对国外资源的依赖程度逐年增加，严重影响我国国民经济的健康发展。

随着经济的发展，已探明的优质矿产资源接近枯竭，不仅使我国面临有色金属材料总量供应严重短缺的危机，而且因为“难探、难采、难选、难冶”的复杂低品位矿石资源或二次资源逐步成为主体原料后，对传统的地质、采矿、选矿、冶金、材料、加工、环境等科学技术提出了巨大挑战。资源的低质化将会使我国有色金属工业及相关产业面临生存竞争的危机。我国有色金属工业的发展迫切需要适应我国资源特点的新理论、新技术。系统完整、水平领先和相互融合的有色金属科技图书的出版，对于提高我国有色金属工业的自主创新能力，促进高效、低耗、无污染、综合利用有色金属资源的新理论与新技术的应用，确保我国有色金属产业的可持续发展，具有重大的推动作用。

作为国家出版基金资助的国家重大出版项目，《有色金属理论与技术前沿丛书》计划出版100种图书，涵盖材料、冶金、矿业、地学和机电等学科。丛书的作者荟萃了有色金属研究领域的院士、国家重大科研计划项目的首席科学家、长江学者特聘教授、国家杰出青年科学基金获得者、全国优秀博士论文奖获得者、国家重大人才计划入选者、有色金属大型研究院所及骨干企业的顶尖专家。

国家出版基金由国家设立，用于鼓励和支持优秀公益性出版项目，代表我国学术出版的最高水平。《有色金属理论与技术前沿丛书》瞄准有色金属研究发展前沿，把握国内外有色金属学科的最新动态，全面、及时、准确地反映有色金属科学与工程技术方面的新理论、新技术和新应用，发掘与采集极富价值的研究成果，具有很高的学术价值。

中南大学出版社长期倾力服务有色金属的图书出版，在《有色金属理论与技术前沿丛书》的策划与出版过程中做了大量极富成效的工作，大力推动了我国有色金属行业优秀科技著作的出版，对高等院校、研究院所及大中型企业的有色金属学科人才培养具有直接而重大的促进作用。

王淀佐

2010 年 12 月

前言

Foreword

全球镍资源比较丰富，据美国地质调查局的资料显示，2006年世界已查明镍储量为6400万吨，其中39.4%为硫化镍矿、60.6%为红土镍矿。由于硫化镍矿资源品质相对要好，Ni、Co易于富集，且工艺技术成熟，目前60%以上的镍是从硫化镍矿中提取的。然而，随着世界经济的发展，可用的硫化镍资源已日益枯竭，红土镍矿生产镍的比例正在迅速提高。为此，如何有效开发占全球镍储量2/3的红土镍矿成了当今镍冶金的研究热点。

红土镍矿一般都伴生有Co、Mn、大量的Fe及多种对$LiNi_{0.8}Co_{0.1}Mn_{0.1}O_2$和$LiFePO_4$有益的掺杂元素，目前主要是利用其中的Ni元素，Ni被用于不锈钢、高温合金、催化材料、二次电池材料、燃料电池材料等领域。其他元素如Co、Mn、Fe、Cr、Mg、Al等，非但没有得到很好的利用，还需经一系列复杂的除杂、分离和提纯的工序将其除去。这不仅显著提高了生产的成本，还严重浪费了资源，同时含大量金属离子废水的排放对环境也会造成污染。

另外，随着石油的不断消耗及全球环境的日益恶化，人们对应用于电动车及电动工具的高能量、高功率锂离子二次电池的需求快速增长，同时对其正极材料也提出了越来越高的要求。层状锂离子电池正极材料$LiNi_{0.8}Co_{0.1}Mn_{0.1}O_2$综合了$LiNiO_2$的高比容量、$LiCoO_2$良好的循环性能和$LiMnO_2$的高安全性能等优点，成为高能量密度锂离子电池的首选材料之一。橄榄石结构的锂离子电池正极材料$LiFePO_4$因具有结构稳定、热稳定性好、对环境无污染等优势，成为高安全、长寿命锂离子电池的重要材料。

目前制备$LiNi_{0.8}Co_{0.1}Mn_{0.1}O_2$和$LiFePO_4$的前驱体大多为化学纯或分析纯的Ni盐、Co盐、Mn盐和Fe盐。这些高纯金属盐大部分是由多种矿石分别经过不同的除杂工序获得的，而利用这些高纯原料制备$LiNi_{0.8}Co_{0.1}Mn_{0.1}O_2$和$LiFePO_4$时又须添加一些对其电化学性能有益的掺杂元素(如 Cr、Mg、Al 等),这些组成元素和掺杂元素大多在天然矿物中就存在,从而导致矿物除杂与材料掺杂工艺重复,成本大大增加。因此,直接利用矿物制备锂离子电池正极材料的前驱体是降低其生产成本的有效方法。

综上所述,随着资源的日益缺乏和环境问题的日益突显,加快研发综合利用矿物中各种元素的新技术、新工艺已成为矿物利用的必然趋势。本书在对红土镍矿冶金及锂离子电池正极材料的研究进展进行详细总结的基础上,以红土镍矿为原料,合成多金属掺杂正极材料 $LiNi_{0.8}Co_{0.1}Mn_{0.1}O_2$ 和 $LiFePO_4$,并对掺杂机理进行了较系统的研究,反映了红土镍矿材料化冶金的理论研究和工艺技术的最新成果。

本书各章内容来自李灵均撰写的博士学位论文,指导老师为李新海、王志兴和郭华军。本书是在中南大学出版社的鼓励和帮助下出版的。本书编写过程中得到了中南大学冶金与环境学院领导的大力支持,冶金物理化学与化学新材料研究所也给予了热情的帮助,在此表示感谢。本书中的研究内容是在国家重点基础研究发展计划(共生氧化矿多元材料化冶金基础,课题编号 2007CB613607)的资助下完成的,在此表示感谢。

由于作者水平有限,书中难免会出现一些错误和不妥之处,敬请广大读者批评指正。

著者

2015 年 9 月

目录 / Contents

第 1 章 概述

1.1 引言

镍是一种重要的战略元素，它被广泛应用于不锈钢、高温合金、催化材料、二次电池材料、燃料电池材料等领域。然而，随着世界经济的发展，可用的硫化镍资源已日渐枯竭，而利用红土镍矿生产镍逐渐成为当前的热门方法。为此，如何有效开发占全球镍储量 2/3 的红土镍矿成了当今镍冶金的研究热点。

另外，随着全球环境的日益恶化，人们对应用于电动车及电动工具的高能量、高功率锂离子二次电池的需求在快速增长，同时对其正极材料也提出了越来越高的要求。

1.2 镍资源概况及利用现状

镍是一种较为丰富的金属元素，在地球中的含量仅次于 Si、O、Fe、Mg，居第 5 位。Ni 在地核中的含量最高，以天然的镍铁合金形式存在。由于 Ni 的地球化学特性，Ni 在铁镁质岩石中的含量高于其在硅铝质岩石[1-4]中的含量。

目前，全球可供人类开发利用的陆地镍资源主要分为硫化镍矿和红土镍矿两种，其分布和产量情况如图 1-1 所示。由图 1-1 可知，硫化镍矿占 28%，红土镍矿占 72%[5,6]。硫化镍矿一般含镍 1% 左右，选矿后的精矿品位可达 6% ~ 12%，伴生有一定量的金属(Cu、Co)。因此，硫化镍矿的经济价值较高。红土镍矿石中几乎不含 Cu 和铂族元素，但常含有少量的 Co，Ni 和 Co 的比一般为(25 ~ 30):1。

由于硫化镍矿资源品质相对要好，Ni、Co 易于富集，且工艺技术成熟，目前 58% 以上的镍是从硫化镍矿中提取的，红土镍矿中的镍产量约为 42%。然而，因硫化镍矿的长期开采，且近 20 年来硫化镍矿的勘探没有重大发现，其储量急剧下降。如以年产镍量 120 万 t 计算，则相当于两年采完一个加拿大伏伊希湾镍矿床(近20 年发现的唯一的大型矿床，世界第五大硫化镍矿)、5 年采完中国的金川镍矿(世界第三大硫化镍矿)。因此，全球硫化镍矿资源已出现资源危机，而且传统的几个硫化镍矿矿山(加拿大的萨德伯里、俄罗斯的诺列尔斯克、澳大利亚的坎博尔达、中国的金川、南非的里腾斯堡等)的开采深度日益加深,矿山开采难度加大。而红土镍矿资源丰富,可露天开采,采矿成本低,选冶工艺趋于成熟,可生产氧化镍、镍锍、镍铁合金等多种中间产品,并且矿源靠海,便于运输,因此全球镍行业将资源开发的重点放在储量丰富的红土镍矿资源。据估计,到2017年从红土镍矿中生产出的镍的产量会超过从硫化镍矿生产的镍的产量[7-12]。

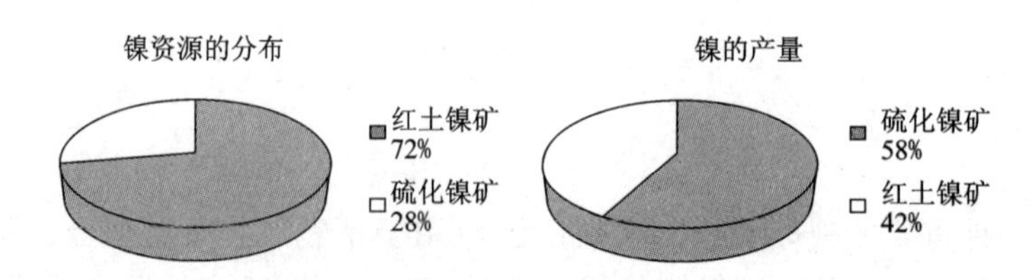

图1-1 世界陆地镍资源分布及产量示意图

1.3 红土镍矿提取工艺

目前红土镍矿的可开采部分由三层组成:褐铁矿层、过渡层及腐殖土层,其组成与提取工艺如表1-1[13]所示。世界上红土镍矿的处理工艺大致有三种,分别为火法工艺、湿法工艺和火湿法结合工艺[14]。火法工艺按其产物的不同分为还原熔炼生产镍铁的工艺和还原硫化熔炼生产镍锍的工艺。湿法工艺则按其浸出溶液的不同分为氨浸工艺和酸浸工艺。火湿法结合工艺是指红土镍矿经还原(离析)焙烧(火法)后采用选矿(湿法)方法提取有价元素的工艺。

表1-1 红土镍矿的组成与提取工艺

矿层	化学成分/%						提取工艺
	Ni	Co	Fe	Cr_2O_3	MgO	特点	
褐铁矿层	0.8~1.5	0.1~0.2	40~50	2~5	0.5~5	高铁低镁	湿法
过渡层	1.5~1.8	0.02~0.1	25~40	1~2	5~15		湿法—火法
腐殖土层	1.8~3	0.02~0.1	10~25	1~2	15~35	低铁高镁	火法

1.3.1 红土镍矿的火法处理工艺

火法处理工艺主要包括还原熔炼(镍铁工艺)和镍锍工艺。其基本流程如图1-2所示[15, 16]。两者的共同特征是能耗大、回收率低、只能处理高品位矿石。

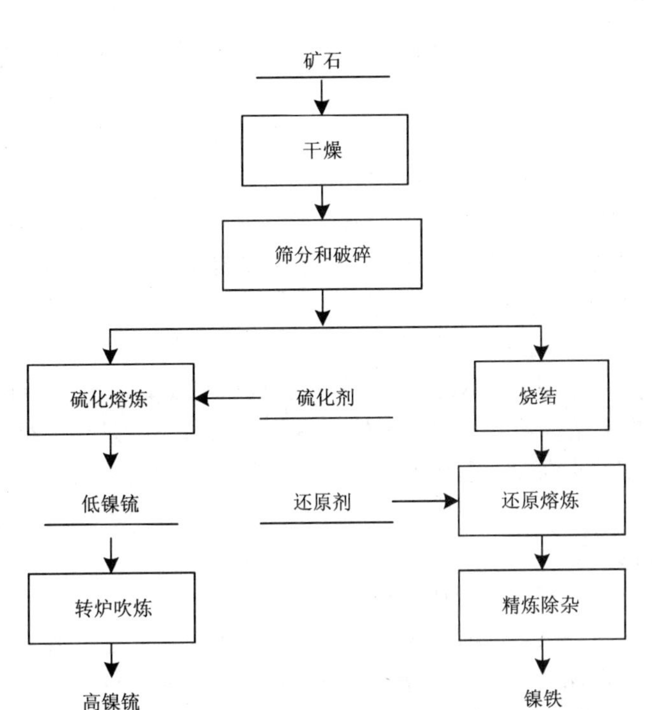

图1-2 红土镍矿火法处理工艺流程图

1. 镍铁工艺

还原熔炼生产镍铁是世界上用得最多的火法处理工艺。通过将矿石破碎，在高温下用煤还原，产出粗镍铁合金。目前处理红土镍矿的还原熔炼方法主要是电炉还原熔炼。其优点是熔池温度和炉内的气氛比较容易控制；炉气量较少，含尘量较低。缺点是本身能耗高，污染较严重。产出的产品中镍的质量分数为20%～30%，镍的回收率达到90%～95%，但钴不能回收[16]。

2. 镍锍工艺

镍锍生产工艺是在镍铁工艺的基础上，在电炉熔炼过程中加入硫化剂，产出低镍锍，然后再通过转炉吹炼生产镍锍品味高，镍锍的成分可以通过还原剂焦粉和硫化剂的加入量加以调整[17-19]。采用还原硫化熔炼处理氧化镍矿生产镍锍的工艺，其产品为高镍锍，且具有很大的灵活性，并可以回收其中的钴。高镍锍产品中镍的质量分数一般为79%，硫的质量分数为19.5%。全流程镍回收率约70%。

1.3.2 红土镍矿的湿法处理工艺

湿法冶金工艺通常用于处理褐铁矿类型的红土镍矿和含Mg比较低的硅镁镍

矿。湿法冶金主要工艺有：加压酸浸工艺、常压酸浸工艺和较早使用的还原焙烧—氨浸工艺。

1. 加压酸浸工艺

加压酸浸工艺处理红土镍矿的一般流程为：在250～270℃、4～5 MPa的高温高压条件下，用稀硫酸将Ni、Co等与铁铝矿物一起溶解；通过控制pH，使Fe、Al和Si等杂质元素水解进入渣中，Ni、Co选择性地进入溶液，用硫化沉淀富集Co、Ni，通过传统的精炼工艺配套产出最终产物[20, 21]。加压酸浸工艺的主要影响因素有：矿石品位[26, 27]、Mg和Al含量[28]、矿物学特征[29－31]、结垢现象[32]和高盐水的腐蚀[33, 34]等。该工艺下，Ni的浸出率可达90%以上，但由于受到矿石条件的制约，目前世界上采用加压酸浸工艺处理氧化镍矿的工厂只有三家，且高温高压处理条件对设备要求苛刻，运转不是十分正常[22－25]。总体而言，加压酸浸工艺发展尚不成熟。

2. 常压酸浸工艺

常压酸浸工艺处理红土镍矿是近年来研究的热点，一般流程为：先将红土镍矿进行磨矿和分级处理，将细化的矿石与洗涤液和酸按一定的比例在加热条件下反应，使矿石中的Ni、Co等元素进入溶液，再采用碳酸钙进行中和处理，得到滤液，并用硫化物作沉淀剂富集滤液中的Ni、Co[35－37]。Canterford等人采用提高浸出温度[38]、控制还原电位[39, 40]、加入催化剂盐[41]、强化矿前处理[42]、加入硫化剂[43, 44]和预焙烧[45, 46]等方法增强Ni、Co的浸出，同时抑制Fe、Mg等杂质元素的浸出，取得了较好的效果。常压酸浸工艺具有工艺简单、能耗低、不使用高压釜、成本低和易于控制等优点；其缺点是浸出液分离困难，渣中Ni、Co含量仍较高，并且浸出液中杂质元素含量较高，酸耗大[47]。

3. 还原焙烧—氨浸工艺

还原焙烧—氨浸法(简称为RRAL)始于20世纪40年代，是最早应用于湿法处理红土镍矿的工艺，由Caron教授发明，因此，又称为Caron流程[48]。还原焙烧—氨浸的一般工艺是：先将红土镍矿干燥、磨碎，高温下还原焙烧，使Ni、Co和部分Fe还原成合金，经多级逆流氨浸，使Ni、Co等有价元素进入浸出液。浸出液经硫化沉淀，母液再经过除铁、蒸氨，得到碱式硫酸镍。碱式硫酸镍可经煅烧转化成氧化镍，也可经还原生产镍粉。该方法由火法的还原焙烧工艺和湿法的氨浸工艺两大部分组成，可以看成是火法和湿法工艺相结合的最初尝试[49]。其缺点是氨浸过程中大量的Fe进入溶液并被氧化，生成$Fe(OH)_3$胶体沉淀，而$Fe(OH)_3$胶体对Ni、Co氨配离子有较强的吸附作用，造成Ni、Co的损失[50]。

1987年以后传统的还原焙烧—氨浸工艺有了较大的进步。主要是因为氨浸液采用了萃取工艺，萃取剂为LIX84－I，其特点是直接从氨性溶液中萃取Ni，反萃得到的硫酸镍溶液电解，即可以得到高质量的阴极镍。钴存在于萃余液中通过硫化沉淀、水热浸出、萃取、大孔阳离子树脂交换和蒸氨等工序得到碱式碳酸钴。

与其他方法相比，氨浸法处理红土镍矿时，不需要熔炼，具有能耗低的优点。然而，氨浸法只适合处理红土镍矿床上层的矿石，工序复杂，且不适合处理下层Si、Mg含量高的矿层，因此极大地限制了氨浸法的发展[51]。

1.3.3　其他处理方法

鉴于火法和湿法的优点和不足之处，人们对红土镍矿的其他处理工艺进行了广泛的研究，主要有氯化离析—磁选、还原焙烧—浮选以及生物浸出等方法。

氯化离析—磁选的主要工艺流程为：在矿石中加入适量的碳质还原剂（煤或焦炭）和氯化剂，在弱还原性气氛中加热，使有价元素转换成氯化物挥发，并在碳粒表面被还原为金属，通过选矿的方法富集得到品位较高的镍精矿。还原焙烧—浮选的主要工艺流程为：原矿磨细后与粉煤混合制团，矿团经干燥和高温还原焙烧，焙烧后的矿团再磨细，经选矿分离得到镍铁合金产品，其缺点是工艺技术仍不成熟。细菌浸出工艺属于生物冶金的范畴，利用微生物的生物活性将贫矿石中的金属有效地溶解出来，可以显著降低原料的消耗与能耗。尽管细菌浸出工艺在试验室取得了一定的效果，但由于受到设备及生产规模等因素的影响，目前还没有实现工业化[52-55]。

1.4　红土镍矿净化工艺

从红土镍矿处理工艺的现状来看，火法冶炼工艺存在三个方面的不足：①在冶炼过程中，矿石首先需要被干燥，以除去所含潮气和结晶水，然后进行焙烧和冶炼，需要消耗大量的能源。②大多数火法冶炼不能回收Co，经济性较低。③因为能耗较高，使火法冶炼对矿石的品位要求相对提高。比较而言，湿法酸浸工艺，特别是常压酸浸工艺在红土镍矿的处理方面表现出较好的经济性。这一方面得益于相对低的能耗，另一方面体现在金属Co的回收效果上。然而红土镍矿酸浸时，不可避免地有许多杂质元素（Fe、Co、Mn、Mg、Al、Cr、Ca等）进入溶液，对有价金属Co，作为副产品回收，其他元素则作为杂质必须除去。欲使主要元素（主元）与杂质分离，一般有两种方法：一种是使主元从溶液中析出；另一种是待杂质分别除去后，让主元留在溶液中。由于红土镍矿具有杂质元素种类多、含量大等特点，在Ni、Co的净化分离过程中，通常将两种方法联合使用，包括多种复杂的净化过程及许多净化步骤。

1.4.1　红土镍矿中铁的分离工艺

红土镍矿中的主要杂质元素是Fe，由表1-1可知，褐铁矿层、过渡层及腐殖土层中 Fe 的质量分数分别为 40% ~50%、25% ~40% 和 10% ~25%。其中，适用于湿法处理工艺的褐铁矿层的 Fe 含量最高，在酸性浸出溶液中杂质 Fe 更是普遍存在。目前主要的除铁方法有水解除铁法、黄钠铁矾法、针铁矿法、赤铁矿法和溶剂萃取除铁法等。

1. 水解除铁工艺

传统的水解除铁工艺是根据浸出液中各元素氢氧化物的沉淀 pH 的差别来达到主元素与杂质分离的目的，由于氢氧化铁的溶度积常数远低于氢氧化镍和氢氧化钴，在理论上可以实现铁的分离。目前加压酸浸法处理红土镍矿即通过控制一定的 pH 等条件，使 Fe、Al 和 Si 等杂质元素水解进入渣中，Ni、Co 选择性地进入溶液[32]。水解除铁工艺的不足主要是：其沉淀物一般是三价铁胶体，为絮状沉淀，对 Ni、Co 离子有较强的吸附作用，过滤困难，降低了 Ni、Co 的回收率[50]。

2. 黄钠铁矾除铁工艺

黄钠铁矾[$Na_2Fe_6(SO_4)_4(OH)_{12}$]为淡黄色的晶体，是一种过滤性、洗涤性特别好的硫酸盐，其反应条件为：温度高于 90℃，有晶种存在，且溶液中存在足够的钠离子和硫酸根离子，通过调节适当的 pH，生成黄钠铁矾沉淀，从而达到除铁的目的[56]。其反应式为：

$$3Fe_2(SO_4)_3 + Na_2SO_4 + 12H_2O = Na_2Fe_6(SO_4)_4(OH)_{12} + 6H_2SO_4 \quad (1-1)$$

由于此反应只沉淀 Fe^{3+}，且是增酸反应，须加入氧化剂和中和剂才能使反应进行。因此，黄钠铁矾除铁工艺操作比较复杂，且除铁产物的价值较低，造成资源的浪费。

3. 针铁矿除铁工艺

针铁矿法除铁的主要工艺流程为：首先把溶液中的 Fe^{3+} 还原成 Fe^{2+}，然后调节 pH 至 3 ~5，再将 Fe^{2+} 缓慢氧化，这样得到的是针铁矿（FeOOH）而不是 $Fe(OH)_3$，因此，氧化剂和还原剂的选择非常重要。在 Ni、Co 生产中，工业上一般用空气作氧化剂，反应温度在 80 ~100℃之间，通过计算表明，用空气氧化低价铁时，溶液中应保持较低的 pH[13]。

4. 赤铁矿除铁工艺

Dutrizac 和 Riveros[57, 58]等人提出了一种新的水解除铁的方法，其主要工艺过程为：在 2 MPa 的气压下，升温至 200℃，使得浸出液中的氯化铁水解生成赤铁矿和氯化氢气体。此工艺与黄钠铁矾除铁工艺类似，只沉淀 Fe^{3+}，且是增酸反应，须加入氧化剂和中和剂才能使反应进行。赤铁矿除铁工艺的不足在于：对设备要求较高，同时操作比较复杂。

5. 溶剂萃取除铁工艺

溶剂萃取法是一种常用的分离和富集各种元素的有效方法，在有色金属冶金方面得到了广泛的应用[59, 60]。萃取是利用有机溶剂从不相混溶的液相中把某种元素提取出来的一种方法。从工艺过程看，溶剂萃取法通常包括萃取、洗涤和反萃取三个主要阶段。溶液萃取中的关键是选择合适的萃取剂，目前，酸性磷酸酯类、羧酸类、胺类、中性萃取剂以及混合萃取剂等均可用于萃取除铁。萃取除铁具有能耗低、污染少等优点。但萃取成本较高，多用于萃取溶液中含量较低的元素，且萃取效果受体系各元素组成变化的影响很大。

1.4.2　红土镍矿中其他元素的分离工艺

1. Ni、Co、Mn 的分离工艺

浸出液除铁后，一般通过硫化沉淀法富集溶液中的 Ni，然而由于 Ni、Co、Mn 的硫化物溶度积相差不大，在 Ni 含量高、Co 和 Mn 含量较低的体系中，Co 和 Mn 容易进入沉淀，影响硫化产物的纯度，在工业上一般将 Mn 除去，将 Co 分离后回收。

Ni、Co 和 Mn 的分离主要有化学沉淀法和溶剂萃取法[61-64]，根据 Ni、Co、Mn 化合物的溶度积差异可以实现化学沉淀分离，对 Ni 含量高、Co 和 Mn 含量低的溶液可用氧化水解沉淀除去 Co、Mn，沉淀法不太适合 Ni、Co、Mn 浓度大致相当的溶液。氨性硫酸盐溶液中的 Ni、Co 分离可以采用氨配合物法，分为可溶钴氨配合物法和不溶钴氨配合物法。可溶钴氨配合物法分离 Ni、Co 是利用钴氨配合物在酸性溶液中比硫酸镍氨配合物稳定来实现的；在不溶钴氨配合物法中，钴以六氨配合物盐的形式从氨性硫酸镍的溶液中沉淀，达到与 Ni 分离的目的。但是不溶钴氨配合物法在分离 Ni、Co、Mn 时选择性低，通常需要复杂的溶解和沉淀作业，Ni、Co 产品纯度低、生产成本高等缺点限制其应用范围。

溶剂萃取工艺由于具有高选择性、高回收率、流程简单、操作连续化和易于实现自动化等优点，已成为 Ni、Co、Mn 分离的主要方法。已经实现工业应用的萃取剂有脂肪酸、磷类、叔胺、螯合型萃取剂等。在氯化物体系中 Ni、Co、Mn 的萃取分离主要使用胺类萃取剂，最常用的有 N509、N263、P204、P507 等。从硫酸溶液中分离 Ni、Co、Mn 的过程是用 P204 的碱性盐(钠盐或铵盐)从溶液中萃取杂质金属 Mn，将 Ni、Co 大部分留在水相中，稀释剂用磷酸三丁酯（TBP），防止生成第二相。含 Co 的有机相在 pH 5 的条件下用水洗涤后，用硫酸、亚硝酸或盐酸反萃取以回收 Co，从萃取余液中回收 Ni，实现 Ni、Co 的分离[59, 60, 65]。有机溶剂萃取在镍冶金中发展很快，不断有新的萃取剂出现，还出现了新的工艺及设备，如协同萃取、离心萃取器。

2. Ca、Mg、Cr 的分离工艺

当生产电池级的硫酸镍时，对 Ca、Mg、Cr 的含量要求较高。传统的除 Ca、Mg、Cr 的方法有离子交换[66]、超滤[67]等，但效果均不是很理想。彭长宏等人报道了一种硫酸盐体系氟化沉淀除杂的方法，Mg 和 Ca 平均去除率高达 90% 左右，

Cr 的去除率也较高，常用的氟化剂有 NaF、NH_4F、KF 等。NH_4F 溶解度较大，可在常温下除 Ca、Mg，用 NaF 除 Ca、Mg 须在比较高的温度下进行(80 ~ 90℃)[68]。此外，工业中常用的萃取剂如 P204、P507、N235 等也都能将 Ca、Mg 部分萃取除去。

1.5 锂离子电池的发展及工作原理

1.5.1 锂离子电池的发展简史

锂离子电池是在以金属锂作为负极材料的二次锂电池基础上发展起来的新型二次电池[69]。在自然界中，锂的标准电极电位最负(－3.04 V)，并且质量最轻(原子量为 6.94 g/mol，密度为 0.53 g/cm^3，20℃)，因此锂电池在所有电池中理论能量密度最高。20 世纪 70 年代以来，一次金属锂电池因其具有比容量高、电池电压高、工作温度宽和低自放电率等特点被广泛应用于便携式设备中[70]。

锂二次电池的发展，关键是电池正负极材料的发展。早期锂电池的负极采用金属锂，在充放电过程中锂会在锂负极上沉积，产生锂枝晶，导致严重的安全问题。1980 年，M. Armand 等人[71]提出了“摇椅式电池”的概念，即用低插锂电位的 $Li_yM_nY_m$ 层间化合物替代金属锂负极，以高插锂电位的 A_zB_w 作正极，组成没有金属锂的二次电池。随后 J. B. Goodenough 等[72-74]合成了能够可逆地嵌入和脱出锂的层状 $LiMO_2$(M = Co，Ni，Mn)化合物，至今仍作为锂离子电池的正极材料被广泛使用。

1990 年日本 Nagoura 等人[75]研制了以石油焦为负极、$LiCoO_2$ 为正极的商业化锂离子电池。锂离子电池一问世，就引起了全世界的极大关注，在短短几年的时间里实现了大规模的商品化生产，取代 Ni－Cd 和 Ni－MH 电池，成为移动电话、笔记本电脑、摄像机等便携式电子设备领域的首选电源。随着锂离子电池研究水平和电池组制造技术的不断提高，锂离子电池的应用领域越来越广泛。法国 SAFT 公司、日本 Sony 和三菱公司、中国的比亚迪和吉利公司先后开发出了以锂离子电池为动力的纯电动汽车，日本东芝生产的大容量电动车锂离子电池已于 2011 年 2 月开始批量生产，其功率密度可达 230 ~ 270 Wh/L，单体容量 60 Ah，产能预计 100 万块/月。此外，具有高电压、高容量、高可靠性和良好循环性能的锂离子电池也受到储能、通信、军用、航空航天以及其他专业领域的青睐。锂离子电池具有广阔的发展前景和巨大的市场需求。

1.5.2 锂离子电池的工作原理

图 1－3 为锂离子电池的电化学机理示意图[76]。锂离子电池是一种锂离子的

浓差电池，锂离子电池的活性物质是基于锂的可逆脱嵌反应进行工作。充电时，锂离子从正极材料中脱出，经隔膜和电解液，嵌入到负极材料中；放电时，锂离子从负极材料中脱出，经过隔膜和电解液，再重新嵌入正极材料中。在正常充放电的情况下，锂离子的脱嵌一般只引起层面间距变化，不影响晶体结构。锂离子电池的化学表达式为：

$$Li_{1-z}M_xO_y \underset{放电}{\overset{充电}{\rightleftharpoons}} Li_{1-z-\delta}M_xO_y + \delta Li^+ + \delta e\text{（正极反应）} \tag{1-2}$$

$$nC + \delta Li^+ + \delta e \underset{放电}{\overset{充电}{\rightleftharpoons}} Li_\delta C_n\text{（负极反应）} \tag{1-3}$$

$$Li_{1-z}M_xO_y + nC \underset{放电}{\overset{充电}{\rightleftharpoons}} Li_{1-z-\delta}M_xO_y + Li_\delta C_n\text{（电池反应）} \tag{1-4}$$

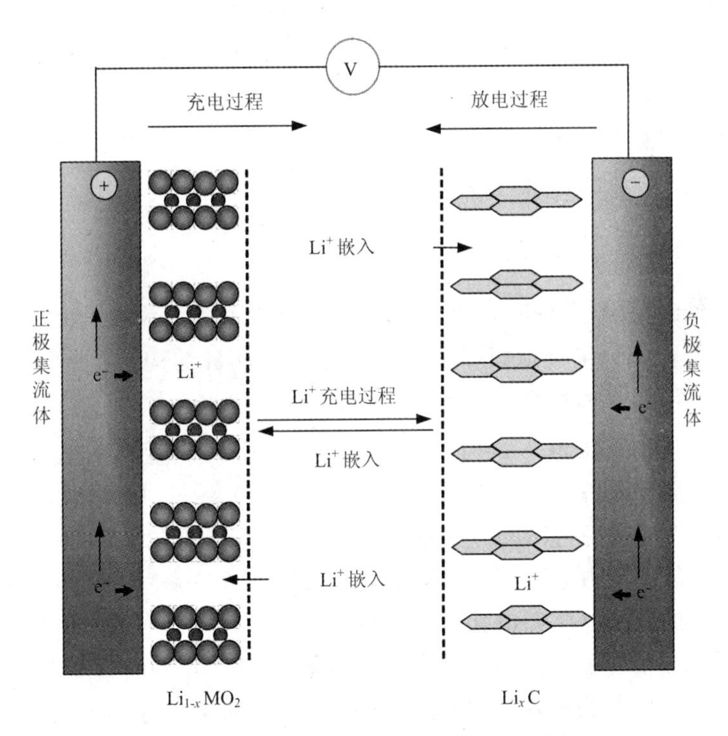

图1-3 锂离子电池的电化学机理示意图

1.6 锂离子电池正极材料研究进展

正极材料 $Li_xM_yN_z$ 是制造锂离子电池的关键材料之一，正极材料的选择和质量直接决定了锂离子电池的特性和价格。根据锂离子电池的工作原理，其正极材料应满足如下要求[76-78]：

(1)为保证高的电池电压，电池反应应具有较小的吉布斯自由能 ΔG。

(2)正极材料 $Li_xM_yN_z$的 x 值尽可能大，提供高的容量。

(3)在嵌锂和脱锂时，正极材料的结构没有或很少发生变化，确保电极具有良好的可逆性。

(4)正极材料的氧化还原电位随 x 值的变化应较小，保证电池极化小。

(5)正极材料应具有较好的电子电导率(σ_e)和离子电导率(σ_{Li^+})。

(6)正极材料在全部操作电压范围内应结构稳定，不溶于电解液，也不与电解液反应。

(7)正极材料的化学扩散系数(D_{Li^+})应尽可能大，以确保良好的电化学动力学特性，满足动力型电源的需要。

(8)正极材料应富锂，以起到作为锂源的作用。

(9) 从商品化的角度而言，嵌入化合物应该原料来源广、价格便宜、对环境友好等。

根据以上条件，目前的研究主要集中在锂钴氧化物、锂镍氧化物、锂锰氧化物、锂镍钴锰氧构成的三元材料以及磷酸盐材料方面。

1.6.1 锂钴氧系正极材料

$LiCoO_2$是由 J. B. Goodenough 研究小组于1980 年首先提出，并最早用于商品化的锂离子电池中的正极材料[79]。$LiCoO_2$ 主要有两种结构：低温下合成的尖晶石结构 LT - $LiCoO_2$(空间群下 $Fd\bar{3}M$)和高温下合成的 α - $NaFeO_2$ 型层状结构 HT - $LiCoO_2$(空间群 $R\bar{3}M$)。图 1 -4 为 $LiCoO_2$的结构示意图，它具有α - $NaFeO_2$型层状结构，属于六方晶系，晶格常数 $a=2.516(2)$ Å，$c=14.05(1)$ Å，其中氧离子为面心立方紧密堆积排列，锂离子与钴离子交替占据岩盐结构的(111)面的3a、3b 位置，氧离子占据6c 位置[80]。其理论容量为274 mAh/g，具有良好的充放电平台、较高的开路电压和电化学稳定性。在实际应用过程中，因其结构限制，只有部分锂离子能可逆地嵌入和脱出，实际容量约为 150 mAh/g[81, 82]。

$LiCoO_2$的合成方法主要有固相法与软化学法两大类。其中固相法又分为高温固相合成和低温固相合成，优点是工艺简单、易于工业化生产，目前市场上销售产品基本上均是经固相合成法得到的；缺点主要有反应物混合不均匀、能耗大等[83-86]。软化学法根据前驱体的制备方式不同又可分为溶胶—凝胶法、有机酸配合法、化学共沉淀法、超声喷雾分解法、乳化干燥法、微波合成法、离子交换法和化学嵌锂法等[87]。

为了提高 $LiCoO_2$的放电比容量、循环性能以及降低 Co 的用量以减少原料成本。人们对 $LiCoO_2$的掺杂改性进行了详细的研究。在 $LiCoO_2$中分别引入 Mn[88]、

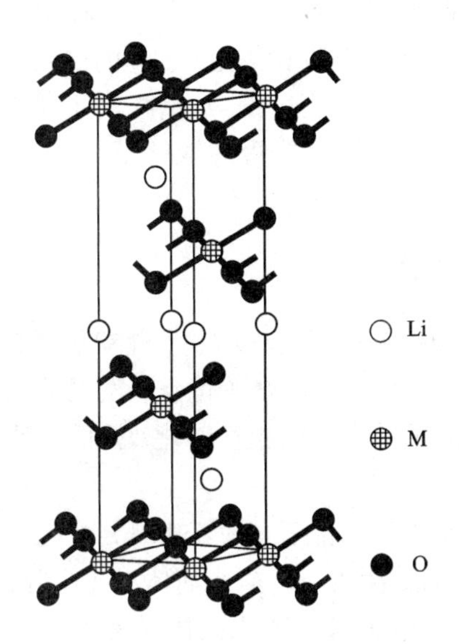

图1-4 $LiMO_2$(M为Co、Ni、Mn)的结构示意图

Fe[89]、Cr[90]、Mg[91]、Al[92]等元素，发现掺杂后的材料具有良好的热稳定性、更高的放电容量及更好的循环性能。然而，$LiCoO_2$材料仍存在很多不足：一方面其高温性能、安全性能较差，不能满足高容量、高功率动力电池的要求，只能应用于一些小型电池；另一方面，由于钴资源有限、价格较高，而且毒性强，对环境有一定污染。因此人们正在寻找其他的替代材料[93,94]。

1.6.2 锂镍氧系正极材料

镍与钴相比，其储量丰富，价格较低，且结构性质与钴接近，因此，锂镍氧系正极材料是$LiCoO_2$理想的替代材料之一。$LiNiO_2$晶体与$LiCoO_2$同属$R\bar{3}M$空间群，Ni和Li分别交替占据八面体空隙，O占据6c位置。$LiNiO_2$的理论可逆容量为276 mAh/g，实际容量也达到了190~210 mAh/g，比$LiCoO_2$要高[95]。然而，$LiNiO_2$的首次充放电效率较低，其原因是锂镍混排严重，Ni进入Li层，抑制了锂离子的嵌入[96]。此外，$LiNiO_2$在锂离子嵌入/脱出过程中，与$LiCoO_2$一样，也会发生从六方晶系到单斜晶系的相变，恶化其电化学性能。再次，化学计量比的$LiNiO_2$合成起来难度较大，一般须在氧气的条件下合成[97]。它的安全性也是限制它应用的一个重要因素[98,99]。

目前，掺杂改性是改善$LiNiO_2$材料结构稳定性和安全性、提高其电化学性能的最有效途径。人们研究了Co[100,101]、Mn[102,103]、Al[104]、Mg[105]、Fe[106]、F[107]等元素单掺杂或多元素共掺杂对$LiNiO_2$材料性能的影响，发现有些元素能稳定

$LiNiO_2$层状晶体结构，抑制在锂离子嵌入/脱出过程中发生的不可逆的相变；有些元素提高了材料的导电性；有些元素改变了锂的嵌入电压和本体材料的电极电势；有些元素提高了正极物质的利用率，从而提高了材料的比容量。也有一些研究机构通过对$LiNiO_2$颗粒的表面修饰处理取得了较好的效果[108]，主要是提高了电极材料的循环性能和热稳定性能。

1.6.3 锂锰氧系正极材料

锂锰氧系正极材料与锂钴氧系正极材料、锂镍氧系正极材料相比，具有资源丰富、价格低廉、环境友好和安全性好等优点，发展前景广阔。锂锰氧系正极材料含多种化合物，在不同条件下可以相互转化，按照晶体结构不同可分为尖晶石$LiMn_2O_4$和层状$LiMnO_2$。

尖晶石$LiMn_2O_4$材料为立方晶系，属于$Fd\bar{3}m$空间，其结构如图1－5所示。锂离子占据四面体8a位置，锰离子占据八面体16d位置，立方紧密堆积的氧离子占据32e位置，四面体晶格8a、48f和八面体晶格16c共同构成互通的三维离子通道，适合锂离子的脱嵌。充放电过程中，$LiMn_2O_4$在3V和4V左右出现两个电压平台。由于材料中Mn元素的平均价态是+3.5，因此，在充电过程中Mn^{3+}离子存在Jahn－Teller效应，引起晶胞大小和结构的变化，导致材料发生尖晶石型向四面体锰氧化合物转变的不可逆相变过程，造成容量损失[109－111]。因此，$LiMn_2O_4$的放电截止电压在3.0 V以上，其对应于4 V放电平台的理论容量为148 mAh/g，而实际容量在120 mAh/g左右。此外，$LiMn_2O_4$的循环性能和高温性能较差，其原因部分归因为Mn发生歧化反应而溶解到电解液中，部分归因为深度放电过程发生Jahn－Teller效应，造成材料结构不稳定[112, 113]。目前，主要从掺杂改性、优化组分、表面修饰以及改进合成方法等方面，来改善其循环性能[114－117]。其中掺杂是最有效的方法之一。

层状$LiMnO_2$具有与$LiCoO_2$相似的结构。然而，由于Mn^{3+}离子产生的Jahn－Teller效应使晶体发生形变，其结构对称性比$LiCoO_2$要差，为单斜晶系，属于$C_{2/m}$空间群。单斜$LiMnO_2$的理论值为285 mAh/g，实际首次充电容量可达270 mAh/g。但是，该单斜结构是热力学不稳定体系，不但合成困难，而且在充放电过程中，易发生向尖晶石相的不可逆转变，导致容量衰减很快。为了抑制循环过程中的不可逆相变，提高循环稳定性，研究者们通过Al、Mg、Ni、Zn、Co和Cr掺杂对$LiMnO_2$进行改性，提高了$LiMnO_2$的循环性能[118－120]。总之，由于$LiMnO_2$结构不稳定，且合成困难，其应用受到了很大的限制。

1.6.4 三元复合正极材料 $LiNi_{1-x-y}Co_xMn_yO_2$

新加坡大学的Z. L. Liu等人[121]于1999年首次报道了三元层状结构的

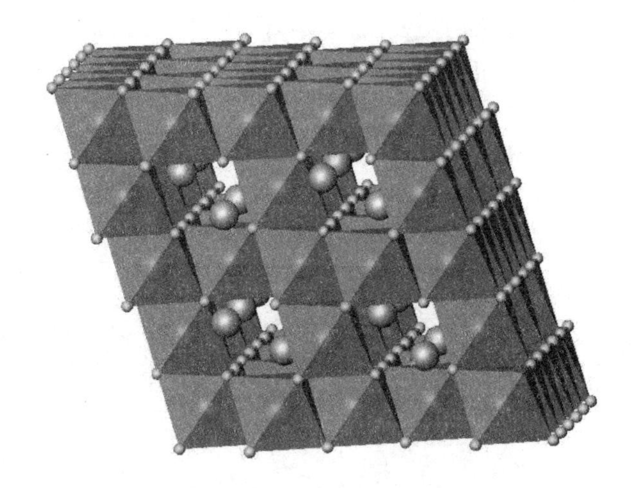

图1-5　$LiMn_2O_4$的结构示意图

$LiNi_{1-x-y}Co_xMn_yO_2$正极材料，该材料综合了$LiCoO_2$、$LiNiO_2$和$LiMnO_2$三种材料的优点，其性能好于以上任一单一组分的材料，具有明显的协同效应，是下一代锂离子电池正极材料有力的竞争者。

1. $LiNi_{1-x-y}Co_xMn_yO_2$的结构

$LiNi_{1-x-y}Co_xMn_yO_2$的结构与$LiCoO_2$和$LiNiO_2$类似，同为$\alpha-NaFeO_2$层状结构，属于$R\bar{3}M$空间群，锂离子占据3a位置，Ni、Mn、Co随机占据3b位置，氧离子占据6c位置。以$Li[Ni_{1/3}Co_{1/3}Mn_{1/3}]O_2$为例，其结构模型如图1-6所示，锂离子嵌入过渡金属离子(Ni、Mn、Co)与氧离子形成的$(Ni_xCo_yMn_z)O_2$层之间，其中，图1-6(a)为由具有超晶格$[\sqrt{3}\times\sqrt{3}]R30°$型$[Ni_{1/3}Co_{1/3}Mn_{1/3}]$层组成的结构模型；图1-6(b)为$CoO_2$、$NiO_2$和$MnO_2$层有序堆积的简单模型[122, 123]。

2. $LiNi_{1-x-y}Co_xMn_yO_2$的制备方法

1)固相合成法

固相合成法是利用高温提供反应离子或原子迁移时所需要的活化能，是制备多晶型固体最为广泛应用的方法。$LiNi_{1-x-y}Co_xMn_yO_2$高温固相合成工艺为：首先将锂盐与Ni、Co、Mn的氧化物或氢氧化物或醋酸盐直接充分混合，然后再在空气或氧气氛围下对混合物进行高温烧结，得到层状$LiNi_{1-x-y}Co_xMn_yO_2$材料。Ohzuku等[124]最早制备$LiNi_{1/3}Mn_{1/3}Co_{1/3}O_2$时，采用$CoCO_3$，Ni、Mn混合氢氧化物与$LiOH\cdot H_2O$为原料，经固相法合成。固相法虽具有流程短、设备简单、易于大规模生产等优点。但是，由于反应是通过离子或原子扩散进行，耗时长、能耗大。

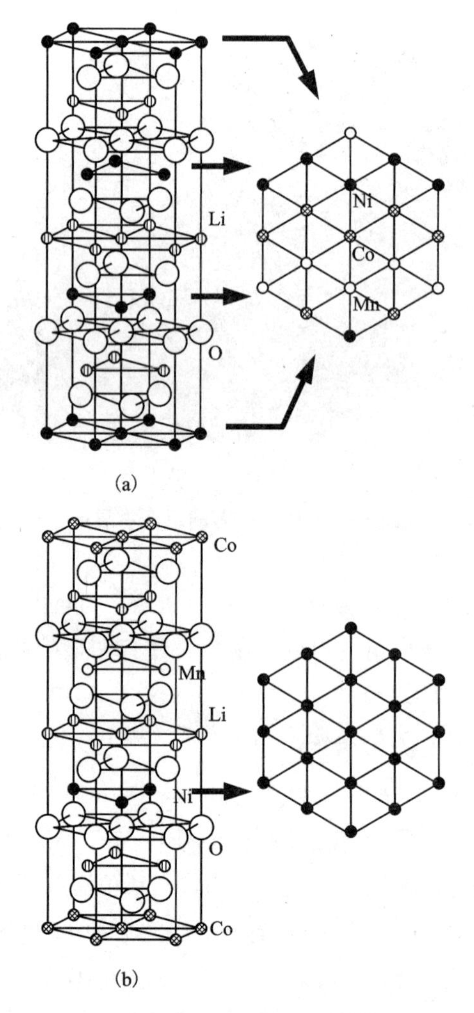

图 1-6　$Li[Ni_{1/3}Co_{1/3}Mn_{1/3}]O_2$结构模型

此外，因为合成原料为三元体系，当使用高温固相法直接烧结上述原料时，容易出现混料不均、无法形成均相共熔体以及各批次产物质量不稳定等问题。

2）液相合成法

液相合成法与固相合成法相比，可以制备出颗粒细、纯度高、化学计量比的粉体，反应温度也较低，但一般工艺流程长。共沉淀法、水热法和溶胶—凝胶法是几种常用液相合成方法。

共沉淀法是以可溶性盐为原料，在溶液中均匀混合，加入沉淀剂，使金属离子完全沉淀的方法。目前常用的合成 $LiNi_{1-x-y}Co_xMn_yO_2$ 的共沉淀法是间接的共沉淀方法。即先合成 Ni、Co、Mn 三元的前驱体，经过滤洗涤干燥后，与锂盐混合煅烧得到目标产物。M. H. Lee 等人在氮气气氛下，以 $NiSO_4$、$CoSO_4$和 $MnSO_4$混合液为原料，NaOH 溶液和 NH_4OH 为沉淀剂和螯合剂，通过控制反应温度、pH 和搅拌速度，制备出球形的 $Ni_{1/3}Co_{1/3}Mn_{1/3}(OH)_2$ 前驱体，然后将前驱体与 $LiOH \cdot H_2O$充分混合制备出了性能优良的球形 $LiNi_{1/3}Co_{1/3}Mn_{1/3}O_2$ 材料[125]。M. H. Kim等人采用 M. H. Lee 的方法，也制备出了球形 $LiNi_{0.8}Co_{0.1}Mn_{0.1}O_2$ 材料[126]。

水热法是指在高温高压下，在水或蒸汽等流体中进行的有关化学反应的总称。水热技术具有两个特点：一是其相对低的温度；二是在封闭容器中进行，避免了组分挥发。S. T. Myung 等人[127] 首先合成水热反应前驱体 $Ni_{1-x-y}Co_xMn_y(OH)_2$，再将 $Ni_{1-x-y}Co_xMn_y(OH)_2$粉末与 LiOH 溶液混合，置于高压釜中 170℃水热反应得到结晶度较差的 $Li[Ni, Co, Mn]O_2$材料，在进一步热处理后制备出电化学性能很好的 $LiNi_{1-x-y}Co_xMn_yO_2$材料。该方法可以控制产物组成和结晶度，但只限于单组分粉体的制备。

溶胶—凝胶法一般采用无机盐或有机醇盐为母体，在一定条件下使母体水解、聚合、成核形成溶胶，再制成凝胶，经干燥热处理得到所需产物。P. Samarasingha 等[128]用 $LiNO_3$、$Ni(NO_3)_2 \cdot 6H_2O$、$Co(NO_3)_2 \cdot 6H_2O$ 、$Mn(NO_3)_2 \cdot 4H_2O$ 为原料，以柠檬酸和乙二醇为配合剂，在 800 ~ 1050℃加热 4 h 得到 $LiNi_{1/3}Mn_{1/3}Co_{1/3}O_2$。

3）其他方法

刘智敏等[130]采用喷雾热解法制备 $LiNi_{1-x-y}Co_xMn_yO_2$材料，首先将 Ni、Co、Mn 的硝酸盐液相混合，经超声喷雾热分解合成前驱体粉末，将前驱体与锂盐混合煅烧得到电化学性能优良的 $LiNi_{1-x-y}Co_xMn_yO_2$材料。M. M. Doeff 等人[131]使用甘氨酸—硝酸盐燃烧法（GNC）来制备 $LiNi_{1-x-y}Co_xMn_yO_2$材料，首先将溶于硝酸中的 Li、Ni、Co、Mn 的硝酸盐溶液与甘氨酸溶液相混合，然后将溶液蒸干直至燃烧，为了除去有机残留物并确保产物的均一性，将燃烧后的前驱体黑褐色粉末继续在 800℃下烧结 4 h，最终得到 $LiNi_{1-x-y}Co_xMn_yO_2$材料。M. Sathiya 等人[132]对于硝酸盐分解法、燃烧法和溶胶—凝胶法三种合成方法进行了对比研究，发现燃烧法阳离子混排率高达 10% 左右。应用此法制备的材料电化学性能均不理想，大规模应用困难。

3. $LiNi_{1-x-y}Co_xMn_yO_2$的改性研究

1）掺杂改性

目前，掺杂是改善 $LiNi_{1-x-y}Co_xMn_yO_2$结构、提高其电化学性能最有效的方法，不同掺杂离子，所产生的效果各不相同。Ohzuku 等人的研究显示 Al 取代 $LiNiO_2$材料中的 Ni 能提高材料的结构稳定性[129]。J. Xiang 等人在 $LiNi_{0.8}Co_{0.2}O_2$材料中掺入少量 Mg，结果材料的充放电效率和循环性能都有较明显的提高，这种性能的改进被归因为 Mg 占据 Li 位形成缺陷和空位，造成嵌入/脱出过程中阻抗的减小[133]。Y. Sun 等通过共沉淀法，用 Cr 取代 Co 得到 $LiNi_{0.35}Co_{0.3-x}Cr_xMn_{0.35}O_2$材料，研究发现，Cr 掺杂样品的初始放电容量有少量降低，但是其循环性能有所改善[134]。D. Liu 等研究了 Fe 和 Al 单掺杂的 $LiNi_{1/3}Co_{1/3}Mn_{1/3}O_2$，结果表明，材料的晶格常数和电压平台随着掺杂量的变化而发生改变，此外，少量的 Al 掺杂能提高材料的结构稳定性，而 Fe 掺杂没有对材料的结构稳定性产生影响[135]。Wu 等用 Al 取代 $LiNi_{1/3}Co_{1/3}Mn_{1/3}O_2$中部分 Ni，研究发现 Al 掺杂明显提高了材料结构的稳定性，抑制了充放电时反应阻抗的增加，在 2C 倍率下经 40 次循环容量保持率为 97.1%，远高于未掺杂的 89.9%[136]。X. He 等人用 Sn 取代 $LiNi_{3/8}Co_{2/8}Mn_{3/8}O_2$材料中的 Mn，发现少量 Sn 取代可提高锂离子的扩散系数，并提高材料的倍率性能[138]。另一些研究组采用阴离子(主要是 F^-)取代 $LiNi_{1-x-y}Co_xMn_yO_2$材料中的 O，也取得了很好的效果[139-141]。

2)表面改性

提高 $LiNi_{1-x-y}Co_xMn_yO_2$电化学性能的另一种方法是对材料的表面进行包覆，改善材料的电化学性能和热稳定性，常见的包覆物为碳和金属氧化物(ZrO_2、Al_2O_3、Li_2ZrO_3、$LiAlO_2$等)[142-146]。

Liu 等经热蒸发法对 $LiNi_{1-x-y}Co_xMn_yO_2$材料进行碳包覆，研究发现材料表面的导电率提高了 40%，其原因是碳包覆抑制了表面 SEI 膜的形成，有利于锂离子的迁移[137]。S. T. Myung 等研究了 Al_2O_3包覆的 $Li[Li_{0.05}Ni_{0.4}Co_{0.15}Mn_{0.4}]O_2$材料，无定型的 Al_2O_3在 $Li[Li_{0.05}Ni_{0.4}Co_{0.15}Mn_{0.4}]O_2$表面形成均一的薄层(大约 5 nm)，经研究发现，当使用包含 $LiPF_6$的电解液时，包覆层越薄，材料的容量越高，包覆材料的倍率性能和高温性能均优于未包覆材料[147]。

4. $LiNi_{0.8}Co_{0.1}Mn_{0.1}O_2$的研究进展

富镍三元材料 $LiNi_{0.8}Co_{0.1}Mn_{0.1}O_2$是在对层状 $LiNiO_2$材料进行掺杂改性过程中发现的。$LiNi_{0.8}Co_{0.1}Mn_{0.1}O_2$为 $\alpha-NaFeO_2$层状结构，属 $R\bar{3}M$ 空间群，其实际可逆容量接近 200 mAh/g，特别适合作为电动车或混合电动车的高能量电池正极材料。但是，由于 Ni 含量较高，$LiNi_{0.8}Co_{0.1}Mn_{0.1}O_2$材料也存在锂镍混排、不可逆相变，热稳定和循环性能较差等问题。

M. H. Kim 等人[126]在 2006 年对 $LiNi_{0.8}Co_{0.1}Mn_{0.1}O_2$进行了深入研究，通过共沉淀法合成了球形微米级 $LiNi_{0.8}Co_{0.1}Mn_{0.1}O_2$和 $LiNi_{0.8}Co_{0.2}O_2$，对比研究中发现，虽然 $LiNi_{0.8}Co_{0.1}Mn_{0.1}O_2$的放电容量略低于 $LiNi_{0.8}Co_{0.2}O_2$，但它的循环性能和热稳定性远优于 $LiNi_{0.8}Co_{0.2}O_2$。同年，Y. K. Sun 和 M. H. Kim[148] 进一步对

$LiNi_{0.8}Co_{0.1}Mn_{0.1}O_2$材料包覆改性，以$LiNi_{0.8}Co_{0.1}Mn_{0.1}O_2$作为核来保证材料的高容量，经共沉淀法将热稳定性较好的$LiNi_{0.5}Mn_{0.5}O_2$包覆在$LiNi_{0.8}Co_{0.1}Mn_{0.1}O_2$材料上制备出高容量、高循环性能以及高热稳定性的核壳材料，该材料在全电池测试中，1C倍率循环600次后容量保持率为95%。然而后续研究发现，由于$LiNi_{0.8}Co_{0.1}Mn_{0.1}O_2$和$LiNi_{0.5}Co_{0.5}O_2$在循环过程中体积变化不一致，导致核壳分离，影响其电化学性能。2009年Y. K. Sun等[149]在Nature上报道了一种以$LiNi_{0.8}Co_{0.1}Mn_{0.1}O_2$为核的梯度材料，其表面为含量逐渐变化的$LiNi_{0.46}Co_{0.23}Mn_{0.31}O_2$，研究发现，由于该梯度材料表层的Ni含量较低，抑制了材料过充时产生的Ni^{4+}的产生，氧化分解电解质，放出热量和气体。因此其热稳定性和循环性能远高于纯相$LiNi_{0.8}Co_{0.1}Mn_{0.1}O_2$材料。

另一些研究者采用掺杂改性来改善$LiNi_{0.8}Co_{0.1}Mn_{0.1}O_2$材料的结构和循环性能。S. U. Woo等人[150]在2007年用F^-部分取代了$LiNi_{0.8}Co_{0.1}Mn_{0.1}O_2$材料的O，研究发现虽然$F^-$掺杂样品的首次放电容量比未掺$F^-$样品要略低，然而其容量保持率、倍率性能和热稳定性均远高于未掺F^-样品，其原因是F^-掺杂抑制了材料与电解质的反应，同时降低了界面的阻抗。S. U. Woo等人[151]在2009年用Al、Mg部分单取代或共取代$LiNi_{0.8}Co_{0.1}Mn_{0.1}O_2$材料的Mn，研究表明掺杂样品的电化学性能和热稳定性都得到了提高，Rietveid精修发现Al、Mg掺杂抑制了材料中的锂镍混排，同时由于$Al^{III}—O > Mn^{III}—O > Mg^{II}—O > Ni^{III}—O$(结合强度)，因此，Al、Mg掺杂稳定了材料的结构，从而使其循环性能和稳定性低于未掺杂样品。

1.6.5　橄榄石型正极材料

1997年，J. B. Goodenough课题组[152]首次报道了具有二维橄榄石结构，可以良好脱嵌锂的$LiMPO_4$(M为Fe、Ni、Mn、Co、Cr等)材料，该类材料逐渐成为正极材料的研究热点，吸引了越来越多的研究人员的关注。其中$LiFePO_4$被认为是其中最杰出的代表。

1. $LiFePO_4$ 的结构

$LiFePO_4$晶体是有序的橄榄石结构，如图1-7所示[153]，属于正交晶系，空间群为Pnma，晶体中氧原子呈稍微扭曲的六方紧密堆积。晶格常数：$a=6.008$Å，$b=10.334$ Å，$c=4.694$ Å。晶体由FeO_6八面体和PO_4四面体构成空间骨架，P占据四面体的4c位置，Fe和Li分别占据八面体的4c和4a位置。交替排列的FeO_6八面体通过共用顶点的一个氧原子相连，形成FeO_6层。在FeO_6层之间，相邻的LiO_6八面体在b轴方向上通过共用棱上的两个氧原子相连成链。每个P—O四面体与一个Fe—O八面体共用棱上的两个氧原子，同时又与两个LiO_6八面体共用棱上的氧原子[154, 155]相连成链。

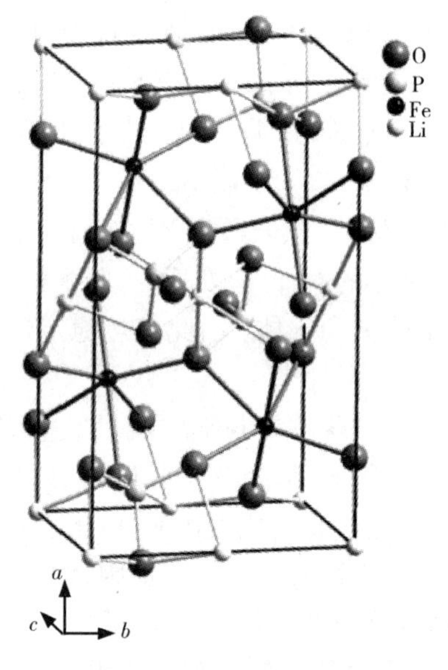

图 1-7　$LiFePO_4$结构模型

在 $LiFePO_4$结构的研究中，存在两种 Li 离子扩散通道的说法，如图 1-8 所示。中科院物理研究所的研究人员采用第一性原理对 $LiFePO_4$的扩散路径进行了计算。研究发现，$LiFePO_4$ 中的 Li^+ 在晶体内仅沿 c 轴方向一维扩散。因而，$LiFePO_4$的 Li^+ 的扩散系数是比较低[156]，仅为 1.8×10^{-14} cm^2/s。

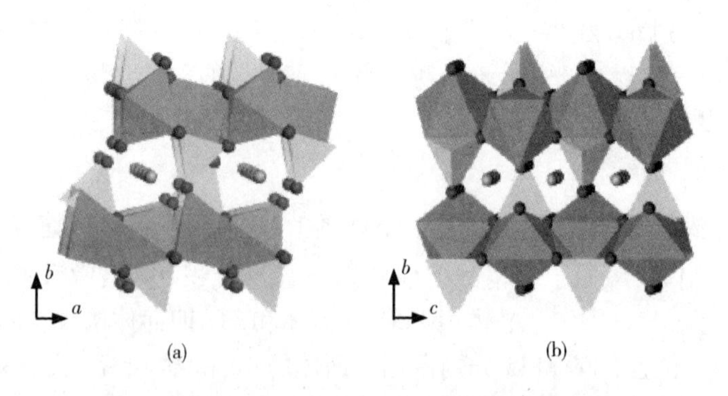

图 1-8　$LiFePO_4$的两种 Li^+ 扩散通道结构模型

(a)沿 c 轴；(b)沿 a 轴

2. $LiFePO_4$ 的制备方法

$LiFePO_4$的制备方法与$LiNi_{1-x-y}Co_xMn_yO_2$类似，其不同点在于$LiFePO_4$高温热处理时，须在保护气或还原气氛下进行。概括起来，$LiFePO_4$的制备方法主要有固相合成法[157, 158]、共沉淀法[161, 162]、溶胶—凝胶法[163, 164]和水热法[159, 160]等。

最近，碳热还原法也用于合成$LiFePO_4$，碳热还原法原本广泛应用于冶金领域，Bakrer 等[165]首次将其用于$LiFePO_4$的制备。其优势在于合成过程中能产生强烈的还原气氛，同时形成碳包覆，并可用三价铁的化合物作为铁源，降低原料的成本。此外，微波法[166]、乳液—干燥法[167]、放电等离子烧结技术[168]、超声技术[169]、喷雾热分解技术[170]、脉冲激光沉积技术[171]和仿生化学法[172]等也用于$LiFePO_4$的合成。

3. $LiFePO_4$ 的电化学性能及改性

1)电化学性能

$LiFePO_4$正极材料的理论比容量为 170 mAh/g，相对锂的电极电势约为 3.4 V。$LiFePO_4$的循环性能较好，主要是因为$LiFePO_4$和$FePO_4$同属正交晶系，结构相似，在充放电过程中，体积的收缩、膨胀较小，不会导致晶体结构的破坏。然而，$LiFePO_4$为 n 形半导体，室温下其电子导电率较低[173]，为 $10^{-10} \sim 10^{-9}$ S/cm，电化学性能不理想，在早期研究中，实际容量只能达到理论容量的60%左右[174]。为了能经受大电流充放电，除了要改善$LiFePO_4$的Li^+扩散路径，还必须改善其电子导电性。目前，国内外许多研究学者已对此做出了许多研究。

2)掺杂改性

离子掺杂是$LiNi_{1-x-y}Co_xMn_yO_2$材料改性的一种有效方法，通过掺杂改善和稳定材料结构，抑制相变和锂镍混排，有利于Li^+迁移和提高材料的电子导电率。在$LiFePO_4$的改性研究中，掺杂仍起到了重要的作用。

MIT 的 Chiang 等[175]以Li_2CO_3、$NH_4H_2PO_4$和$FeC_2O_4 \cdot H_2O$为原料，用少量金属元素取代部分 Li，合成$Li_{1-x}M_xFePO_4$(M 为 Ti、Zr、Nb 、Mg、Al、W)形式的固溶体。研究发现掺杂后的$LiFePO_4$电子导电率(10^{-2} S/cm) 较未掺杂材料($10^{-9} \sim 10^{-10}$S/cm)提高了近 8 个数量级，比$LiCoO_2$(约 10^{-3} S/cm)和$LiMn_2O_4$(约 10^{-5}S/cm)还高。H. C. Shin 等进行了 Cr 掺杂$LiFePO_4$/C 的研究，结果表明，材料的倍率性能明显提高，这种性能的改进被归因为 Cr 掺杂加速了$LiFePO_4$循环时两相的转变[176]。Y. Lu 等在$LiFePO_4$材料中掺入少量 Ni，研究发现，与未掺杂$LiFePO_4$相比，材料的电化学性能有很大提升，他们认为 Ni 掺杂增强了 P—O 键的强度，造成反应阻抗降低[177]。D. Y . Wang 等研究了 Ni、Co 和 Mg 掺杂的$LiFePO_4$，研究发现，材料的电子导电率得到提高[178]。R. A min 等通过 Si 掺杂

$LiFePO_4$，发现 Si 掺杂提高了材料的离子导电性，但是电子导电率却下降[179]。

3)表面改性

Huang 等[180]采用 CH_3COOLi、$(CH_3COO)_2Fe$ 和 $NH_4H_2PO_4$与碳凝胶混合，在氮气保护下热处理制得 $LiFePO_4-C$ 复合材料。在 0.1C 倍率下放电比容量接近理论比容量的 95%，即 162 mAh/g；5C 高倍率下放电，最大比容量为 120 mAh/g。该方法制备 $LiFePO_4$的粒径为 100 ~ 200 nm，Huang 等认为，减小粒径以及碳包覆均能提高 $LiFePO_4$的电化学性能。Fedorková 等[181]采用有机碳源 PPy/PPE 代替传统的碳和糖类，研究发现 PPy/PPE 包覆的样品颗粒分布更均匀，且电子导电率得到明显提升。MIT 的 Ceder 等在此基础上进行了新的改良：将微粒表面的碳替换为由磷酸锂制成的传导性更好的玻璃样材质，结果表明，由新材料制成的小电池能够在短短的 9 s 内充电完毕，这比没有“玻璃外衣”的 $LiFePO_4$电池的放电速度快了 30 倍，更比商用锂电池快了 100 倍[182]。此外，在 $LiFePO_4$中加入少量导电金属粒子，也是一种有效提高 $LiFePO_4$容量的途径。Croce[183]等制备出了颗粒细小且均匀的 $LiFePO_4-Cu$ 和 $LiFePO_4-Ag$ 复合材料；Mi. C. H[184]等人合成 $LiFePO_4-(Ag+C)$复合材料；Park [185]等在 $LiFePO_4$表面包覆了质量分数为 1% 的金属 Ag；研究结果均表明材料的电子导电率得到了提高。

1.7 红土镍矿多元材料冶金

综上所述，随着矿产资源的日益缺乏和环境问题的日益突出，加快研发综合利用矿物中各种元素的新技术、新工艺已成为矿物利用的必然趋势。本书正是在此背景下提出一种全新的思路，直接以红土镍矿为原料分别合成锂离子电池正极材料 $LiNi_{0.8}Co_{0.1}Mn_{0.1}O_2$ 和 $LiFePO_4$的前驱体——纳米晶 $Ni_{0.8}Co_{0.1}Mn_{0.1}(OH)_2$和 $FePO_4 \cdot xH_2O$，由于金属掺杂元素(Cr、Mg、Al 等)分别以氢氧化物或磷酸盐的形式均匀地分布在这两种前驱体颗粒中，因此合成 $LiNi_{0.8}Co_{0.1}Mn_{0.1}O_2$和 $LiFePO_4$时无须再掺杂，不但缩短了流程，降低了成本，保护了环境，同时这些掺杂元素能显著抑制富镍三元材料的锂镍混排，稳定结构，并提高 $LiFePO_4$的电导率，最终提升这两种正极材料的电化学性能。具体内容如下所述。

在第 2 章中，针对传统红土镍矿冶金中存在的铁元素分离与利用困难，首次以红土镍矿为原料，采用酸浸—磷酸沉淀的创新工艺路线，实现主杂质元素 Fe 的分离，同时获得锂离子电池正极材料 $LiFePO_4$ 的多金属掺杂前驱体——$FePO_4 \cdot xH_2O$。探索不同浸出液酸料质量比、沉淀剂量、溶液的 pH 和氧化剂量对滤液中各元素回收率的影响，得出最佳的沉淀除铁条件；用硫化沉淀法富集除铁滤液中的有价金属 Ni、Co、Mn。研究溶液的 pH、沉淀剂量、反应时间、反应温度对 Ni、Co、Mn 富集效果的影响。

在第 3 章中，以第 2 章中不同酸矿比条件下所得的 $FePO_4 \cdot xH_2O$ 为原料，经常温还原—热处理制备出多金属共掺杂 $LiFePO_4/C$ 材料。由于不同酸矿比条件下所得前驱体的杂质元素含量不同，研究了杂质元素及掺杂量对 $LiFePO_4$ 材料晶体结构、形貌及电化学性能的影响，并通过 Rietveld 精修及阻抗模拟揭示掺杂元素对 $LiFePO_4$ 晶体结构和嵌锂过程的影响。

在第 4 章中，用一种新颖的快速沉淀—热处理法，反应仅需要 1 min，即可得到纯相纳米晶型 $Ni_{0.8}Co_{0.1}Mn_{0.1}(OH)_2$ 前驱体；利用纳米晶良好的导热性及扩散能力，通过热处理合成结晶良好、锂镍混排少、电化学性能优良的纳米级 $LiNi_{0.8}Co_{0.1}Mn_{0.1}O_2$；并系统研究了反应时间、反应 pH、掺锂量和烧结温度各因素对材料及其前驱体晶体结构、形貌及电化学性能的影响。

在第 5 章中，系统地研究了红土镍矿中各杂质元素 Fe、Ca、Mg、Al、Cr 单元素掺杂以及 Mg、Cr 共掺杂对 $LiNi_{0.8}Co_{0.1}Mn_{0.1}O_2$ 晶体结构，形貌及电化学性能的影响规律，找出最佳掺杂元素 Cr，为实现从红土镍矿制备 $LiNi_{0.8}Co_{0.1}Mn_{0.1}O_2$ 提供参考数据。并通过对 Cr 掺杂 $LiNi_{0.8}Co_{0.1}Mn_{0.1}O_2$ 的结构、表面形貌、元素分布、各元素价态组成以及电化学性能的表征和分析，揭示了 Cr 掺杂 $LiNi_{0.8}Co_{0.1}Mn_{0.1}O_2$ 改性的机理，阐明其微观结构、界面离子状况与电化学性能之间的关系。

在第 6 章中，以一种全新的思路，以 Ni 含量接近 14% 的红土镍精矿为原料，通过浸出和定向除杂得到 Ni 含量较高的富 Ni、Co、Mn 净化液，系统研究了定向除杂中氟化剂用量、pH、反应时间、反应温度对除杂效果的影响。采用快速沉淀—热处理法合成多金属掺杂 $LiNi_{0.8}Co_{0.1}Mn_{0.1}O_2$，并利用现代分析检测手段，揭示了多金属掺杂的机理。

第2章　红土镍矿磷酸除铁及富集Ni、Co、Mn的研究

2.1　引言

处理低品位红土镍矿的传统方法是加压或常压酸浸。然而，该方法存在着热水解除铁能耗大、设备成本高等问题[22-25]。最近，人们提出通过降低红土镍矿中Fe的浸出率或采用萃取等手段来降低除铁的成本。但是，这些工艺仍然存在很多问题，如Ni、Co的回收率低、流程复杂、萃取剂消耗量大等[47]。此外，在这些工艺中，红土镍矿中的Fe的利用率低，这不仅浪费了资源，而且对环境也会造成严重污染。近年来，随着资源的日益缺乏和环境问题的日益突出，加快研发综合利用矿物中各种元素的新技术、新工艺已成为矿物利用的必然趋势。本章以天然红土镍矿为原料，以磷酸作为沉淀剂，在低温的条件下一步实现主要杂质Fe的分离，同时合成锂离子电池正极材料$LiFePO_4$的前驱体$FePO_4 \cdot xH_2O$，并在溶度积基础上，考察酸矿比、pH、沉淀剂量和氧化剂量对除铁过程元素分布的作用规律，实现红土镍矿中杂质元素的高效分离和利用，降低生产成本和能耗，同时减少对环境的破坏。通过研究硫化沉淀中各因素对金属离子沉淀状态的影响规律，实现除铁滤液中的Ni、Co、Mn的高效及经济富集。

2.2　实验

2.2.1　实验原料

实验所用低品位红土镍矿，来自云南元江，主要矿石粉料粒度分布见图2-1。

矿石肉眼下多呈现黄褐色，也有少部分为红褐色。经X射线衍射分析表明(图2-2)，该红土镍矿中主要矿相有Fe_2O_3、Fe_3O_4、$Mg_3Si_4O_{10}(OH)_2$、$Mg_6Si_4O_{10}(OH)_8$等。对矿料进行了元素化学分析，结果列于表2-1。

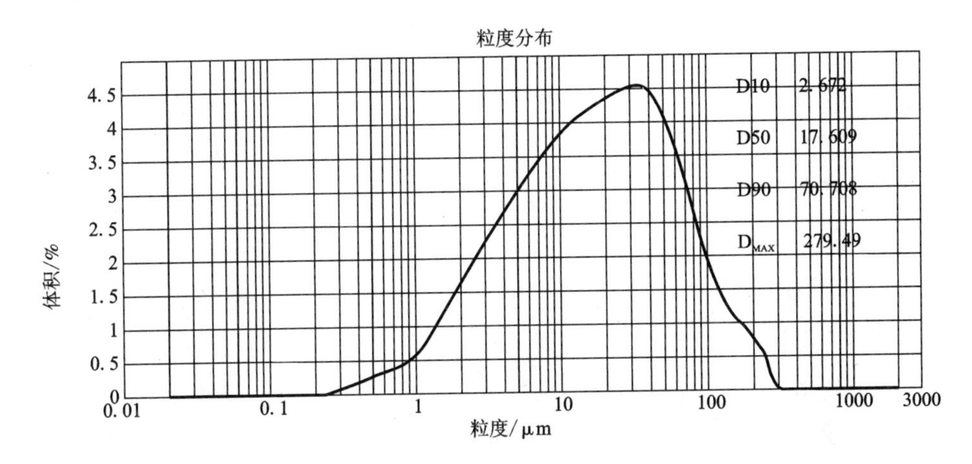

图 2-1　红土镍矿粉料粒度分布图

表 2-1　红土镍矿样品化学成分分析

元素	Fe	Ni	Co	Mn	Mg	Cu	Ca	Al	Cr	SiO_2
含量/%	13.6	1.00	0.065	0.25	15.4	0.013	0.005	0.34	0.157	34

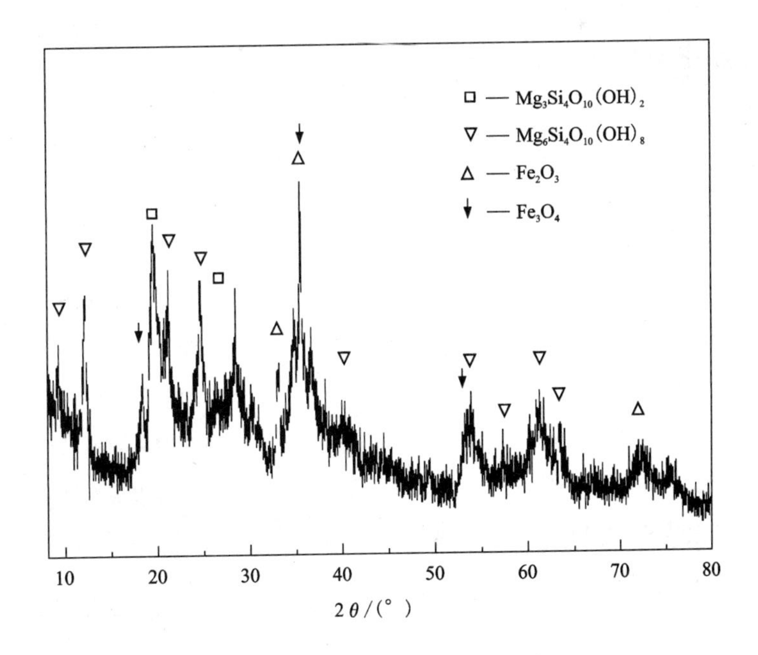

图 2-2　红土镍矿粉料 XRD 图谱

实验用化学试剂见表 2-2。

表 2-2　实验用化学试剂

名称	化学式	纯度
盐酸	HCl	工业级
磷酸	H_3PO_4	分析纯
双氧水	H_2O_2	分析纯
重铬酸钾	$K_2Cr_2O_7$	分析纯
无水乙醇	CH_3CH_2OH	分析纯
二氯化锡	$SnCl_2$	分析纯
二甲酚橙	$C_{31}H_{28}N_2Na_4O_{13}S$	分析纯
氨水	$NH_3 \cdot H_2O$	分析纯
二苯胺磺酸钠	$C_{12}H_{10}NNaO_3S$	分析纯
硫化钠	$Na_2S \cdot 9H_2O$	分析纯

2.2.2　实验设备

实验用仪器如表 2-3 所示。

表 2-3　实验仪器

仪器	型号	厂家
磁力搅拌器	DF-101S	上海精密科学仪器有限公司
真空抽滤机	204VF	郑州杜甫仪器厂
精密 pH 计	PHS-2F	杭州雷磁分析仪器厂
精密电子恒温水浴槽	HHS-11-4	上海金桥科析仪器厂
三口圆底烧瓶		泰州博美玻璃仪器厂
蛇形回流管		泰州博美玻璃仪器厂
电热恒温鼓风干燥箱	DHG-9076	上海精宏实验设备有限公司
电子万用炉	AC	天津泰斯特仪器有限公司

2.2.3　实验方法

在常压条件下以盐酸作为浸出剂浸出红土镍矿中的有价金属，通过磷酸沉淀分离浸出液中的主要杂质元素 Fe，并得到副产品 $FePO_4 \cdot xH_2O$，通过硫化沉淀富集除铁滤液中的 Ni、Co 等有价金属。红土镍矿定向除杂及富集 Ni、Co 工艺实验流程见图 2－3。

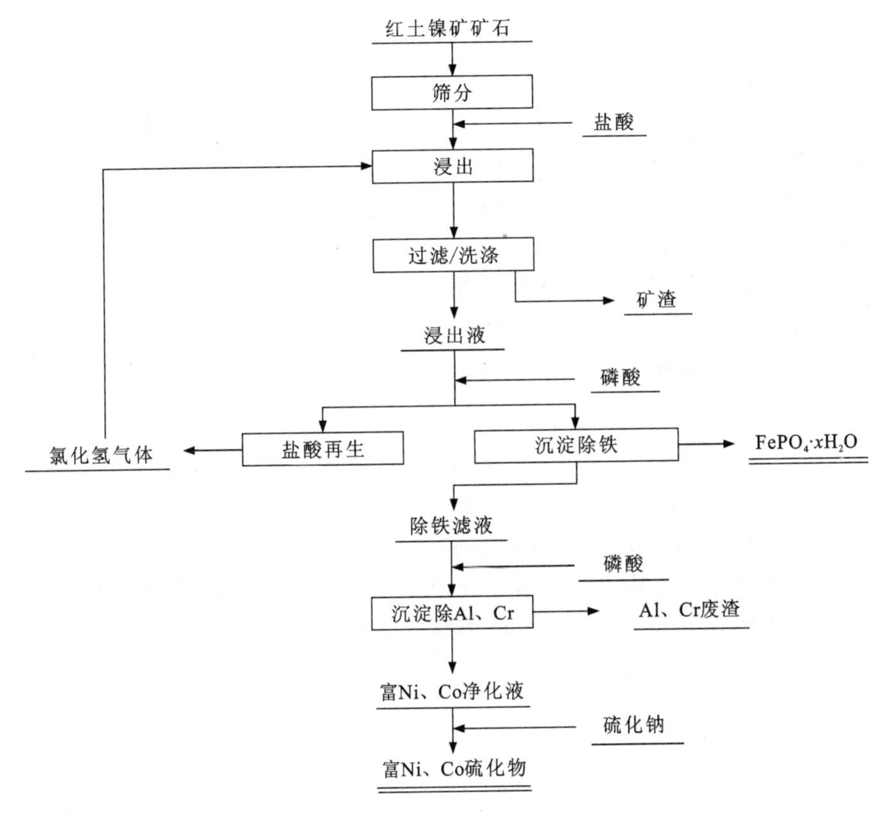

图 2－3　红土镍矿定向除杂及富集 Ni、Co 工艺流程图

1. 红土镍矿的浸出

在常压条件下以盐酸作为浸出剂浸出红土镍矿中的 Ni、Co 等有价金属。用天平称取 50 g 矿样放置于 1 L 的三口圆底烧瓶中，用量筒量取盐酸溶液加入三口圆底烧瓶中。为防止液体在反应过程中因为蒸发而体积减少，在三口圆底烧瓶的一口装上长 40 cm 的冷凝回流管，其他两个口在加料完成后用塞子和温度计密封。将三口圆底烧瓶置于带磁力搅拌的恒温水浴槽中进行搅拌浸出。在一定温度下浸出一段时间后，抽滤，用稀盐酸溶液反复清洗浸出渣 3 次。所有浸出液置于容量瓶中定容后，采用滴定或 ICP 方法测定浸出液中 Ni、Co、Mn、Fe、Mg、Cr、Ca、Al 的含量，并计算浸出率。

2. 红土镍矿浸出液除铁

将红土镍矿浸出液与化学计量比的磷酸以一定的流速同时加入三口圆底烧瓶中，在三口圆底烧瓶的一口装上搅拌桨，其他两个口在加料完成后装 pH 计和导流管(收集 HCl 气体)，将烧瓶置于恒温水浴锅中，温度保持 50℃，并强烈搅拌。反应 5 min 后，加入过量的 H_2O_2(浓度为 30%)，用氨水(浓度为 30%)调节 pH，溶液中立即出现大量白色沉淀，并冒出白雾(HCl 气体)。搅拌 15 min，过滤洗涤，在 120℃干燥 12h，得到浅黄色粉末。所有滤液置于容量瓶中定容后，采用滴定或 ICP 方法测定滤液中 Ni、Co、Mn、Fe、Mg、Cr、Ca、Al 的含量，并计算回收率。所有沉淀分别取 1 g 样品，用盐酸溶解置于容量瓶中定容后，采用滴定或 ICP 方法测定沉淀中各元素的含量。

3. 红土镍矿除铁滤液富集镍 Ni、Co

将化学计量比的硫化钠加入装有红土镍矿除铁滤液的烧杯中，烧杯置于恒温水浴中，温度保持 60℃，调节 pH，并强烈搅拌，反应 30 min 后，有灰色沉淀出现，抽滤，所得滤液即为 Ni、Co 净化液。

将 Ni、Co 净化液加入三口圆底烧瓶中，烧瓶放入恒温油浴磁力搅拌器中，调节 pH 后，加入化学计量比的沉淀剂硫化钠，密闭烧瓶，在一定温度下搅拌一定时间后，抽滤，得到黑色沉淀。所有滤液置于容量瓶中定容后，采用滴定或 ICP 方法测定滤液中 Ni、Co、Mn、Fe、Mg、Cr、Ca、Al 的含量，并计算 Ni、Co 富集率。所有沉淀分别取 0.25 g 样品，用盐酸溶解置于容量瓶中定容后，采用滴定或 ICP 方法测定沉淀中各元素的含量。

2.2.4 分析与检测

金属元素浸出率的计算公式如式(2-1)所示：

$$\eta_1 = \frac{w}{w_0} \times 100\% \tag{2-1}$$

式中：w 为浸出液中金属的质量，g；w_0 为原矿中金属的质量，g；η_1 为浸出率(回收率)，%。

沉淀中金属元素含量的计算方法如下所述。

取 m 克沉淀，用盐酸溶解置于 100 mL 容量瓶中定容后，采用滴定法或 ICP 方法测定沉淀中各元素的浓度。计算公式如式(2-2)所示：

$$\eta_2 = \frac{c \times 0.1}{m} \times 100\% \tag{2-2}$$

式中：m 为用于定容沉淀的质量，g；c 为沉淀在 100 mL 容量瓶定容后金属元素的浓度，g/L；η_2 为金属元素质量分数，%

硫化沉淀后 Ni、Co、Mn 富集率计算公式如式(2-3)所示：

$$\eta_3 = \frac{w_0 - w}{w_0} \times 100\% \tag{2-3}$$

式中：w 为滤液中金属的质量，g；w_0 为原液中金属的质量，g；η_3 为富集率，%。

Ni、Co、Mn 的综合回收率计算公式如式(2-4)所示：

$$\eta_4 = \eta_1 \times \eta_2 \times \eta_3 \tag{2-4}$$

实验中所有元素分析方法均采用国标方法或行业内通用方法[186]。

1. 沉淀中的 Fe 的分析

采用重铬酸钾氧化—还原容量滴定法测定溶液中总 Fe 含量，具体分析步骤如下：

量取 1 mL 试液于锥形瓶中，加入浓 HCl 10 mL，煮沸并趁热滴加 $SnCl_2$ 溶液至 $FeCl_6^{3-}$ 黄色恰好褪掉(即 Fe^{3+} 全部还原成 Fe^{2+})，再过量加入 1~2 滴，冷却，然后加入 $HgCl_2$ 溶液 10 mL，放置片刻至 Hg_2Cl_2 白色沉淀出现，补加蒸馏水使得溶液体积达到 100 mL，依次加入 20 mL 硫磷混合酸和二苯胺磺酸钠指示剂 4~5 滴，用 $K_2Cr_2O_7$ 标准溶液滴定至溶液颜色由绿色(Cr^{3+} 离子的颜色)变成红紫色即为终点。由式(2-5)计算全铁含量 T_{Fe}(g/L)：

$$T_{Fe} = T \cdot V_1 / V_{液} \tag{2-5}$$

式中：T 为 $K_2Cr_2O_7$ 标准溶液对铁的滴定度，mg/mL；V_1 为滴定铁所消耗的 $K_2Cr_2O_7$ 标准溶液体积，mL；$V_{液}$ 为取样体积，mL。

2. Fe、Ni、Co、Mn、Mg、Ca、Al、Cr 分析

溶液中的 Fe、Ni、Co、Mn、Mg、Ca、Al、Cr 含量测定采用电感耦合等离子体发射光谱仪(ICP)。首先配制 Fe、Ni、Co、Mn、Mg、Ca、Al、Cr 的混标溶液，采用北京普析通用仪器有限公司所产的 6100C 型原子吸收分光光度计测定 Fe、Ni、Co、Mn、Mg、Ca、Al、Cr 标准溶液的吸光度并绘制标准曲线，再依据待测液中各元素的吸光度，由 Fe、Ni、Co、Mn、Mg、Ca、Al、Cr 的吸光度标准曲线计算出试液中各元素含量。

3. X 射线衍射(XRD)分析

X 射线衍射分析仪(X-Ray Diffraction Analysis，XRD)[187]是按照晶体 X 射线衍射的几何原理设计和制造的衍射实验仪器。在检测过程中，由 X 射线管发射出 X 射线并照射试样产生衍射，用辐射探测器接收衍射线的 X 射线光子，经测量电路放大处理后在显示或记录装置上给出精确的衍射线位置、强度和线形等衍射信息作为后续实际应用的原始数据。X 射线衍射分析仪的基本组成包括 X 射线发生器、衍射测角仪、辐射探测器、测量电路以及电子计算机系统，其被广泛用于物相分析以及点阵常数、宏观内应力、晶格畸变、晶体织构的测定。X 射线物相分析是基于任何一种结晶物质都具有特定的晶体结构，在一定波长的 X 射线照射下，每种晶体物质都会产生自己特定的衍射花样(衍射线位置和强度)。进行定性物相分析时，采用晶面间距 d 表征衍射线位置，I 代表衍射线相对强度，将所得的试样 $d-I$ 数据组与已知物质的标准 $d-I$ 数据组进行对比，从而鉴定出试样中存在的物相。

本研究采用日本 Rigaku 公司所产的 Rint－2000 型 X 射线衍射仪进行试样晶体结构表征。衍射条件为：Cu Kα1 靶($\lambda=1.5406$Å)，石墨单色器滤波片，管电流 100 mA，管电压 50 kV，扫描速度 1°/ min，起始扫描角度 $2\theta=5°$，终止扫描角$2\theta=80°$。

4. 粒度分析

粒度分析：粒度分析是采用激光衍射法，根据不同大小的颗粒对照光产生不同的强度的衍射光，再将不同的散射光经一定光学模型与数学程序进行处理以测定材料颗粒的大小和颗粒粒径的分布。本研究采用英国 Malvern 公司的 Master size2000 激光粒径分析仪进行检测，粒径分析的范围为 0.55～550 μm。

2.3 红土镍矿磷酸除铁的研究

2.3.1 酸矿比对红土镍矿浸出率的影响

根据相关参考文献可知，盐酸浸出红土镍矿的控制因素主要包括矿料粒度、盐酸质量和矿物质量比、浸出温度、液固比、搅拌速度、浸出时间等，其中对各元素浸出率影响最大的因素是盐酸质量和矿物质量比[35-37]。这是因为在浸出过程中盐酸有三个作用：一是维持溶液的 pH，防止 Ni、Co、Mn、Fe、Mg 的水解；二是提供氯离子，增大金属离子的活度；三是作为浸出剂浸出红土镍矿中的有价金属。由于李金辉[188]在盐酸浸出红土镍矿的过程中已探讨了矿料粒度、浸出温度、液固比、搅拌速度、浸出时间对矿料中各主元浸出率的影响，故本书直接采用其最优条件，并在此基础上重点研究盐酸质量和矿物质量比对红土镍矿中 8 种元素浸出率及后续定向除杂效果的影响。实验称取红土矿矿料 50 g，矿料粒度 －0.15 mm，液固比为 4∶1，搅拌速度 300 r/min，浸出时间 2 h，浸出温度 353 K，考察盐酸质量和矿物质量比对 Al、Co、Mn、Ni、Fe、Mg 和 Cr 的影响，结果见图 2－4。

由图 2－4 可知，随着酸矿比的增加，Al、Co、Mn、Ni、Fe、Mg、Cr 的浸出率都得到了提高，当酸矿比达到 3.1 时，各元素的浸出率均达到最大值。酸矿比由 2.5 上升到 2.7 时，各元素的浸出率都有较大提高。酸矿比由 2.7 上升到 2.9 时，各杂质元素 Fe、Al、Cr 的浸出率仍有较大提高，但是 Ni、Co、Mn、Mg 的浸出率增加不大。因此，综合考虑后续的浸出液净化以及回收残酸的成本，实验酸矿比以 2.7 为宜。Al、Co、Mn、Ni、Fe、Mg、Cr 的浸出率分别为 90.5%、50%、90.1%、94.1%、90.4%、93.9%、84.5%。

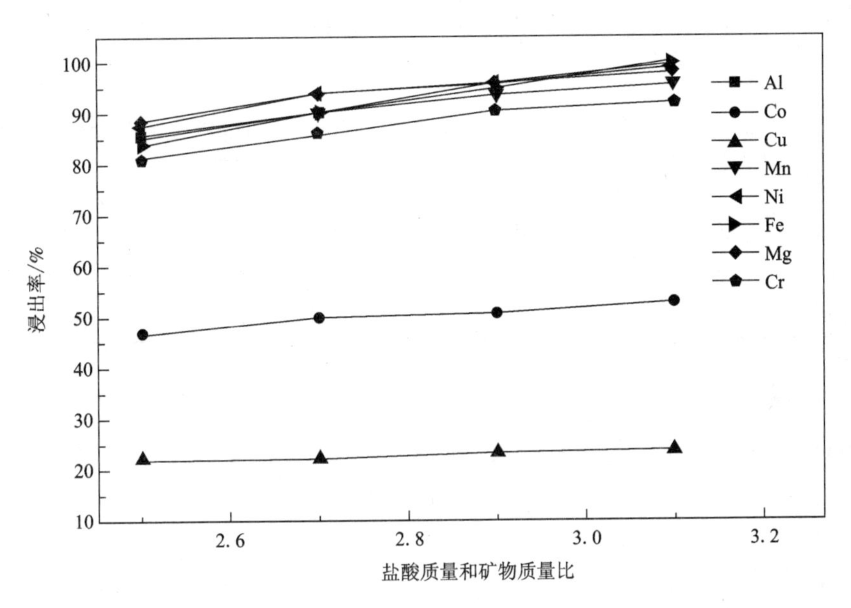

图 2－4　不同酸矿比对 Al、Co、Mn、Ni、Fe、Mg、Cr 浸出率的影响

2.3.2　溶度积计算和分析

对于二价阳离子的磷酸沉淀反应：

$$3[M^{2+}]+2[PO_4^{3-}]=[M^{2+}]_3[PO_4^{3-}]_2$$

平衡时

$$[M^{2+}]^3[PO_4^{3-}]^2=K_{sp}$$

即

$$c(PO_4^{3-})=\left\{\frac{K_{sp}^{\ominus}}{[c(M^{2+})/C^{\ominus}]^3}\right\}^{1/2}$$

而溶液中$[PO_4^{3-}]$决定于下列电离反应：

$$[H_3PO_4]=3H^{+}+[PO_4^{3-}]$$

电离常数 $K_{a1}^{\ominus}=7.6\times10^{-3}$，$K_{a2}^{\ominus}=6.3\times10^{-8}$，$K_{a3}^{\ominus}=4.4\times10^{-13}$

故有：

$$c(H^{+})=\left\{\frac{K_{a1}^{\ominus}K_{a2}^{\ominus}K_{a3}^{\ominus}c(H_3PO_4)/C^{\ominus}}{c(PO_4^{3-})/C^{\ominus}}\right\}^{1/3}$$

因此，存在下式：

$$pH=-\lg c(H^{+})=-\lg\left\{\frac{K_{a1}^{\ominus}K_{a2}^{\ominus}K_{a3}^{\ominus}c(H_3PO_4)/c^{\ominus}}{\{K_{sp}^{\ominus}/[c(M^{2+})/C^{\ominus}]^3\}1/2}\right\}^{1/3}\qquad(2-6)$$

同理，当阳离子为三价时初始沉淀 pH 可由下式计算

$$\mathrm{pH} = -\lg\left\{\frac{K_{a1}^{\ominus}K_{a2}^{\ominus}K_{a3}^{\ominus}c(\mathrm{H_3PO_4})/C^{\ominus}}{K_{sp}^{\ominus}/[c(\mathrm{M^{3+}})/C^{\ominus}]}\right\}^{1/3}（阳离子为三价时）\quad (2-7)$$

表 2-4 酸矿比 2.7 时红土镍矿浸出液各元素组成，溶度积常数 pK_{sp} 及理论初始沉淀 pH

元素	Fe	Ni	Co	Mn	Mg	Cu	Cr	Ca	Al
含量/($g \cdot L^{-1}$)	28.04	2.149	0.0749	0.511	33.02	0.0065	0.3024	0.05	0.7
pK_{sp}	21.89	30.3	34.7	12	23~27	36.9	17	28.70	18.24
初始沉淀 pH	0.018	2.9	2.88	3.91	3.0~3.6	-0.2	1.74	1.56	1.54

磷酸盐：$FePO_4$、$AlPO_4$、$Mg_3(PO_4)_2$、$Ni_3(PO_4)_2$、$Co_3(PO_4)_2$、$MnNH_4PO_4$、$Cu_3(PO_4)_2$、$Ca_3(PO_4)_2$、$CrPO_4 \cdot 4H_2O$。

由式(2-6)和(2-7)，查阅各元素磷酸盐的溶度积常数[189]，并以酸矿比为 2.7 时所得红土镍矿浸出液组成进行计算，得到各元素的磷酸盐初始沉淀 pH，如表 2-4 所示。根据文献报道[161, 162]，液相共沉淀制备 $FePO_4$前驱体的 pH 一般控制在 2.0 左右，浸出液中的 Fe 的初始沉淀 pH0.018，而 Ni、Co、Mn、Mg 的初始沉淀 pH 均在 3 左右，Al、Ca 的初始沉淀 pH 分别为 1.54 和 1.56。因此，在保持浸出液 pH 2.0 的条件下，Fe 将完全沉淀，Al、Ca 少量沉淀，而其他元素将保留在溶液中。综上所述，通过磷酸沉淀红土镍矿浸出液中杂质元素 Fe，并同步得到 $FePO_4$前驱体的想法在理论上是可行的。

根据上述实验结果及理论分析，确定红土镍矿浸出液磷酸沉铁的主要工艺条件范围为：

(1)浸出液酸矿比。前期的研究发现，在相同条件下，随着酸矿比的增加，Ni、Co、Mn、Fe、Mg、Al、Cu、Cr 的浸出率都得到了提高，即浸出液中各元素的离子浓度增加。由溶度积规则可知，溶液中某物质离子浓度与该物质在溶液中初始沉淀 pH 成反比，因此，浸出过程酸矿比越高，则所得浸出液中各元素离子浓度越高，初始沉淀 pH 就越低。本实验浸出过程酸矿比分别为 2.5、2.7、2.9 和 3.1。

(2)pH。与浸出液酸矿比相同，沉淀过程 pH 越高，沉淀效果越好。但是 pH 过高，一方面降低红土镍矿浸出液中有价金属(Ni、Co、Mn)的回收率；另一方面，在高 pH 下无法得到电化学性能优秀的 $FePO_4$前驱体，增加了除杂的成本。因此本实验中 pH 选定为 1.9、2.0、2.1、2.2。

(3)沉淀剂(H_3PO_4)量。由于浸出液中各元素含量通过 ICP 测得，存在一定的测量误差，须考察沉淀剂量对除铁效果的影响。如沉淀剂量过多，则引起不必要的浪费，沉淀剂量过低，则除杂效果不好。本实验研究沉淀剂(H_3PO_4)量是指沉淀体系中沉淀剂(H_3PO_4)摩尔数与浸出液中 Fe 的摩尔数之比，范围确定 1.00、

1.03、1.05 和 1.07。

(4)氧化剂(H_2O_2)量。为保证浸出液中所有 Fe 元素完全除去，消除浸出液中少量二价铁对除杂效果的影响。考察沉淀体系中氧化剂(H_2O_2)摩尔数与浸出液中 Fe 的摩尔数之比，分别为 0、0.1 和 0.5。

2.3.3　酸矿比对沉淀过程元素分布的作用规律

实验量取红土镍矿浸出液 250 mL，温度保持 50℃，搅拌速度 900 r/min，反应时间 20 min，pH 2.0，$n_{H_3PO_4}:n_{Fe} = 1.03$，$n_{H_2O_2}:n_{Fe} = 0.1$，考察不同酸矿比条件下所得浸出液对沉淀过程各元素(Fe、Ni、Co、Mn、Mg、Al、Cr)分布的影响，结果见表 2－5 和图 2－5。

ICP 测试结果表明，在 4 种不同浸出液的除铁滤液中均未检测到 Fe 元素的存在，故未标明在图 2－5 上。此外，部分其他元素在过滤过程中可能吸附在 $FePO_4 \cdot xH_2O$前驱体上，并在后续洗涤前驱体的工序中损失掉，因此，这部分元素含量也没有计算到回收率中。如图 2－5 所示，酸矿比为 2.5 的除铁滤液中各元素(Al、Co、Mn、Ni、Mg、Ca、Cr)回收率分别为 44.99%、92.55%、89.04%、92.74%、83.59%、100% 和 83%；而酸矿比为 3.1 的除铁滤液中各元素(Al、Co、Mn、Ni、Mg、Ca、Cr)回收率分别为 13.75%、73.25%、66.6%、73.48%、42.97%、67.55% 和 71%。结果表明，随着酸矿比的增加，除铁滤液中各元素的回收率降低。这是因为根据溶度积规则，浸出过程酸矿比越高，所得浸出液中各元素离子浓度越高，初始沉淀 pH 就越低。浸出液中的某些元素，以 Ca 为例，由于浓度低，本不能在 pH 2.0 的条件下沉淀，通过升高其浓度才可以得到沉淀，因而降低了该元素在除铁滤液中的回收率。杂质元素(Al、Mg、Ca、Cr)回收率的降低可以减少后续净化的成本，而主元的(Co、Mn、Ni)回收率的降低则造成不必要的损失。综合考虑，酸矿比为 2.7 的浸出液除铁效果最佳，其除铁滤液中主元的回收率均为 90% 左右。

表 2－5　不同酸矿比对沉淀中各元素摩尔数的影响

酸矿比	Fe	Ni	Co	Mn	Mg	Cr	Ca	Al	初始沉淀 pH
2.5	100	约 0	0.003	0	约 0	0.151	约 0	1.73	1.5577
2.7	100	0.063	0.022	0	0.161	0.184	约 0	2.04	1.5435
2.9	100	0.021	0.003	0	0.098	0.195	0.011	2.191	1.5242
3.1	100	0.084	0.0041	0	0.113	0.206	0.041	2.512	1.5206

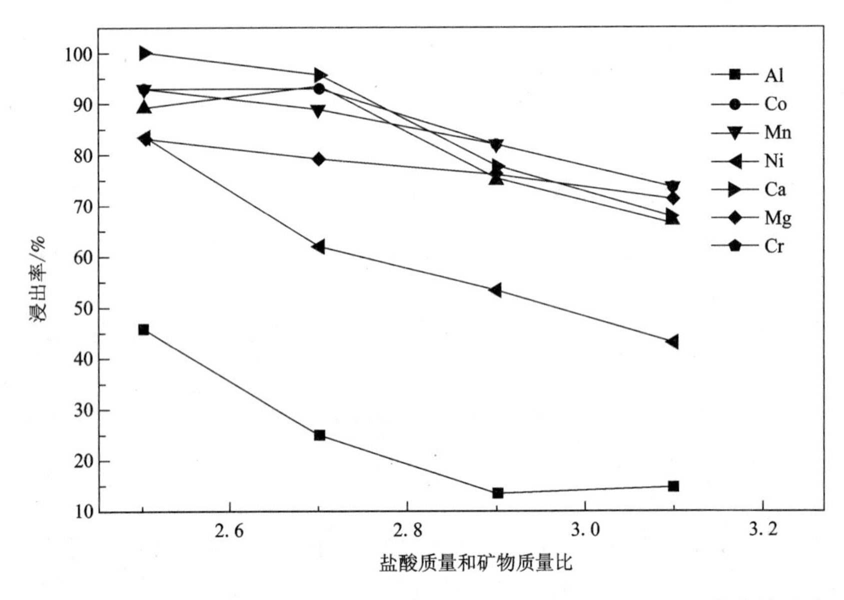

图 2-5　不同酸矿比对除铁滤液 Al、Co、Mn、Ni、Mg、Ca、Cr 回收率的影响

以不同酸矿比浸出液为原料，磷酸除铁所得 $FePO_4 \cdot xH_2O$ 沉淀中各元素摩尔数列于表 2-5。如表 2-5 所示，沉淀中主元为 Fe，微量的 Co、Ni 和 Mg 进入沉淀。这可能是由于在滴加氨水调 pH 的过程中，局部区域内 pH 过高引起的。此外，Mn 没有进入沉淀，这是因为磷酸锰的理论初始沉淀为 pH 3.91，远高于磷酸除铁过程中反应体系的 pH 2.0。沉淀中主要杂质元素为 Al，这与表 2-4 中各元素理论计算的结果一致。随着酸矿比从 2.5 增加至 3.1，Al 元素的含量也逐渐增加，这与图 2-5 中除铁滤液中 Al 的回收率随酸矿比增加逐渐下降是一致的。根据溶度积规则计算 4 种浸出液中磷酸铝的初始沉淀 pH，发现 pH 随酸矿比增加逐渐下降，即更多的 Al 在 pH 2.0 的条件下进入沉淀，从而导致沉淀中 Al 含量增加。综上所述，所得沉淀为多金属掺杂 $FePO_4 \cdot xH_2O$ 前驱体，通过调节浸出液的酸矿比可以控制沉淀中杂质元素的含量，以该前驱体为原料合成多金属掺杂 $LiFePO_4$，相关研究将在第 3 章展开。

2.3.4　pH 对沉淀过程元素分布的作用规律

实验量取红土镍矿浸出液 250 mL，浸出液酸矿比为 2.7，温度保持 50℃，搅拌速度 900 r/min，反应时间 20 min，$n_{H_3PO_4} : n_{Fe} = 1.03$，$n_{H_2O_2} : n_{Fe} = 0.1$，考察不同 pH 条件对沉淀过程各元素（Fe、Ni、Co、Mn、Mg、Al、Cr）分布的影响，结果见图 2-6 和表 2-6。

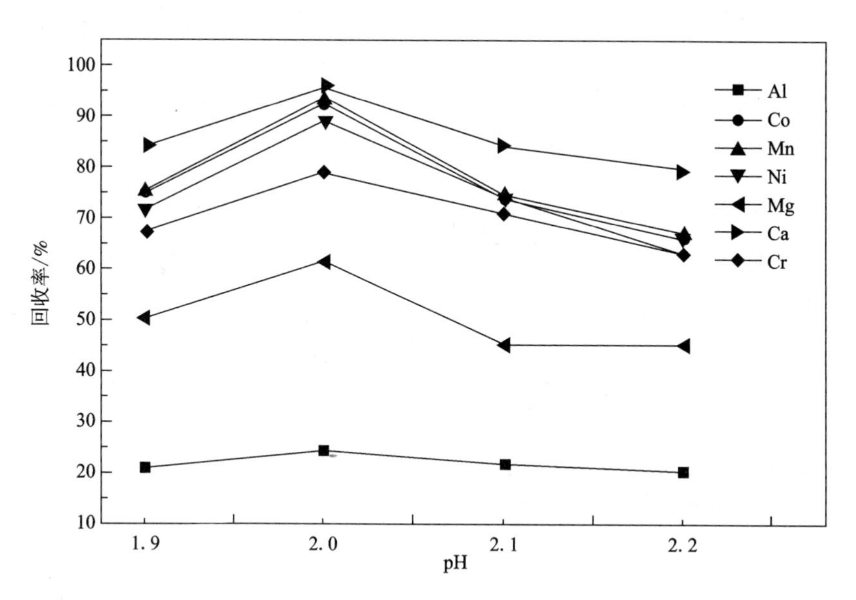

图 2-6　不同 pH 对除铁滤液 Al、Co、Mn、Ni、Mg、Ca、Cr 回收率的影响

如图 2-6 所示，除铁滤液中各元素(Al、Co、Mn、Ni、Mg、Ca、Cr)的回收率随 pH 的增加先增大后减小，在 pH 2.0 时达到最大值，在 4 种除铁滤液中均未检测到铁元素存在，故未标明在图上。在 pH 从 2.0 增加到 2.2 时，各元素回收率逐渐降低，这是因为 pH 升高有利于各元素进入沉淀，这与溶度积规则一致。然而在 pH 从 1.9 增加到 2.0 时，各元素回收率升高，这又与溶度积规则矛盾。除铁滤液的回收率主要由两个因素控制：一是各元素在反应过程中的沉淀状况；二是各元素在过滤时的损失率，即沉淀物的吸附状况。文献报告[190]表明在低于 pH 2.0 的条件下有 $Fe_3(PO_4)_2(OH)_2$ 杂质生成，该杂质为絮状沉淀，吸附能力强。因此，当控制反应体系为 pH 1.9 时，有可能生成 $Fe_3(PO_4)_2(OH)_2$ 杂质，该杂质在过滤时吸附大量其他元素，从而影响除铁滤液中各元素的回收率。综合考虑，pH 2.0时除铁效果最佳。

反应 pH 对 $FePO_4 \cdot xH_2O$ 沉淀中各元素摩尔数的影响列于表 2-6。

表 2-6　pH 对沉淀中各元素摩尔数的影响

pH	Fe	Ni	Co	Mn	Mg	Cr	Ca	Al
1.9	100	0.041	约 0	约 0	0.226	0.136	约 0	1.53
2.0	100	0.075	0.001	约 0	0.147	0.168	约 0	1.99
2.1	100	0.032	约 0	约 0	0.275	0.221	约 0	2.88
2.2	100	0.055	0.021	约 0	0.147	0.214	约 0	2.37

如表 2 -6所示，沉淀中主元为 Fe，主要杂质元素为 Al，其他微量杂质元素为 Co、Ni、Cr 和 Mg，Mn 和 Ca 均没有进入沉淀。随着反应 pH 的增加，沉淀中主要杂质 Al 的含量逐渐升高，这进一步说明 pH 从 1.9 上升到 2.0 时，除铁滤液中各元素回收率的增加是由沉淀物的吸附能力增强引起的。

2.3.5 沉淀剂量对沉淀过程元素分布的作用规律

实验量取红土镍矿浸出液 250 mL，浸出液酸矿比为 2.7，温度保持 50℃，搅拌速度 900 r/min，反应时间 20 min，pH 控制在 2.0，$n_{H_2O_2}:n_{Fe}$ = 0.1，考察不同沉淀剂量（$n_{H_3PO_4}:n_{Fe}$）条件对沉淀过程各元素（Fe、Ni、Co、Mn、Mg、Al、Cr）分布的影响，结果见表 2 -7 和图 2 -7。

表 2 -7 不同沉淀剂量对滤液中 Fe 回收率及沉淀中各元素摩尔数的影响

沉淀剂量 /%	Fe/%（回收率）	Fe	Ni	Co	Mn	Mg	Cr	Ca	Al
100	0.08	100	0.002	0.001	0.006	0.0609	0.1262	~0	1.703
103	0.00	100	0.075	0.001	~0	0.147	0.168	~0	1.99
105	0.00	100	0.010	~0	0.0008	0.1537	0.1882	0.0312	2.388
107	0.00	100	0.083	0.0016	0.0069	0.1824	0.2033	0.0363	2.602

图 2 -7 表明，随着沉淀剂量的增加，除铁滤液中各元素（Al、Co、Mn、Ni、Mg、Ca、Cr）的回收率都在降低，这是因为沉淀剂量的增加能够促进沉淀反应向正向发生，因此在一定反应时间内回收率有所降低。此外，与浸出液酸矿比和反应 pH 等因素相比，沉淀剂量对除铁滤液中各元素回收率的影响相对较小。综合考虑，沉淀剂量（$n_{H_3PO_4}:n_{Fe}$）为 1.00 和 1.03 时除铁效果较佳。

沉淀剂量（$n_{H_3PO_4}:n_{Fe}$）对除铁滤液 Fe 回收率及 $FePO_4 \cdot xH_2O$ 沉淀中各元素摩尔数的影响列于表 2 -7。如表 2 -7 所示，沉淀中主元为 Fe，主要杂质元素为 Al，其他微量杂质元素为 Co、Ni、Cr、Mg、Mn、Ca。沉淀剂加入量为理论值时，除铁滤液中 Fe 的回收率为 0.08%，沉淀剂加入量为理论值 103% 及以上时，铁的回收率为 0%，即除铁率达到 100%，这说明沉淀剂量（$n_{H_3PO_4}:n_{Fe}$）为 1.03时除铁效果较佳。

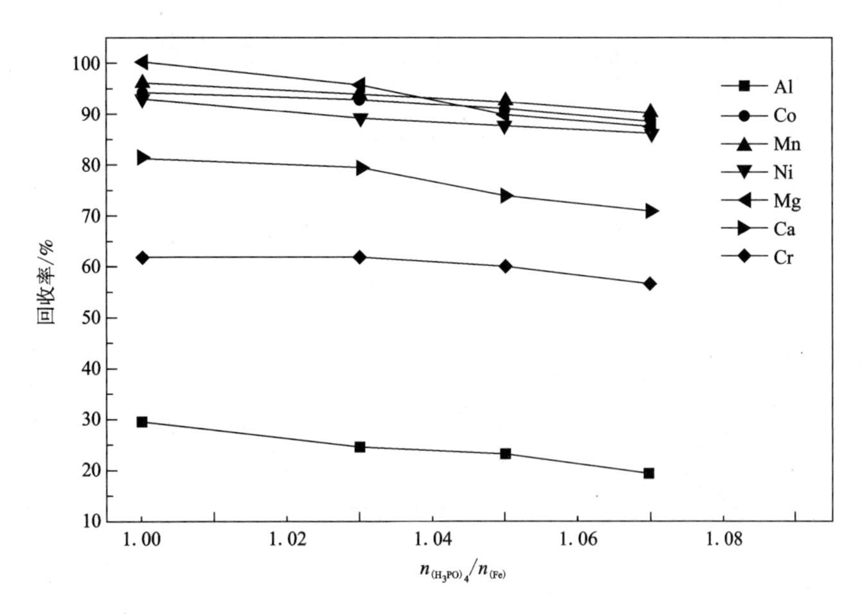

图 2-7　不同沉淀剂量($n_{(H_3PO)_4}$: n_{Fe})对除铁滤液中各元素回收率的影响

2.3.6　氧化剂量对沉淀过程元素分布的作用规律

实验量取红土镍矿浸出液 250 mL，浸出液酸矿比为 2.7，温度保持 50℃，搅拌速度 900 r/min，反应时间 20 min，pH 控制在 2.0，$n_{H_3PO_4}$:n_{Fe} = 1.03，考察不同氧化剂量($n_{H_2O_2}$:n_{Fe})条件对沉淀过程各元素(Fe、Ni、Co、Mn、Mg、Al、Cr)分布的影响，结果见表 2-8 和图 2-8。

图 2-8 表明，随着氧化剂量的增加，除铁滤液中各元素(Al、Co、Mn、Ni、Mg、Ca、Cr)的回收率先波动，后趋向于稳定，这是因为适量的氧化剂能够促进浸出液中的铁完全沉淀，对不参与氧化反应的元素影响不大。

表 2-8　不同氧化剂量对滤液中 Fe 回收率及沉淀中各元素摩尔数的影响

氧化剂量 /%	Fe/% (回收率)	Fe	Ni	Co	Mn	Mg	Cr	Ca	Al
0.00	2.14	100	0.081	0.001	0.002	0.163	0.194	约 0	2.13
10	0.00	100	0.075	0.001	约 0	0.147	0.168	约 0	1.99
50	0.00	100	0.079	0.002	0.001	0.153	0.174	约 0	2.02

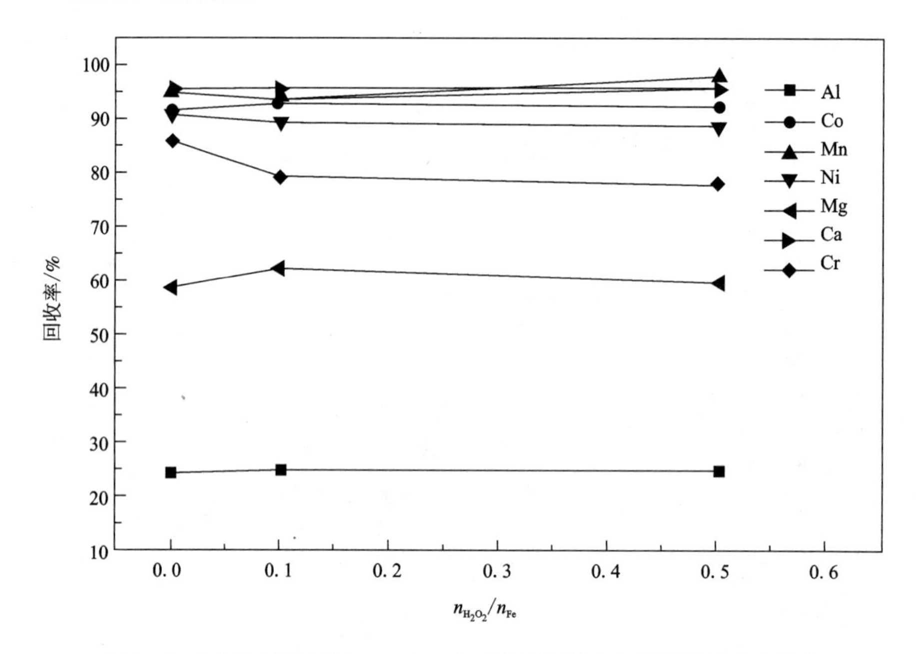

图 2-8　不同氧化剂量($n_{H_2O_2}$: n_{Fe})对除铁滤液中各元素回收率的影响

氧化剂量($n_{H_2O_2}$ ∶ n_{Fe})对除铁滤液 Fe 回收率及 $FePO_4 \cdot xH_2O$ 沉淀中各元素摩尔数的影响列于表 2-8。如表 2-8 所示，不添加氧化剂时，滤液中铁的回收率为 2.14%，添加 $n_{H_2O_2}$ ∶ n_{Fe} = 10% 及以上的氧化剂时除铁率达到 100%。此外，$FePO_4 \cdot xH_2O$沉淀中主元为 Fe，主要杂质元素为 Al，其他微量杂质元素为 Co、Ni、Cr、Mg、Mn 和 Ca，氧化剂量对沉淀中各元素组成影响不大。综合考虑，氧化剂量($n_{H_2O_2}$ ∶ n_{Fe})为 0.1 时除铁效果较佳。

综上所述，红土镍矿浸出液除铁的最佳条件为：浸出液酸料质量比 2.7，反应 pH 2.0，沉淀剂量 $n_{H_3PO_4}$ ∶ n_{Fe} 为 1.03，氧化剂量 $n_{H_2O_2}$ ∶ n_{Fe} 为 0.1，温度保持 50℃，搅拌速度 900 r/min，反应时间 20 min。此条件下除铁率达到 100%，Ni、Co、Mn、Mg、Al、Ca 和 Cr 的回收率分别为 88.83%、92.66%、93.48%、61.69%、24.38%、95.42% 和 79.1%，$FePO_4 \cdot xH_2O$ 前驱体中杂质摩尔数为 2 mol% 左右。

2.4　硫化沉淀富集 Ni、Co、Mn 的研究

以最佳条件下得到除铁滤液为原料，制备 Ni、Co、Mn 的净化液，用硫化沉淀的方法富集主元(Ni、Co、Mn)。

2.4.1　溶度积计算和分析

图 2－9 为 NiS－H_2O 系电位 pH 图。从图中可以看出 NiS 在 pH 0.6～10 的范围内可以稳定存在；在 pH＜0.6 时，无法生成 NiS 沉淀；在有氧化剂存在，pH 0.6～10 的条件下，NiS 被氧化成 SO_4^{2-}、HSO_4^-，Ni 则以 Ni^{2+} 或 NiO 的形式存在。然而，由于图 2－9 是在 $a[Ni^{2+}]=1$ 的条件下得到，所以还要通过计算除铁滤液中各元素硫化物和氢氧化物初始沉淀 pH，来确定红土镍矿除铁滤液富集主元(Ni、Co、Mn)的主要工艺条件范围。

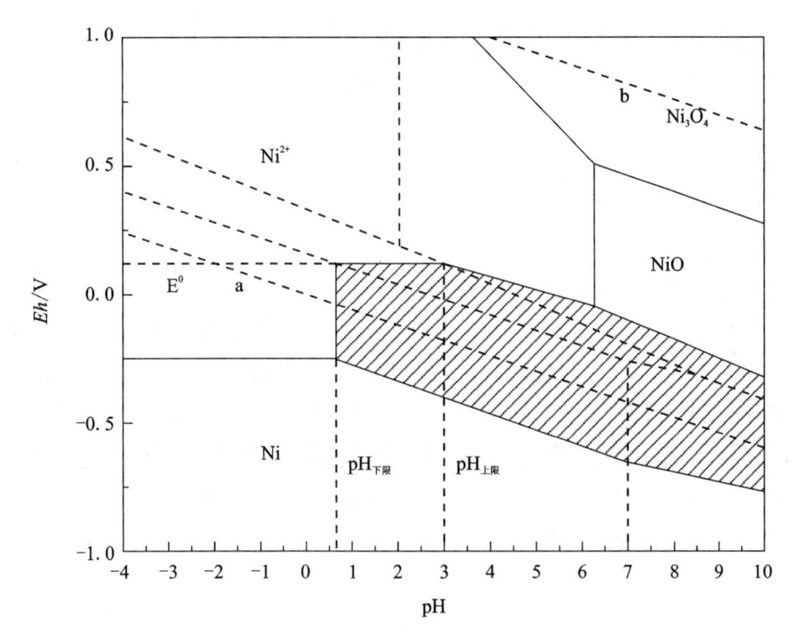

图 2－9　NiS－H_2O 系电位 pH 图($a_{Ni^{2+}}=1$，$T=25℃$)[191]

表 2－9 为除铁滤液组成及各元素硫化物和氢氧化物初始沉淀 pH，由表可知，NiS、CoS 和 MnS 的初始沉淀 pH 分别为 2.75、2.53 和 7.5，而 $Al(OH)_3$ 和 $Cr(OH)_3$ 的初始沉淀 pH 分别为 3.77、4.84，低于 MnS 的初始沉淀 pH，即杂质元素 Al 和 Cr 可能会以氢氧化物的形式进入硫化物沉淀，影响 Ni、Co 等贵金属富集的效果，因此，在硫化沉淀富集主元之前，有必要先除去 Al、Cr 等杂质，实验中采用磷酸沉淀的方法除 Al、Cr。

表 2-9 红土镍矿除铁滤液成分及各元素硫化物、氢氧化物和磷酸盐的初始沉淀 pH

	Al	Cr	Ca	Mg	Ni	Co	Mn
浓度/($g \cdot L^{-1}$)	0.1336	0.0991	0.038	14.87	1.579	0.0551	0.3804
$pK_{sp}(S^{2-})$	6.7			14.70	18.5	20.4	9.6
初始沉淀 pH	10.48			7.93	2.75	2.53	7.50
$pK_{sp}(OH^-)$	32.9	30.2	5.26	9.2	14.7	14.8	12.72
初始沉淀 pH	3.77	4.84	>13	9.49	7.44	8.12	8.72
$pK_{sp}(PO_4^{3-})$	18.24	17	28.70	23 ~ 27	30.3	34.7	12
初始沉淀 pH	1.978	2.52	4.00	>4	>4	>4	>4

注：1. pK_{sp}为溶度积的负对数；2. 空白为相应元素的硫化物溶于水，不产生沉淀

在 pH 较低的溶液中进行硫化沉淀反应，可以分为两种情况讨论，即直接硫化和间接硫化。其基本反应过程如下。

1) 直接硫化

直接硫化是指理想条件下硫化剂加入后，直接和溶液中的阳离子(M^{2+}或M^{3+}，反应式中以二价阳离子为例)反应，得到硫化物沉淀，主要反应如下：

$$MCl_2 + Na_2S = MS(s) + 2NaCl \tag{2-8}$$

2) 间接硫化

间接硫化是指，在实际应用中，特别是在 pH 较低的溶液中，硫化剂加入后，一部分和水反应，生成硫化氢气体，部分硫化氢气体又溶解在水中，与溶液中的阳离子反应，得到沉淀，主要反应如下：

$$Na_2S + 2H_2O = 2NaOH + H_2S(g) \tag{2-9}$$

$$H_2S(g) = 2H^+ + S^{2-} \tag{2-10}$$

$$MCl_2 + S^{2-} = MS(s) + 2Cl^- \tag{2-11}$$

针对反应式(2-9)，其平衡常数K_{eq}为：

$$K_{eq} = \frac{a[H_2S] \cdot a[NaOH]^2}{a[Na_2S] \cdot a[H_2O]^2} \tag{2-12}$$

在一般的稀浓度体系中，活度(a)等同于反应物与产物的浓度，且水的活度是几乎不变的，因此，K_{eq}只与氢氧根活度(即 pH)、硫化氢和硫化剂的活度有关。在反应过程中，随着硫化剂的消耗，其活度必然会降低，为了保持K_{eq}的恒定，硫化氢和氢氧根的活度必然要下降，如果是在密闭体系中，则会不断推动硫化沉淀反应(2-10)的发生，同时溶液的 pH 也会逐渐下降。如果体系的密闭性不是很好，则硫化氢会进入空气中，造成沉淀剂的损失和环境的破坏。

根据上述实验结果及理论分析，确定硫化沉淀富集 Ni、Co、Mn 的主要工艺

条件范围为：

(1) Ni、Co、Mn 净化液的制备。计算溶度积规则发现，在硫化沉淀富集主元之前，须先除去 Al、Cr 等杂质，而这两种杂质可以通过磷酸沉淀分离。前期的研究表明，对除杂效果影响最大的因素是沉淀过程溶液的 pH，故本研究直接采用最优条件，并在此基础上研究溶液的 pH 对 Al、Cr 除杂效果的影响。本实验中 pH 选定为 3.25、3.5、3.75 和 4.0。

(2) pH。根据表 2-9 和公式(2-9)可知，在 S^{2-} 用量一定的情况下，如果溶液的 pH 过低，则会促进硫化氢的生成，不能富集溶液中大部分的 Ni、Co、Mn 等元素；如果溶液的 pH 过高，则有可能沉淀过多的杂质元素，对主元的富集效果不利。因此，本实验分别考察了 pH 4、pH 5、pH 6、pH 7，和初始 pH 2.0、pH 2.5、pH 3.0、pH 3.5 对反应过程主元富集效果的影响。

(3) 硫化剂(Na_2S)量。在 pH 一定的情况下，硫化剂量过低会影响富集效果。硫化剂过高则会促进硫化氢的生成，严重腐蚀设备和恶化操作环境，另一方面，沉淀后剩余残 S^{2-} 过高，导致成本升高。本实验中硫化剂量是指沉淀体系中硫化剂(Na_2S)摩尔数与浸出液中主元摩尔数之比，范围确定 1.25、1.5、1.75 和 2.0。

(4) 反应时间。反应时间越长可以保证主元与沉淀剂之间有效充分接触，富集效果越好，在保证一定富集率的前提下，缩短反应时间有利于提高生产率，因此反应时间不宜过长。本实验考察浸出时间为 5 min、10 min、20 min 和 30 min。

(5) 反应温度。理论上，温度的升高有利于沉淀的析出，会使反应速度加速。本实验中反应温度选定为 15℃、25℃、35℃ 和 45℃。

2.4.2 Ni、Co、Mn 净化液的制备

实验量取红土镍矿除铁滤液 250 mL，温度保持 50℃，搅拌速度 900 r/min，反应时间 20 min，$n_{H_3PO_4} : n_{Al+Cr} = 1.0$，考察不同 pH 条件对沉淀过程各元素(Ni、Co、Mn、Mg、Al、Cr)分布的影响，结果见图 2-10 和表 2-10。

如图 2-10 所示，所得 Ni、Co、Mn 净化液中 Al、Ni、Co、Mn 的去除率随 pH 的增加变化不大，Al 的去除率接近 100%，Ni、Co 和 Mn 的去除率接近于零，而 Cr 的去除率随 pH 增加逐渐上升，在 pH 4.0 时达到最大值 33.6%，这与溶度积计算是一致的。结果表明，通过磷酸沉淀可以成功实现除铁滤液中杂质 Al、Cr 与主元的分离，得到富 Ni、Co、Mn 的净化液。

表 2-10 为所得 Ni、Co、Mn 净化液组成及各元素硫化物和氢氧化物初始沉淀 pH，与表 2-9 相比，各元素的化合物初始沉淀 pH 有所提高，这是由除杂过程中溶液稀释引起的。由表 2-10 可知，$Al(OH)_3$ 和 $Cr(OH)_3$ 的初始沉淀 pH 分别为 3.13 和 4.96，仍低于 MnS 沉淀的 pH 7.96，有可能进入沉淀。然而，考虑到净化液中 Al 和 Cr 的含量已非常低，分别为 0.0028 g/L 和 0.0402 g/L，对沉淀纯度

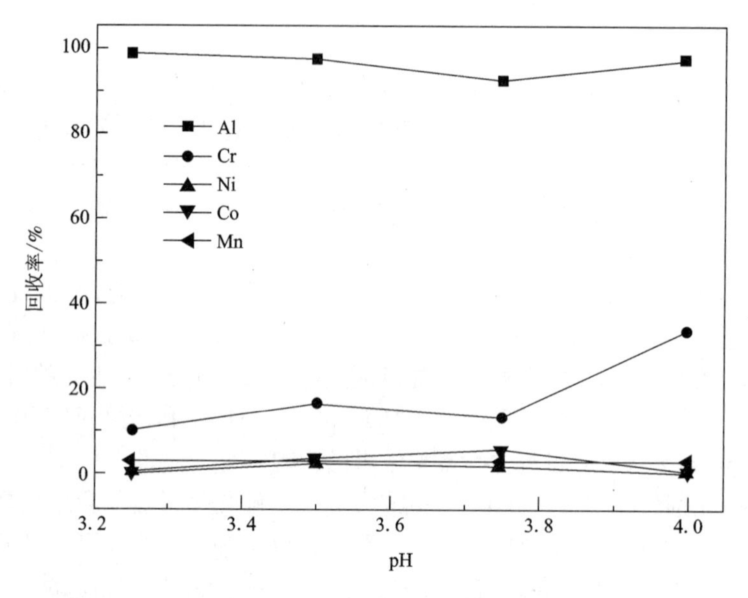

图 2-10　pH 对 Ni、Co、Mn 净化液中各元素去除率的影响

影响不大，故在后续实验中采用 Ni、Co、Mn 净化液为原料，研究各因素对硫化沉淀富集 Ni、Co、Mn 的影响。

表 2-10　Ni、Co、Mn 净化液成分及各元素硫化物和氢氧化物初始沉淀 pH

	Al	Cr	Ca	Mg	Ni	Co	Mn
浓度/($g \cdot L^{-1}$)	0.0028	0.0402	0.021	8.274	0.9695	0.0285	0.2316
$pK_{sp}(S^{2-})$	6.7			14.70	18.5	20.4	9.6
初始沉淀 pH	11.52			8.41	2.98	2.76	7.96
$pK_{sp}(OH^-)$	32.9	30.2	5.26	9.2	14.7	14.8	12.72
初始沉淀 pH	4.13	4.96	> 14	10.35	7.67	8.39	9.27

注：1. pK_{sp} 为溶度积的负对数；2. 空白为相应物质溶于水，不产生沉淀。

2.4.3　控制 pH 对沉淀过程主元富集的影响

实验量取 Ni、Co、Mn 净化液 200 mL，温度保持 25℃，搅拌速度 450 r/min，反应时间 20 min，$n_{S^{2-}}:n_{Ni+Co+Mn}=1.5$，用稀盐酸和氨水作为缓冲液调节 pH，考察不同 pH 条件对沉淀过程主元富集情况的影响，结果见图 2-11 和表 2-11。

由图 2-11 可知，随着溶液的 pH 的提高，Ni、Co、Mn 的富集率不断上升，

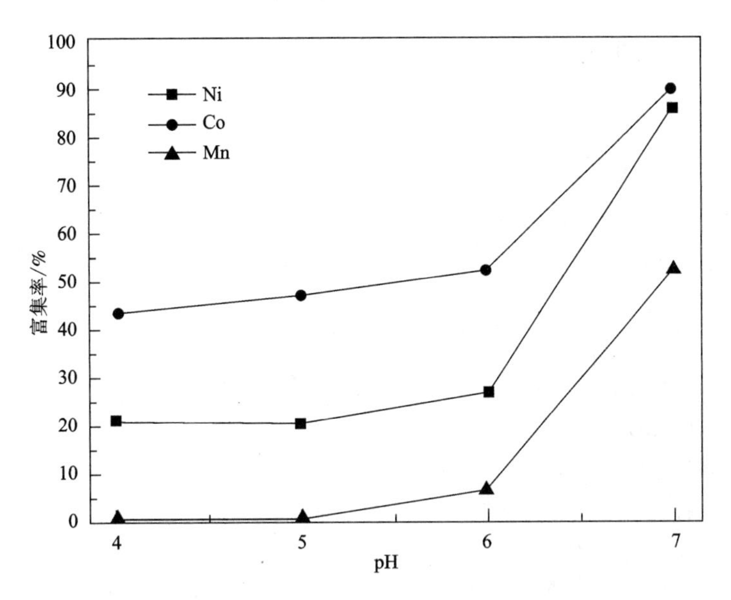

图2－11　控制 pH 对沉淀过程主元富集率的影响

其中 Co 最高，Mn 最低，这和溶度积计算的结果相吻合。当溶液由 pH 4 调高到 pH 6 时，主元的富集率增长比较缓慢；当溶液由 pH 6 调高到 pH 7 时，主元的富集率迅速提高，Ni、Co、Mn 的富集率分别为 90.02%、86.23%、52.3%。这是由于硫化钠自身显强碱性，在加入的过程中会使得溶液的 pH 迅速达到 6～7，为使溶液稳定在某一较低 pH，须不断补充稀盐酸中和，而酸的引入一方面会促进反应 $H^+ + S^{2-} = HS^-$ 和 $H^+ + HS^- = H_2S$ 的发生，另一方面也会破坏体系的密闭性，导致硫化氢逃逸到空气中，造成溶液中 S^{2-} 的不足，从而降低主元的富集率。而当溶液由 pH 6 升高到 pH 7 时，虽然仍须补充盐酸或氨水来稳定溶液的 pH，但是高 pH 能抑制硫化氢的生成，从而使得主元的富集率有很大的提高。

表2－11　控制 pH 对沉淀中各元素组成的影响

pH	沉淀各成分(质量分数)/%						
	Al	Ca	Co	Cr	Mg	Mn	Ni
4.0	0.22	0.69	1.54	0.07	0.58	0.04	23.65
5.0	0.09	0.53	1.17	2.23	0.40	0.30	27.14
6.0	0.12	0.05	1.55	4.73	0.52	1.53	26.46
7.0	0.23	1.45	1.95	2.21	5.54	4.01	30.31

从表2-11控制pH对沉淀中各元素组成的影响可以看出，随着pH的上升，主元的含量稳定增加。溶液由pH 6调高到pH 7时，主元和杂质元素Mg的含量都达到最大，其中Mg的含量从0.52%提高到5.54%，这是因为溶液的pH与Mg的理论初始沉淀pH8.41比较接近，可能是硫化钠的一次性加入，造成局部区域pH过高造成的。高pH所得沉淀杂质含量过高不利于回收主元；低pH所得沉淀虽然杂质含量较低，但主元的富集率不高，综上所述，控制pH富集主元的效果不是很理想。

2.4.4 溶液的初始pH对沉淀过程元素富集率的影响

控制pH富集主元的效果不理想的原因主要有两个方面：

(1)pH难以控制。硫化钠本身具有强碱性，造成体系中的pH波动范围较大；同时，很难精确控制在某个特定pH。

(2)体系密闭性不好。由于须不断加入稀盐酸或氨水来维持溶液的pH稳定，影响了整个体系的密闭性，造成有害气体硫化氢逃逸到空气中。

针对以上两点，拟通过调节溶液的初始pH来实现主元的最大化富集，同时抑制其他杂质进入沉淀，其优势主要有两个方面。

(1)pH不需要控制，操作简单。只需要在反应前调节溶液的初始pH，密闭体系后，利用硫化钠本身具有强碱性，使溶液的pH满足沉淀反应的需求。

(2)体系密闭性好。与控制pH相比，调节溶液的初始pH的方法不需要在反应进行时添加任何物质，亦不需要将pH计插入反应器皿中，能保证整个体系的密闭性。

实验量取Ni、Co、Mn净化液200 mL，温度保持25℃，搅拌速度450 r/min，反应时间20 min，$n_{S^{2-}}:n_{Ni+Co+Mn}=1.5$，用稀盐酸和氨水作为缓冲液调节pH，考察不同溶液的初始pH对沉淀过程主元富集情况的影响，结果见图2-12和表2-12。

图2-12为溶液的初始pH对主元富集率的影响，由图可知，Co的富集率最高，接近100%，Ni的富集率也达到了95%左右，Mn的富集率最低，同时受溶液的初始pH的影响也最大，其富集率从pH2.0的45.2%上升到了pH3.5的88.89%。

表2-12 溶液的初始pH对沉淀中各元素组成的影响

初始pH	沉淀各成分(质量分数)/%						
	Al	Ca	Co	Cr	Mg	Mn	Ni
2.0	0.10	0.46	1.12	1.68	0.99	4.48	34.12
2.5	0.07	0.25	0.95	1.43	2.04	5.28	33.79
3.0	0.15	0.04	0.94	1.44	5.10	6.30	33.56
3.5	0.22	0.05	0.92	1.45	5.28	7.53	32.86

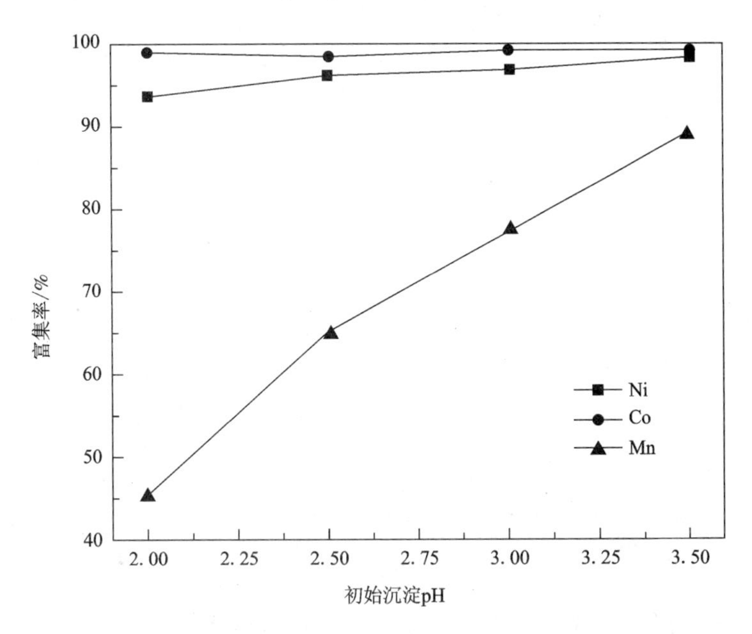

图 2-12　溶液的初始 pH 对沉淀过程主元富集率的影响

从表 2-12 溶液的初始 pH 对沉淀中各元素组成的影响可以看出，沉淀中主元是 Ni、Co、Mn，随着溶液的初始 pH 升高，Ni、Co 的含量变化不大，Mn 的含量则逐渐升高。此外，沉淀中还含有少量的 Mg 和 Cr，以及微量的 Ca 和 Al 等，其中 Mg 的含量随 pH 的升高而增加，这可能是因为溶液的 pH 逐渐接近 Mg 的初始沉淀 pH 引起的。溶液的初始 pH 控制在 2.0 和 2.5 条件下时沉淀中 Mg 的含量较低，然而 pH 2.0 时沉淀中 Ca 含量较高，且 Ni 和 Mn 的富集率最低。因此，综合考虑，溶液的初始 pH 2.5 时 Ni、Co、Mn 的富集效果最佳。

2.4.5　硫化剂量对沉淀过程元素富集率的影响

按化学计量加入硫化剂，理论上可以使溶液中的主元完全沉淀，而间接硫化的分析表明，由于硫化氢的损失，加入理论量的硫离子无法达到预期的效果。实验量取 Ni、Co、Mn 净化液 200 mL，温度保持 25℃，搅拌速度 450 r/min，反应时间 20 min，溶液的初始 pH 控制在 2.5，考察不同硫化剂量 $n_{S^{2-}}:n_{Ni+Co+Mn}$ 对沉淀过程主元富集情况的影响，结果见图 2-13 和表 2-13。

由图 2-13 可知，随着硫化剂量的增加，Ni 和 Co 的富集率增加很快，并在硫化剂量为主元摩尔数之和的 1.50 倍后稳定在 95% 以上；Mn 的富集率则一直保持增长，从 1.25 倍的 58% 提高到 2.0 倍的 73%。Ni、Co、Mn 富集率随硫化剂量增

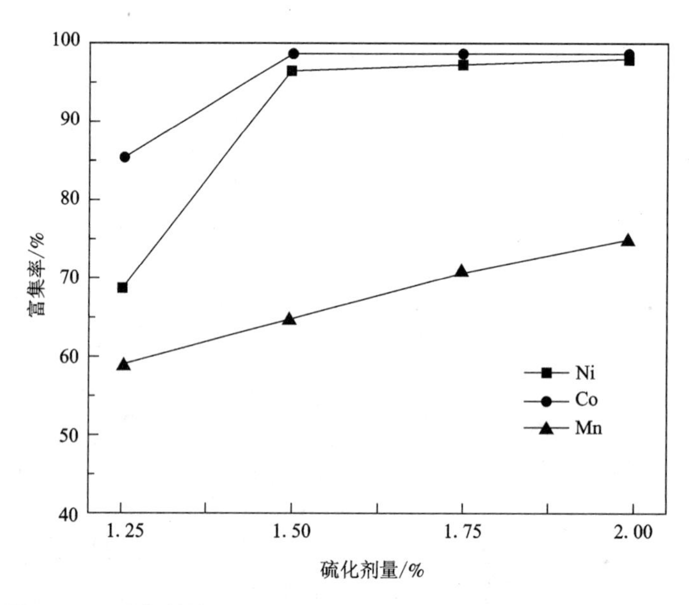

图 2-13　硫化剂量($n_{S^{2-}}:n_{Ni+Co+Mn}$)对沉淀过程主元富集率的影响

加的变化规律与表 2-10 中 Ni、Co、Mn 的溶度积规则是一致的。

表 2-13　硫化剂量($n_{S^{2-}}:n_{Ni+Co+Mn}$)对沉淀中各元素组成的影响

$n_{S^{2-}}:n_{Ni+Co+Mn}$	沉淀各成分(质量分数)/%						
	Al	Ca	Co	Cr	Mg	Mn	Ni
1.25	0.11	0.29	1.21	1.83	1.23	4.77	31.37
1.50	0.07	0.25	0.95	1.43	2.04	5.28	33.79
1.75	0.13	0.20	0.97	1.47	3.84	5.31	33.62
2.00	0.09	0.34	1.13	1.21	5.72	7.02	32.44

从表 2-13 不同硫化剂量 $n_{S^{2-}}:n_{Ni+Co+Mn}$ 对沉淀中各元素组成的影响可以看出，主元以及杂质元素 Mg 在沉淀中的含量，随硫化剂量与主元摩尔数之和的比值的增加而增加，杂质 Al、Ca 和 Cr 在沉淀中的含量几乎不受硫化剂量变化的影响。这是由于主元和 Mg 在溶液中能形成硫化物的沉淀，硫离子浓度的增加会促进这四种元素进入沉淀；而 Al、Ca 和 Cr 要么没有硫化物的沉淀，要么溶度积过高，无法在溶液中形成沉淀，故硫离子浓度的变化对他们没有影响。因此，综合考虑图 2-13和表 2-13 的分析结果，硫化剂量与主元摩尔数之和的比为 1.5 时，Ni、Co、Mn 的富集效果最佳。

2.4.6　反应时间对沉淀过程元素富集率的影响

实验量取 Ni、Co、Mn 净化液 200 mL，溶液的初始 pH 2.5，搅拌速度 450 r/min，反应温度 25℃，$n_{S^{2-}}:n_{Ni+Co+Mn}$ = 1.5，考察不同反应时间对沉淀过程主元富集情况的影响，结果见图 2 – 14 和表 2 – 14。

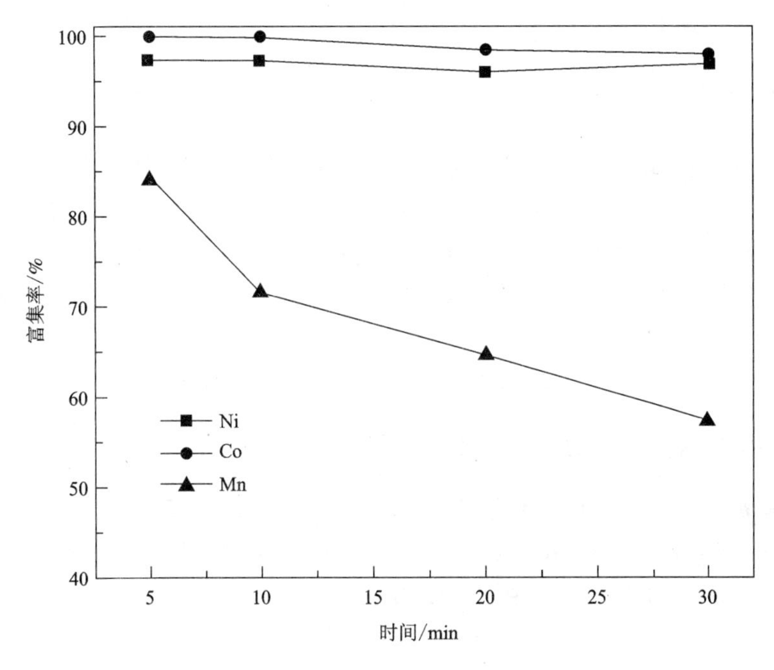

图 2 – 14　反应时间对沉淀过程主元富集率的影响

从图 2 – 14 可知，主元的富集率随反应时间的增加而下降，其中 Ni 和 Co 的富集率一直保持在 95% 以上，受时间影响较小，而 Mn 的富集率降低的最明显，从反应 5 min 时的 85% 降至反应 30 min 的 59%，Mn 的富集率下降的趋势随时间的增加而减少。Ni 和 Co 能保持很高的富集率应该归功于其硫化物溶度积较低，与 Mn 相比，更容易进入沉淀。Mn 的富集率在前 10 min 迅速下降是由于硫化剂是一次性全部加入，溶液的 pH 在瞬时达到最高，有利于 Mn 的沉淀，根据公式 (2 – 12) 的分析，随着反应的进行，溶液的 pH 逐渐降低，部分进入沉淀的 Mn 又反溶，从而导致 Mn 的富集率降低。

表 2-14 反应时间对沉淀中各元素组成的影响

时间/min	沉淀成分(质量分数)/%						
	Al	Ca	Co	Cr	Mg	Mn	Ni
5	0.16	0.27	0.56	1.80	3.86	6.20	30.95
10	0.18	0.18	0.60	1.87	3.30	5.51	32.33
20	0.07	0.25	0.95	1.43	2.04	5.28	33.79
30	0.10	0.46	1.12	1.68	0.99	4.48	38.12

表 2-14 为反应时间对沉淀中各元素组成的影响。由表可知，随着反应时间的增加，Mn、Mg、Cr 等主要杂质在沉淀中的含量逐渐降低，而 Ni 和 Co 的含量则逐渐增加。杂质元素含量降低的原因是，溶液的 pH 随反应时间的增加逐渐降低，引起 Mn 和 Mg 等溶度积比较高的硫化物反溶，同时，由于杂质在沉淀中含量降低，也会引起 Ni、Co 等元素在沉淀中所占比例提高。因此，综合考虑，反应时间为 30 min 时 Ni 的富集效果最佳；反应时间为 20 min 时 Ni、Co、Mn 的富集效果最佳。

2.4.7 反应温度对沉淀过程元素富集率的影响

实验量取 Ni、Co、Mn 净化液 200 mL，溶液的初始 pH 控制在 2.5，搅拌速度 450 r/min，反应时间 20 min，$n_{S^{2-}}:n_{Ni+Co+Mn}=1.5$，考察不同反应温度对沉淀过程主元富集情况的影响，结果见图 2-15 和表 2-15。

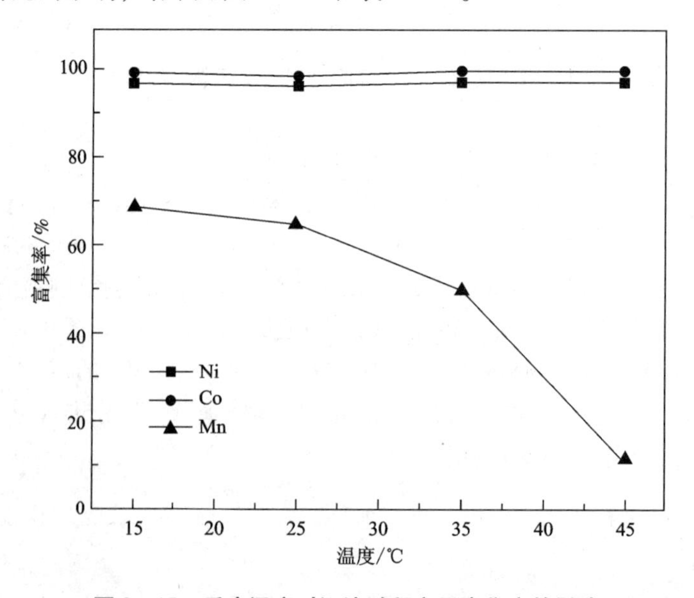

图 2-15 反应温度对沉淀过程主元富集率的影响

从图 2－15 可以看出，常压、温度在 15～45℃变化时，Ni 和 Co 的富集率均在 95%以上，不受温度变化影响；而 Mn 的富集率却在降低，并且下降趋势越来越快，15℃时为 69%，25℃时还有 66%，35℃时已降至 51%，45℃时仅剩 10%左右。温度的升高对反应有两个方面的作用：一是降低 H_2S 在水中的溶解度，二是有利于 H_2S 生成 HS^- 和 S^-。在 25℃以下，升高温度可以加速反应的进行，主要原因是温度的变化对硫化氢的溶解度影响很小，同时温度的升高所起到的有利作用得到加强；而超过 25℃后，升高温度降低了硫化氢在水中的溶解度，不利的作用占据了主导地位，从而使得硫化沉淀的效果变差。

表 2－15　反应温度对沉淀中各元素组成的影响

温度/℃	沉淀各成分(质量分数)/%						
	Al	Ca	Co	Cr	Mg	Mn	Ni
15	0.08	0.04	0.91	1.46	3.38	5.18	33.12
25	0.07	0.25	0.95	1.43	2.04	5.28	33.79
35	0.06	0.04	0.97	1.49	1.84	4.34	35.43
45	0.06	0.05	1.08	1.64	1.28	0.86	38.15

表 2－15 为反应温度对沉淀中各元素组成的影响。由表可知，沉淀中 Mn 和 Mg 的含量随温度的升高而降低，其他元素含量几乎不变。这是因为温度升高会加速硫离子水解生成硫化氢气体，从而使溶液中硫离子的量减少；而溶液中 Mn 和 Mg 生成硫化物沉淀所需要的 pH 和 S^{2-} 浓度均较高，即 Mn 和 Mg 在 S^{2-} 不足的条件下很难进入沉淀，造成 Mn 的富集率降低，同时 Mn 和 Mg 在沉淀中的含量也降低，沉淀中 Ni 含量提高。因此，综合比较 15℃和 25℃条件下沉淀中杂质元素含量，反应温度以 25℃时 Ni、Co、Mn 的富集效果最佳。

综上所述，硫化沉淀富集 Ni、Co、Mn 的最佳条件是：溶液的初始 pH 2.5，$n_{S^{2-}}:n_{Ni+Co+Mn}$ 为 1.5，反应时间 20 min，反应温度 25℃。此条件下沉淀中 Ni、Co、Mn 的含量分别为 33.79%、0.95%和 5.28%，富集率分别为 96.03%、98.41%和 64.7%，综合回收率分别为 80.27%、45.6%和 54.5%。此方法与其他富集主元的方法相比[229],[230]，综合回收率和产物中 Ni 含量更高。

2.5　本章小结

(1)针对传统红土镍矿酸浸工艺中存在的 Fe 元素分离与利用困难、除铁能耗大等不足，利用不同金属元素磷酸盐溶度积的差异，首次提出以天然红土镍矿浸出液为原料，经磷酸沉淀实现主要杂质元素 Fe 的分离，并同步合成锂离子电池正极材料 $LiFePO_4$的多金属掺杂前驱体 $FePO_4 \cdot xH_2O$。

（2）在溶度积基础上，探索不同浸出液酸料质量比、反应 pH、沉淀剂量和氧化剂量对沉淀过程元素分布的作用规律，得出最佳的除铁条件：浸出液酸料质量比 2.7，反应 pH 2.0，沉淀剂量 $n_{H_3PO_4}:n_{Fe}$ 为 1.03，氧化剂量 $n_{H_2O_2}:n_{Fe}$ 为 0.1，温度保持 50℃，搅拌速度 900 r/min，反应时间 20 min。此条件下滤液中除铁率达到 100%，Ni、Co、Mn、Mg、Al、Ca 和 Cr 的回收率分别为 88.83%、92.66%、93.48%、61.69%、24.38%、95.42% 和 79.1%，$FePO_4 \cdot xH_2O$ 前驱体中杂质摩尔含量为 2mol% 左右。

（3）以除铁滤液为原料，进行了硫化沉淀富集 Ni、Co、Mn 的相关条件实验，结果表明：溶液的初始 pH 2.5，$n_{S^{2-}}:n_{Ni+Co+Mn}$ 为 1.5，反应时间 20 min，反应温度 25℃时主元的富集效果最佳。此条件下沉淀物中 Ni、Co、Mn 的含量分别为 33.79%、0.95% 和 5.28%，相对原矿分别提高了约 34 倍、15 倍和 21 倍；Ni、Co、Mn 的富集率分别为 96.03%、98.41% 和 64.7%，综合回收率分别为 80.27%、45.6% 和 54.5%，实现了红土镍矿中主元的高效富集。

（4）此方法与其他富集主元的方法相比，工艺简单，杂质元素得到充分利用，综合回收率和产物中 Ni 含量更高，所得产物适合作为硫化镍精矿进入传统冶金体系。

第 3 章　红土镍矿制备多金属共掺杂 $LiFePO_4$ 的研究

3.1　引言

自 Goodenough 等人报道了 $LiFePO_4$ 具有脱锂/嵌锂性能以来，$LiFePO_4$ 作为一种新型锂离子电池正极材料，吸引了越来越多的研究人员的关注[152-155]。$LiFePO_4$ 的主要优点是原料来源丰富，具有较高的比容量（理论容量为 170 mAh/g）和 3.5 V的稳定放电平台，优良的循环性能、高温性能和安全性能。因而，$LiFePO_4$ 被称为是动力型锂离子电池首选正极材料之一。$LiFePO_4$ 存在的主要问题是它的离子导电率和电子导电率低，从而影响到它本身的电化学性能。为了改善 $LiFePO_4$ 的电化学性能，当前人们将材料合成和研究的重点主要集中在提高 $LiFePO_4$ 正极活性材料的电子导电性和离子扩散速率这两个方面。从已有的文献来看，改性的方法主要有：碳包覆、高价金属阳离子掺杂、金属包覆、制备细小颗粒以及合成特殊纳米结构的粒子[175-185]。

Chung 等人研究了 Mg、Al、Ti、Zr、Nb 和 W 单掺杂对 $LiFePO_4$ 材料的影响，研究发现掺杂后的 $LiFePO_4$ 电子导电率（10^{-2} S/cm）较未掺杂的 $LiFePO_4$（10^{-9} ~ 10^{-10}S/cm）提高了近 8 个数量级[175]。H. C. Shin 等人进行了 Cr 掺杂 $LiFePO_4$ – C 的研究，结果表明 Cr 掺杂提高了 $LiFePO_4$ 两相反应的可逆性及材料的倍率性能[176]。Y. Lu 等人在 $LiFePO_4$ 材料中掺杂少量 Ni，研究发现，与未掺杂 $LiFePO_4$ 相比，材料的电化学性能有很大提升，他们认为 Ni 掺杂增强了 P—O 键的强度，降低了反应阻抗[177]。

目前制备 $LiFePO_4$ 的铁源大多为化学纯或分析纯的金属盐[161-167]。这些盐类大部分由矿石制得，从天然矿石到化学纯或分析纯的铁盐，须经过一系列复杂的除杂、分离和提纯的工序，而用化学纯或分析纯铁盐制备高性能 $LiFePO_4$ 时又须加入一些对其电化学性能有益的掺杂元素，由于红土镍矿一般都伴生有大量 Fe 及多种有益的掺杂元素，从而导致流程重复，成本大大增加。

在第 2 章的研究中，通过磷酸沉淀的方法除掉了红土镍矿中的主要杂质 Fe，同时得到了含有 Al、Cr、Mg、Ni 等微量杂质元素的 $FePO_4 \cdot xH_2O$ 前驱体。本章以前面研究中不同酸矿比条件下所得的 $FePO_4 \cdot xH_2O$ 为原料，经常温还原—热处理法制备出多金属共掺杂 $LiFePO_4-C$ 材料。由于不同酸矿比条件下所得前驱体的杂质元素含量不同，研究了杂质元素及掺杂量对 $LiFePO_4$ 材料晶体结构，形貌及电化学性能的影响，并通过 Rietveld 精修及阻抗模拟揭示其掺杂机理。

3.2 实验

3.2.1 实验原料

实验用化学试剂如表 3-1 所示。

表 3-1 实验用化学试剂

名称	化学式	纯度
磷酸铁	$FePO_4 \cdot xH_2O$	自制
碳酸锂	Li_2CO_3	分析纯
聚偏二氟乙烯	PVDF	电池级
电解液	$LiPF_6/EC+DMC$	电池级
国产碳黑	C_6	分析纯
N—甲基吡咯烷酮	NMP	99.9%
金属锂	Li	电池级

3.2.2 实验设备

实验用仪器如表 3-2 所示。

表 3-2 实验用仪器

仪器	型号	厂家
管式电阻炉	KSW-4D-10	长沙实验电炉厂
真空干燥箱	DZF-6051	上海益恒实验仪器有限公司
鼓风干燥箱	DHG-9023A	上海精宏实验设备有限公司
行星式球磨机	ND7-2L	南京南大天尊电子有限公司
真空厌水厌氧手套箱	ZKX-4B	南京大学设备厂
电化学工作站	CHI660A	上海辰华公司
电池测试系统	BTS-51	新威尔电子设备有限公司

3.2.3 $LiFePO_4$ 的合成

本实验首先以分析纯的 $FeCl_3$ 和 H_3PO_4 为原料，经共沉淀合成纯相 $FePO_4 \cdot xH_2O$ 前驱体，标记为样品 A；以第 2 章研究中不同酸矿比条件下(2.5、2.7、2.9 和 3.1)所得的 $FePO_4 \cdot xH_2O$ 为原料，分别标记为样品 B、C、D 和 E；然而分别以前驱体 A、B、C、D 和 E 为原料，采用常温还原—热处理法制备锂离子电池正极材料 $LiFePO_4$，合成的材料分别标记为样品 a、b、c、d 和 e。

常温还原—热处理法的方法为：按照化学计量比称取 $FePO_4 \cdot xH_2O$，Li_2CO_3 和 $(COOH)_2 \cdot 2H_2O$，在研钵中机械混合，加入一定量的无水乙醇，接着装入球磨罐中，在常温条件下球磨 4 h，然后在鼓风干燥箱中 80℃下烘烤 24 h，最后装入管式炉中，在氩气保护气氛 600℃下进行烧结制备出 $LiFePO_4$ 正极材料[190]。

3.2.4 元素分析

实验所有元素分析方法同 2.2.4。

3.2.5 材料物理性能的表征

1. XRD 衍射分析

$LiFePO_4$ 正极材料样品的物相分析测试方法同 2.2.4。

2. SEM 形貌分析

扫描电子显微镜是由电子枪发射电子并经过聚焦的电子束在样品表面逐点扫描。使样品表面各点顺序激发，并采用逐点成像的方法，把样品表面的不同特征，按顺序成比例地转换为视频信号，完成一幅图像，从而在荧光屏上得到与样品表面形貌特征相对应的特征图像。

取少量试样于砂纸抛光后的圆柱形铜棒上，用丙酮进行分散，吹干后装入 JEOL 公司的 JSM6380 Scanning Electron Microscope 观察其表面形貌特征，电子加速电压为 20 KV。

3. TEM 分析

采用 Tecnai G12 型 TEM 来观测材料的微观结构。观测前，将样品置于烧杯中，以无水乙醇为分散剂，经超声波充分分散后吸取少量试样滴于铜网上，再经红外灯干燥。

4. EDS 分析

EDS 是一种高灵敏超微量表面分析技术，可以分析除 H 和 He 以外的所有元素，可以直接测定来自样品单个能级光电发射电子的能量分布，且直接得到电子能级结构的信息，是一种无损分析。X 射线光电子能谱定量分析的依据是光电子谱线的强度(光电子蜂的面积)反映了原子的含量或相对浓度。在实际分析中，采用与标准样品相比较的方法来对元素进行定量分析，其分析精度达1% ~2%。实验EDS检测采用美国伊达克斯有限公司所产X射线能谱仪对材料进行检测。

5. TG – DTA 分析

差热分析(Differential Thermal Analysis, DTA)主要用以考察各种温度下被测物质与参比物(一种在测量温度范围内不发生任何热效应的物质)之间的温度差。许多物质在加热或冷却过程中会发生熔化、凝固、晶型转变、分解、化合、吸附、脱附等物理化学变化，这些变化必将伴随体系焓的改变，因而产生热效应，主要表现为该物质与外界环境之间存在温度差。选择一种热稳定物质作为参比物，将其与样品一起置于电炉并按一定温度机制升温，分别记录参比物温度以及样品与参比物之间的温度差，以温差对温度作图就可以得到一条差热分析曲线。依据所得差热分析曲线，即可判断在各种温度下被测物质所发生的吸热或放热反应。

热重分析(Thermogravimetry Analysis, TGA)所用仪器为热天平，将样品重量变化所引起的天平位移量转化成电磁量，经放大器放大后，送往记录仪进行记录和输出。电磁量大小正比于样品的重量变化值。当被测物质在加热过程中发生升华、汽化、分解出气体或失去结晶水时，被测物质的质量就会发生改变。通过热重分析曲线，就可判断被测物质在何种温度下发生物理化学变化，并根据质量变化值判断反应的类型和具体路径。

本书采用美国TA仪器公司所产的SDT Q600型差热分析仪对原矿和氯化剂的热分解行为进行表征。

3.2.6 电化学性能测试

1. 电池的组装及测试

按80:10:10(质量分数比)称取所制备的活性物质$LiFePO_4$、乙炔黑、黏结剂PVDF，将前两者充分混合后加入到溶解了PVDF的NMP中，充分混合调至糊状后将其均匀地涂布在铝箔上，然后于鼓风干燥箱中120℃干燥4 h后取出，裁成直径为1.2 cm的圆片。以金属锂片为负极，Celgard 2400微孔聚丙烯膜为隔膜，以1 mol/L LiPF6/EC + DMC + EMC(体积比1:1:1)为电解液，在充满氩气的手套箱中组装成CR2025型扣式电池，然后静置12 h，然后在Neware公司生产的充放电测试仪进行充放电性能测试。

2. 循环伏安和交流阻抗测试

采用上海辰华仪器公司CHI660电化学工作站进行交流阻抗及循环伏安测试。测试均在室温下进行。其中循环伏安的电压区间为2.5 ~4.5 V。

交流阻抗的测试采用三电极体系，辅助电极和参比电极均为金属锂电极，电解液为1 mol/L的$LiPF_6$/EC + EMC + DMC(体积比1:1:1)。测量时电池的开路电压已基本达到稳定态。正弦波振幅为5mV，测试的频率范围为0.01 Hz ~100 kHz。

3.3　结果与讨论

3.3.1　焙烧条件的确定

为了确定 $LiFePO_4$ 焙烧温度等工艺参数，对球磨后的 $FePO_4 \cdot xH_2O$ 前驱体、Li_2CO_3 和草酸的混合物做了 TG – DTA 分析，如图 3 – 1 所示。可以看出 TG 线上主要存在四个大的失重平台：第一个失重平台为混合产物失去物理吸附水，对应的温度区间为室温至 110℃；第二个失重平台为前驱体 $FePO_4 \cdot xH_2O$ 失去结晶水，对应的温度区间为 110 ~ 200℃；第三个失重平台为过量草酸的分解，生成 CO、CO_2 和水，对应的温度区间为 200 ~ 350℃；第四个失重平台为晶态 $LiFePO_4$ 的形成和高温下部分锂的烧损，对应的温度区间为 400 ~ 600℃。温度升高到 600℃ 就基本上没有失重了。图 3 – 1 的分析结果与相关的文献报告结果一致[192]，因此，合成 $LiFePO_4$ 的温度控制在 600℃ 为宜。

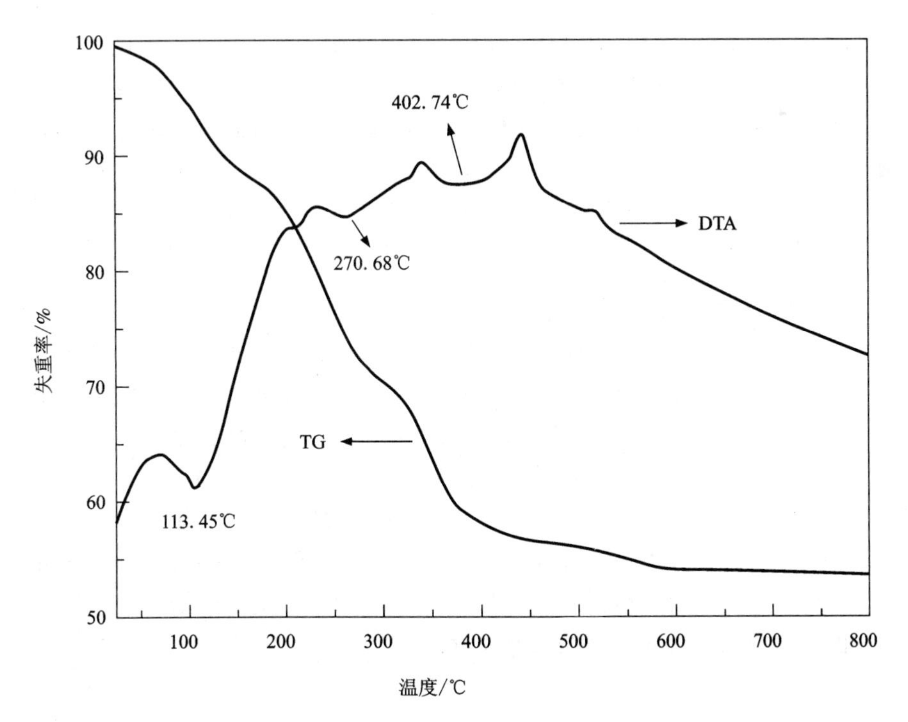

图 3 – 1　$FePO_4 \cdot xH_2O$ 前驱体与 Li_2CO_3 混合物的 TG – DTA 图谱

3.3.2 元素组成分析

为了确定不同酸矿比对最终产物 $LiFePO_4$ 中各元素含量的影响，采用 ICP 对样品 b、c、d 和 e 进行测试，将测试结果换算为摩尔数列于表 3－3。

表 3－3 样品 b、c、d 和 e 中各元素摩尔数

样品	Fe	Ni	Co	Mn	Mg	Cr	Ca	Al
b	100	约 0	0.0013	0	约 0	0.143	约 0	1.64
c	100	0.075	0.001	0	0.147	0.168	约 0	1.99
d	100	0.001	0.0016	0	0.035	0.172	0.008	2.289
e	100	0.059	0.0022	0	0.058	0.197	0.047	2.454

由表 3－3 可知，各样品中主元为 Fe，主要杂质元素为 Al，微量的 Cr、Co、Ni 和 Mg 进入 $LiFePO_4$。随着酸矿比的增加，主要杂质元素 Al 的含量也逐渐增加。因此，表 3－3 中各样品的元素组成与其前驱体中元素的组成(见表 2－5)基本一致。

3.3.3 SEM 与 EDS 分析

图 3－2 为样品 c 及其前驱体的 SEM 图像，样品 c 中 Fe、Al、Mg 和 Ni 的 EDS 面扫描图谱。由图 3－2 可以看出，前驱体颗粒很细，分布均匀，合成 $LiFePO_4$ 样品后，一次颗粒粒径略有增大，为 200 nm 左右，且分布较均匀，有微量团聚。由 EDS 能谱可以看出 Fe、Al、Mg 和 Ni 的元素分布，从图中可看出，这 4 种元素分布均匀，分布的规律一致，说明各掺杂元素进入 $LiFePO_4$ 材料中。

图 3－3 为各 $LiFePO_4$ 样品 a、b、c、d 和 e 的 SEM 图谱。由图 3－3 可知，各样品一次颗粒的形貌为类球形，晶体发育完整，平均粒径在 200～500 nm，分布比较均匀，颗粒尺寸和团聚程度随酸矿比(即掺杂量)的增加呈略微增大的趋势。其中样品 e 的一次颗粒粒径最大，约为 500 nm。

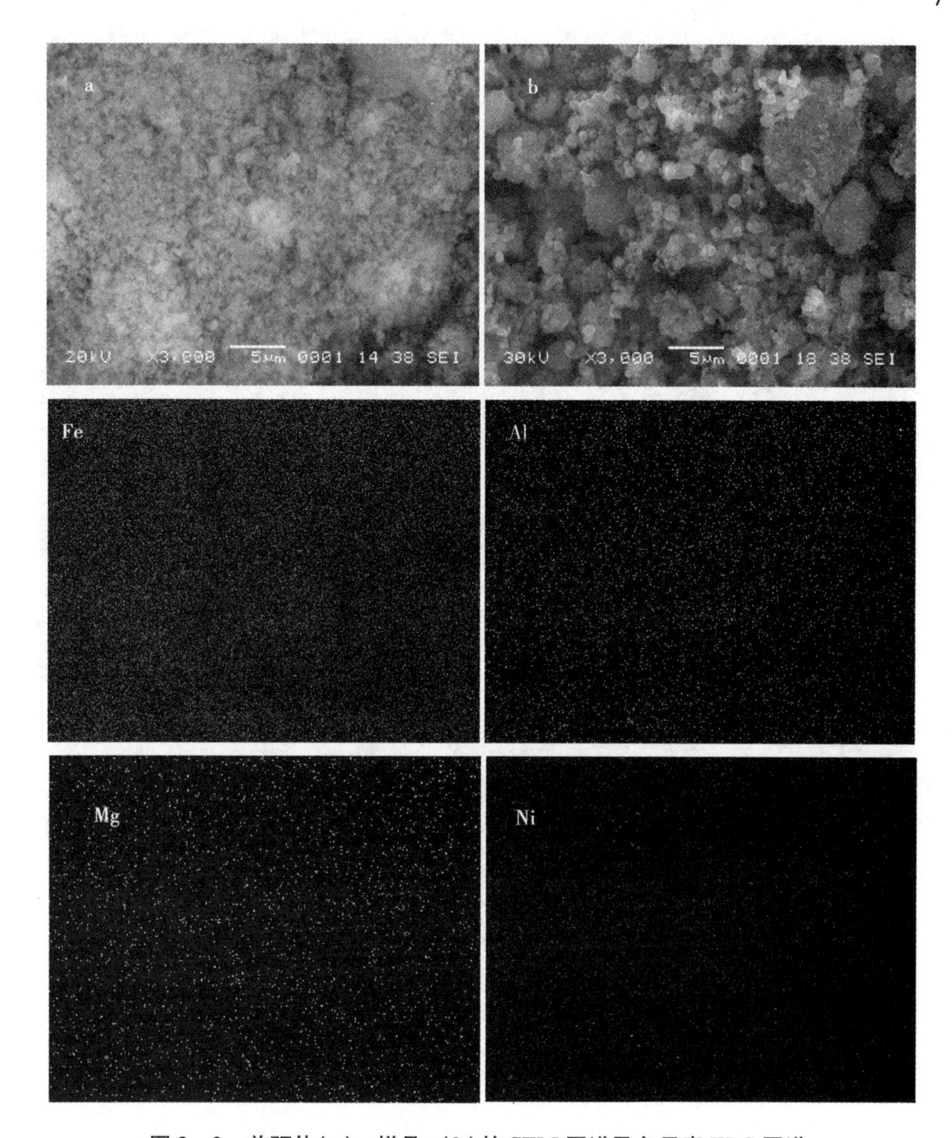

图 3－2　前驱体(a)、样品 c(b)的 SEM 图谱及各元素 EDS 图谱

3.3.4　TEM 与元素分布

图 3－4 为样品 c 的 TEM 图像及 EDS 图谱。由图 3－4(a)可以看出，样品的一次晶粒为类球形，$LiFePO_4$ 颗粒表面被碳网所包覆，其原因可能是残留的草酸在高温煅烧时分解形成的。图 3－4(b)和 3－4(c)分别为图 3－4(a)中 b 区和 1 区的高倍率放大图，可明显看出，在颗粒表面均匀的覆盖着一层约 2 nm 厚的碳膜，而晶粒之间也是通过“碳桥”连接起来。图 3－4(d)为图 3－4(c)中 d 区的高倍率

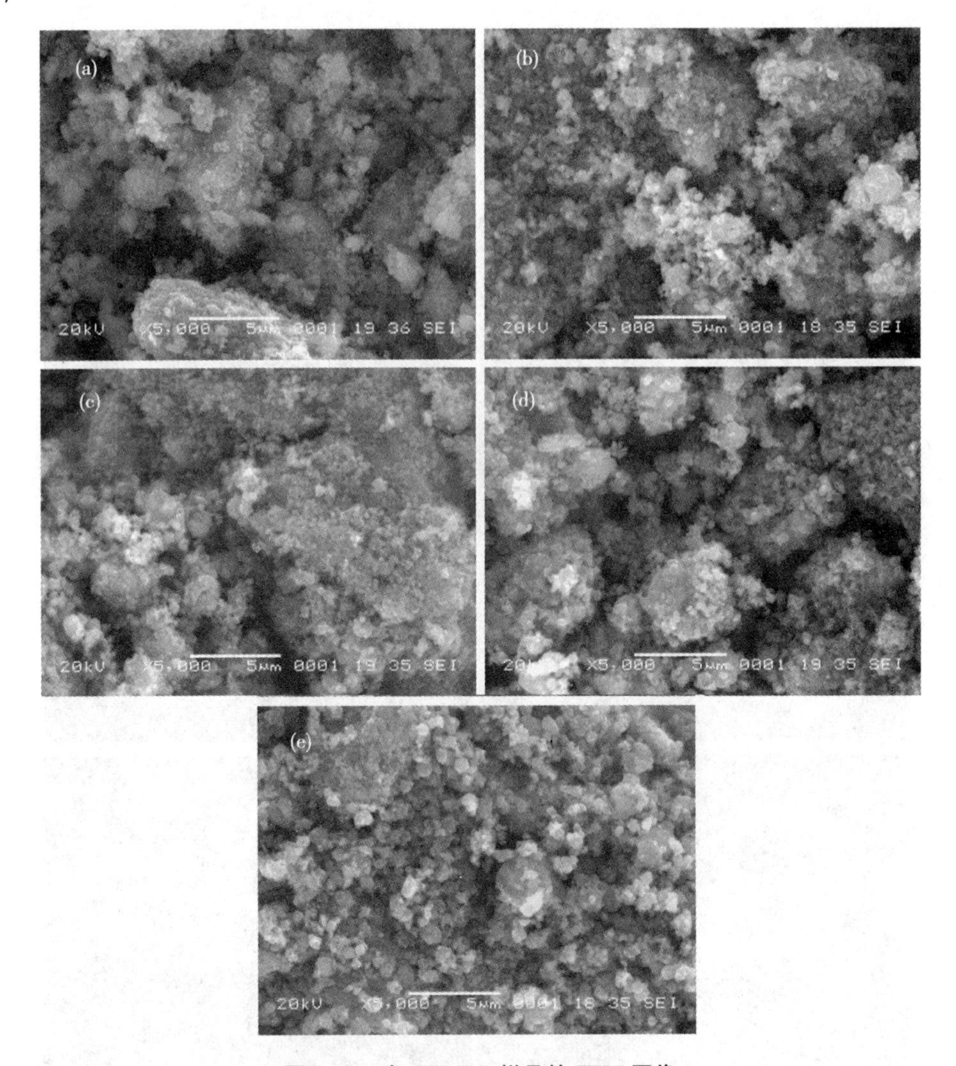

图 3-3　各 $LiFePO_4$ 样品的 SEM 图像

放大图。由图可知，在材料晶面上有很多点缺陷、线缺陷和面缺陷，可能是高价阳离子掺杂引起的。碳包覆有助于阻止颗粒的进一步长大，并且能提高颗粒之间的导电性；而晶粒上存在的大量缺陷则能提高材料本身的导电性，为锂离子提供更多的迁移通道。这两方面的因素都能提高 $LiFePO_4$ 材料的电化学性能。

由图 3-4(c)和图 3-4(d)还可以清楚看到晶粒的晶格以及晶粒的位向[在图 3-4(c)中用箭头标出]，可知两侧晶粒的位向并不平行，因此区域 1 应为两个晶粒的晶界。为了进一步研究各元素在晶界和晶粒的分布情况，我们对图 3-4(a)中 1 区和 2 区分别进行了 EDS 分析，图 3-4(e)和图 3-4(f)分别为图 3-4(a)中 1 区

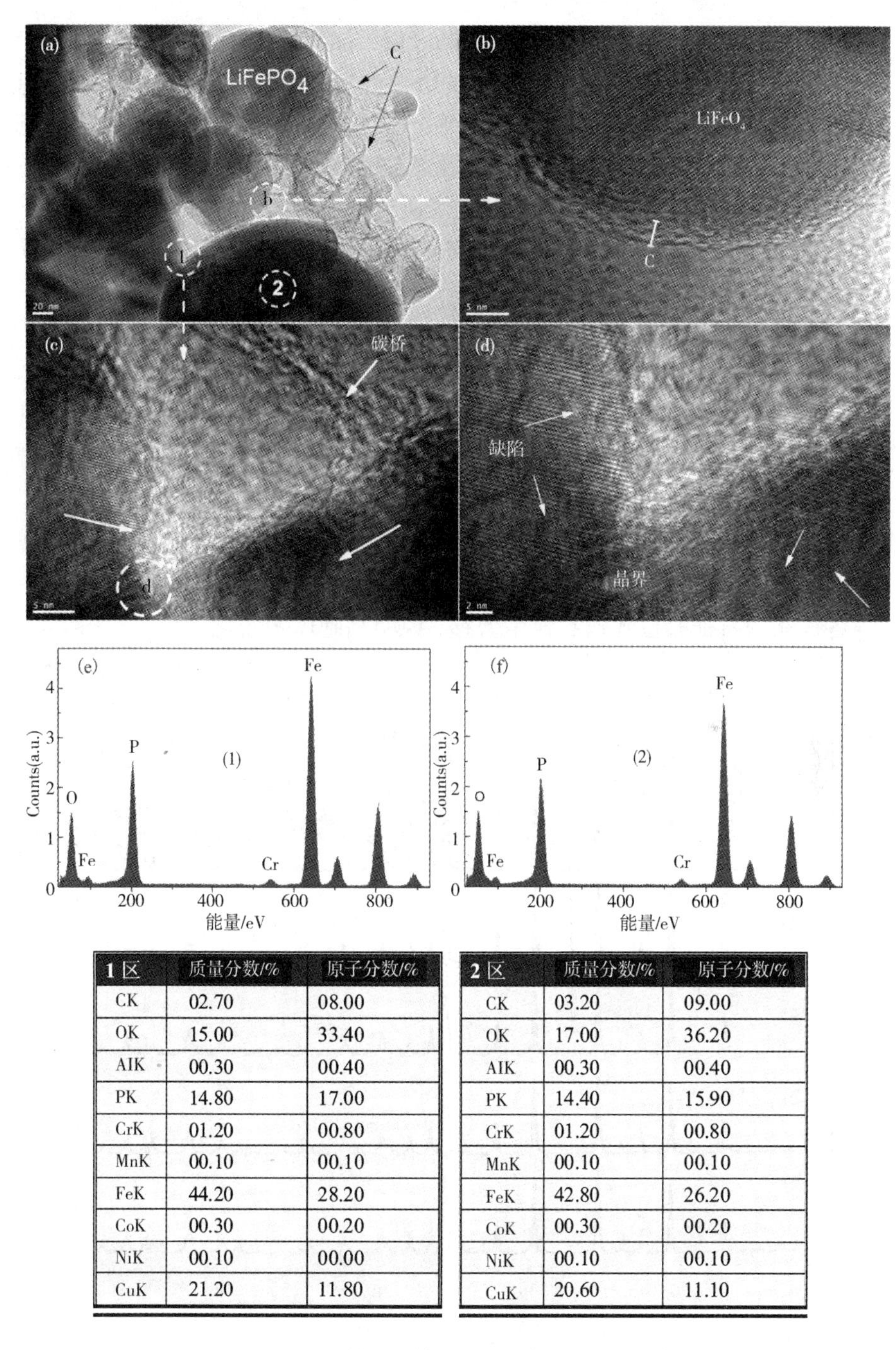

1 区	质量分数/%	原子分数/%
CK	02.70	08.00
OK	15.00	33.40
AlK	00.30	00.40
PK	14.80	17.00
CrK	01.20	00.80
MnK	00.10	00.10
FeK	44.20	28.20
CoK	00.30	00.20
NiK	00.10	00.00
CuK	21.20	11.80

2 区	质量分数/%	原子分数/%
CK	03.20	09.00
OK	17.00	36.20
AlK	00.30	00.40
PK	14.40	15.90
CrK	01.20	00.80
MnK	00.10	00.10
FeK	42.80	26.20
CoK	00.30	00.20
NiK	00.10	00.10
CuK	20.60	11.10

图 3－4　样品 c 的 TEM 图像及 EDS 图谱

(a)样品 c 的 TEM 图，(b)b 区放大图，(c)1 区放大图，(d)d 区放大图，(e)1 区 EDS，(f)2 区 EDS，及 1 区 2 区的 EDS 测试结果

和2区的EDS测试图谱。可以看出区域1和区域2都含有P、O、Fe和Cr，且均没有Al、Ni、Mg和Ca的特征峰出现，EDS测试结果也表明，Cr含量要远高于Al含量，与前面ICP测试结果恰好相反。其原因是EDS测试范围为材料颗粒的表层，因此，Cr与Al、Ni、Mg和Ca相比，更倾向于存在晶粒的表层。从EDS图谱中各元素特征峰的强度及测试结果还可以看出1区和2区所含P、O、Fe和Cr的比例基本相同，说明各元素在晶面中心与晶界处分布均匀，也说明以红土镍矿为原料合成的$LiFePO_4$产物组成和分布的一致性非常好。

3.3.5 晶体结构与原子占位

图3-5为$LiFePO_4$各样品的XRD衍射图谱。从图中谱线的峰值特征可以看出，所有样品均为橄榄石结构，并具有Pnma空间群，除$LiFePO_4$的特征衍射峰外，没有发现其他的峰，这说明残留在样品中的碳是以无定形态存在的，且各杂质元素Al、Mg和Cr等已完全进入晶格中。各样品的衍射峰均比较尖锐，分裂明显，说明材料的晶体结构发育良好。从图3-5中的虚线可以看出，随着掺杂量的增加，各样品的特征峰位置没有发生偏移，说明晶胞体积变化不大。

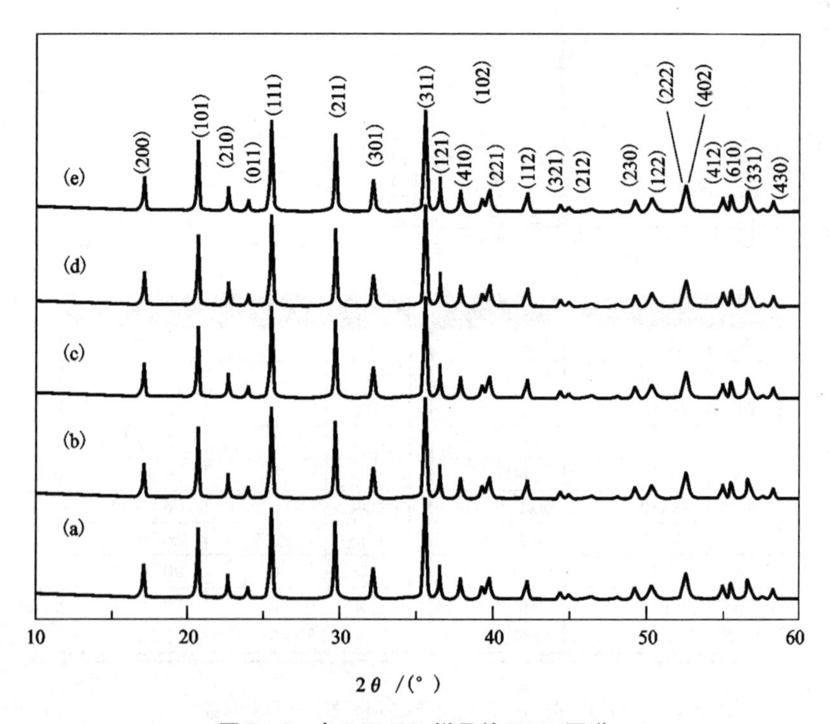

图3-5 各$LiFePO_4$样品的XRD图谱

表3－4列出了 $LiFePO_4$ 各样品的晶格常数及偏差因子 *Rwp* 值。由表3－4可知，晶格常数 *a*、*b*、*c* 和晶胞体积 *V* 随着掺杂量（主要杂质元素为Al）的增加先减小后逐渐增大，与Y. M. Chiang等人的报道一致[175]。

表3－4　各 $LiFePO_4$ 样品的晶格常数和偏差因子Rwp值

样品	a/Å	b/Å	c/Å	V_{hex}/Å^3	Rwp/%
a	10.322	6.002	4.695	290.90	–
b	10.316	6.012	4.690	290.87	7.93
c	10.314	6.014	4.692	291.04	8.35
d	10.318	6.015	4.692	291.19	8.11
e	10.321	6.016	4.691	291.27	7.80

为了进一步分析Li、Fe和Al的原子占位情况，对各样品b、c、d和e进行Rietveld结构精修。我们这里主要考虑Al掺杂对 $LiFePO_4$ 结构的影响，忽略Cr、Mg和Ni等微量元素及氧的占位情况。

精修分三种情况讨论，第一种假设 Al^{3+} 全部占据Li位，同时形成 Li^+ 空位进行电荷补偿。第二种假设 Al^{3+} 全部占据Fe位，同时形成 Li^+ 空位进行电荷补偿。第三种假设 Al^{3+} 同时占据Li位和Fe位，并形成 Li^+ 空位进行电荷补偿。在第一、二种结构模式下进行精修，发现偏差因子 *Rwp* 较大，且Al在Li位或Fe位的含量较ICP测试结果明显偏小，不是很理想。图3－6分别为样品b、c、d和e在第三种结构模式下的XRD观察图谱、精修拟合的图谱和差谱，表3－4为精修的偏差因子 *Rwp*。由图表可知，各样品的 *Rwp* 较小，观察曲线和拟合曲线吻合的较好，各图的差谱也很平稳，说明第三种结构模式下精修的结果是可靠的。

表3－5为 $LiFePO_4$ 样品b、c、d和e的精修结果。由表3－5可以得出样品b、c、d和e的精修公式分别为：$(Li_{0.9770}Al_{0.0032}\Delta_{0.0199})(Fe_{0.9865}Al_{0.0135})PO_4$，$(Li_{0.9723}Al_{0.0041}\Delta_{0.0236})(Fe_{0.9846}Al_{0.0154})PO_4$，$(Li_{0.965}Al_{0.0055}\Delta_{0.0275})(Fe_{0.9835}Al_{0.0165})PO_4$ 和 $(Li_{0.9617}Al_{0.0062}\Delta_{0.0319})(Fe_{0.9805}Al_{0.0195})PO_4$，Δ为 Li^+ 空位。可以看出，随着掺Al量的增加，Li^+ 空位逐渐增加，为锂离子提供了更多的迁移通道，有利于Li的嵌入和脱出。另一方面，由于 Al^{3+} 和 Mg^{2+} 等杂质离子没有电化学活性，进入晶格后能起到稳定结构的作用，防止 $LiFePO_4/FePO_4$ 两相反应时材料结构发生崩塌。综上所述，与纯样品a相比，以红土镍矿为原料合成的 $LiFePO_4$ 样品具有更稳定的结构，同时更利于 Li^+ 的扩散。

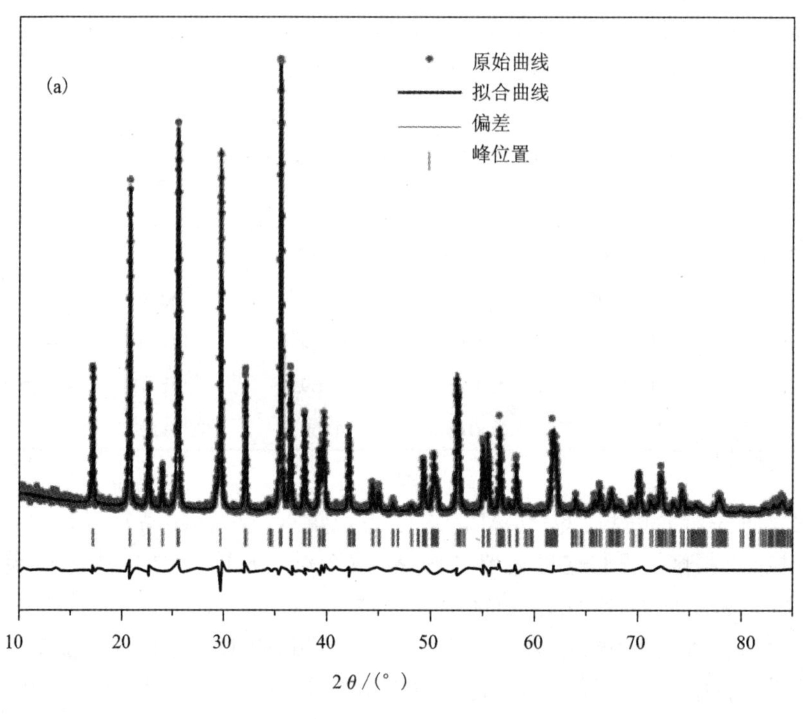
(a)
原始曲线
拟合曲线
偏差
峰位置
10
20
30
40
50
60
70
80
2θ/(°)

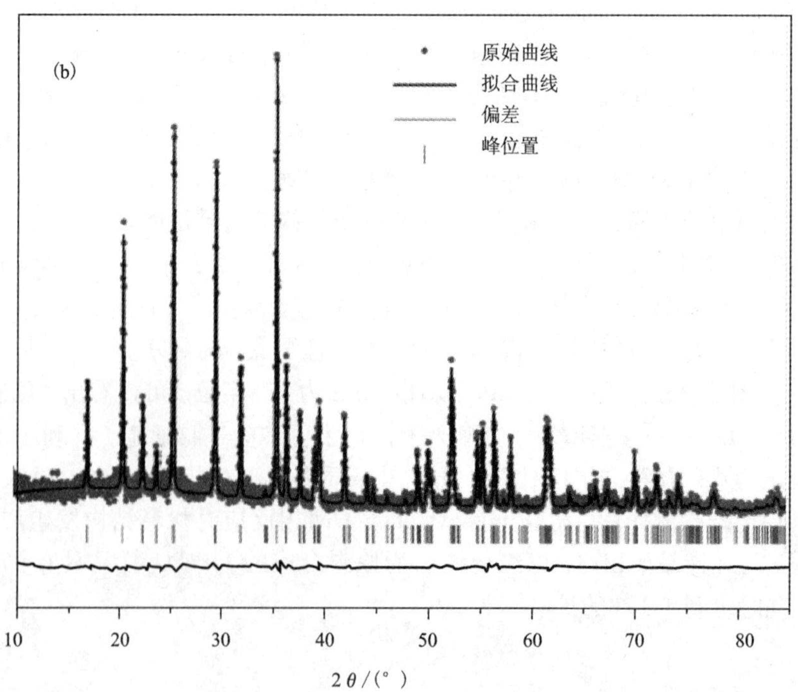
(b)
原始曲线
拟合曲线
偏差
峰位置
10
20
30
40
50
60
70
80
2θ/(°)

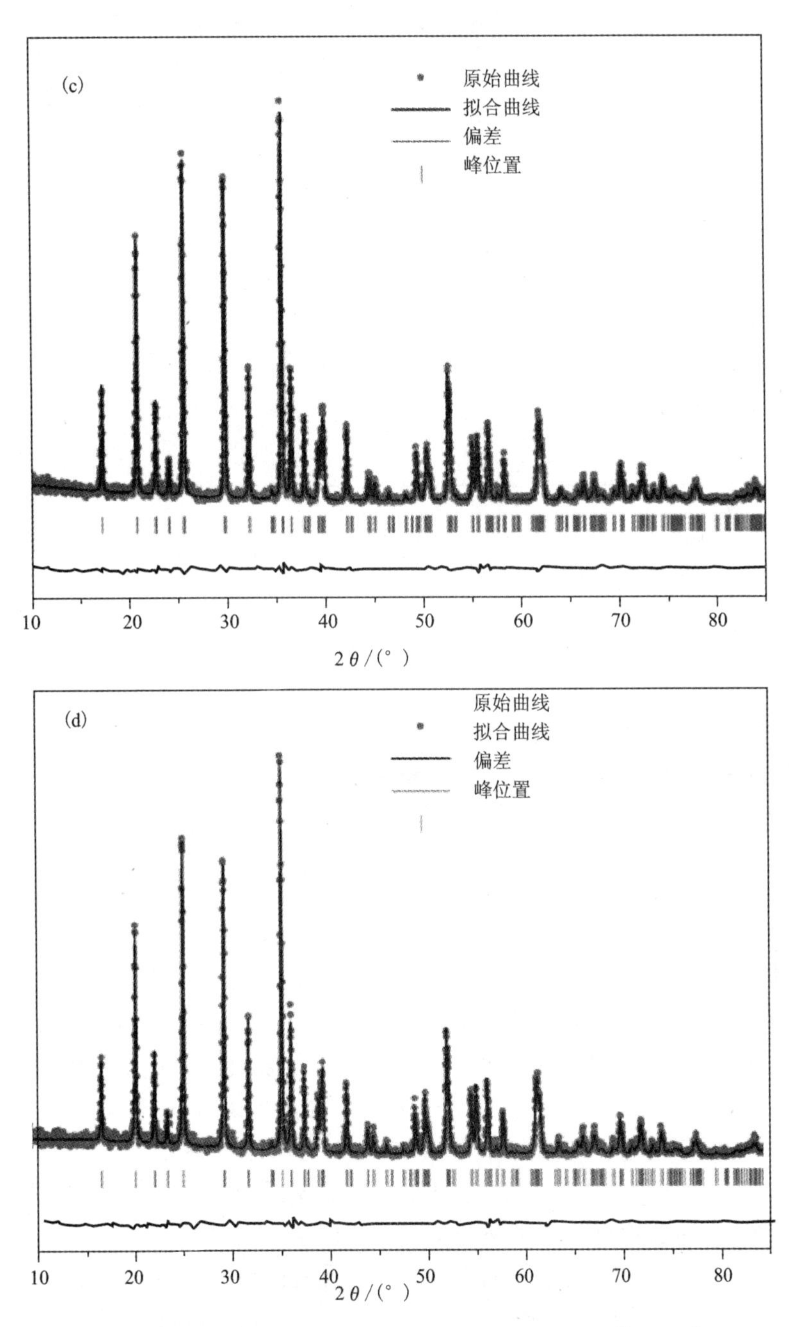

图 3-6　各 $LiFePO_4$ 样品 b、c、d 和 e 的 Rietveld 精修图谱

(a)样品 b，(b)样品 c，(c)样品 d，(d)样品 e

表 3-5 各 $LiFePO_4$ 样品的 Rietveld 精修结果

原子	位置	占位率				
		a	b	c	d	e
Li_1	4a	1	0.9770 (2)	0.9723 (3)	0.9650 (3)	0.9617 (2)
Al_2	4a	—	0.0032 (2)	0.0041 (3)	0.0055 (3)	0.0062 (2)
Fe_1	4c	1	0.9865 (3)	0.9846 (4)	0.9835 (3)	0.9805 (2)
Al_1	4c	—	0.0135 (3)	0.0154 (4)	0.0165 (3)	0.0195 (2)
P_1	4c	1	1	1	1	1
O_1	4c	1	1	1	1	1
O_2	4c	1	1	1	1	1
O_3	8d	1	1	1	1	1

3.3.6 电化学性能测试

图 3-7 为 $LiFePO_4$ 各样品在 0.1C、1C、2C 和 5C 倍率下(1C = 170 mAh/g)的首次充放电曲线图，在室温下进行测试，电压范围为 2.5 ~ 4.1 V。由图 3-7 可知，各样品 a、b、c、d 和 e 在 0.1C 的首次放电容量分别为 145 mAh/g、156.1 mAh/g、157.3 mAh/g、154.3 mAh/g 和 152.5 mAh/g；在 1C 的首次放电容量分别为 114 mAh/g、138 mAh/g、139.6 mAh/g、136.2 mAh/g 和 128.8 mAh/g；在 2C 的首次放电容量分别为 86.1 mAh/g、126.5 mAh/g、132.2 mAh/g、127.8 mAh/g 和 121.5 mAh/g；样品 b、c、d 和 e 在 5C 的首次放电容量分别为 103.3 mAh/g、109.3 mAh/g、106.4 mAh/g 和 99.4 mAh/g。结果表明，各样品在不同倍率下的放电容量随掺杂量的增加先增加后微量降低，其中样品 c 的容量最高，倍率性能最好，而样品 a 的电化学性能最差。其原因是 Al、Mg 等杂质元素的引入增加了 Li^+ 的扩散途径，稳定了 $LiFePO_4$ 的结构。样品 b 在低倍率下容量较高，但倍率性能较差，在 2C 和 5C 倍率下放电容量低于样品 d。这是因为样品 b 的杂质元素含量比样品 d 低，即活性物质比例较高，因此低倍率时容量高；而在高倍率大电流放电时，由于样品 d 的 Li^+ 空位更多，有利于 Li^+ 的脱嵌，因此样品 d 的容量较高。所有以红土镍矿为原料合成的 $LiFePO_4$ 材料中，样品 e 的容量最低，且倍率性能较差，这可能是因为样品 e 中含有微量的 Ca^{2+} 离子，其离子半径(1.0 Å)远大于 Li^+ 的离子半径(0.76Å)，堵塞 Li^+ 的传输途径。综上所述，以红土镍矿为原料合成的 $LiFePO_4$ 材料的首次放电容量和倍率性能更好，其中样品 c 的性能最佳。

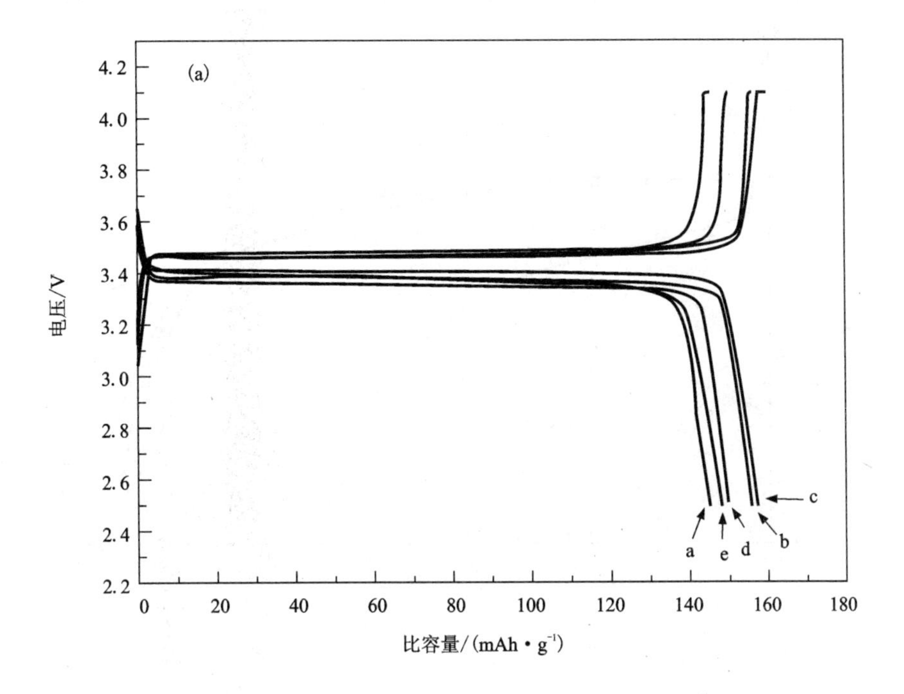
(a)
电压/V
比容量/(mAh·g⁻¹)
a
e
d
b
c
4.2
4.0
3.8
3.6
3.4
3.2
3.0
2.8
2.6
2.4
2.2
0
20
40
60
80
100
120
140
160
180

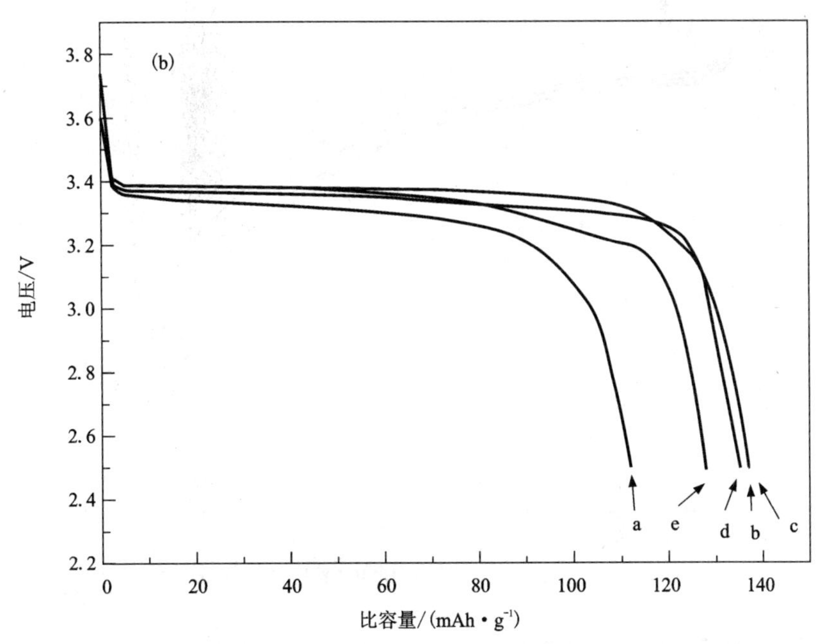
(b)
电压/V
比容量/(mAh·g⁻¹)
a
e
d
b
c
3.8
3.6
3.4
3.2
3.0
2.8
2.6
2.4
2.2
0
20
40
60
80
100
120
140

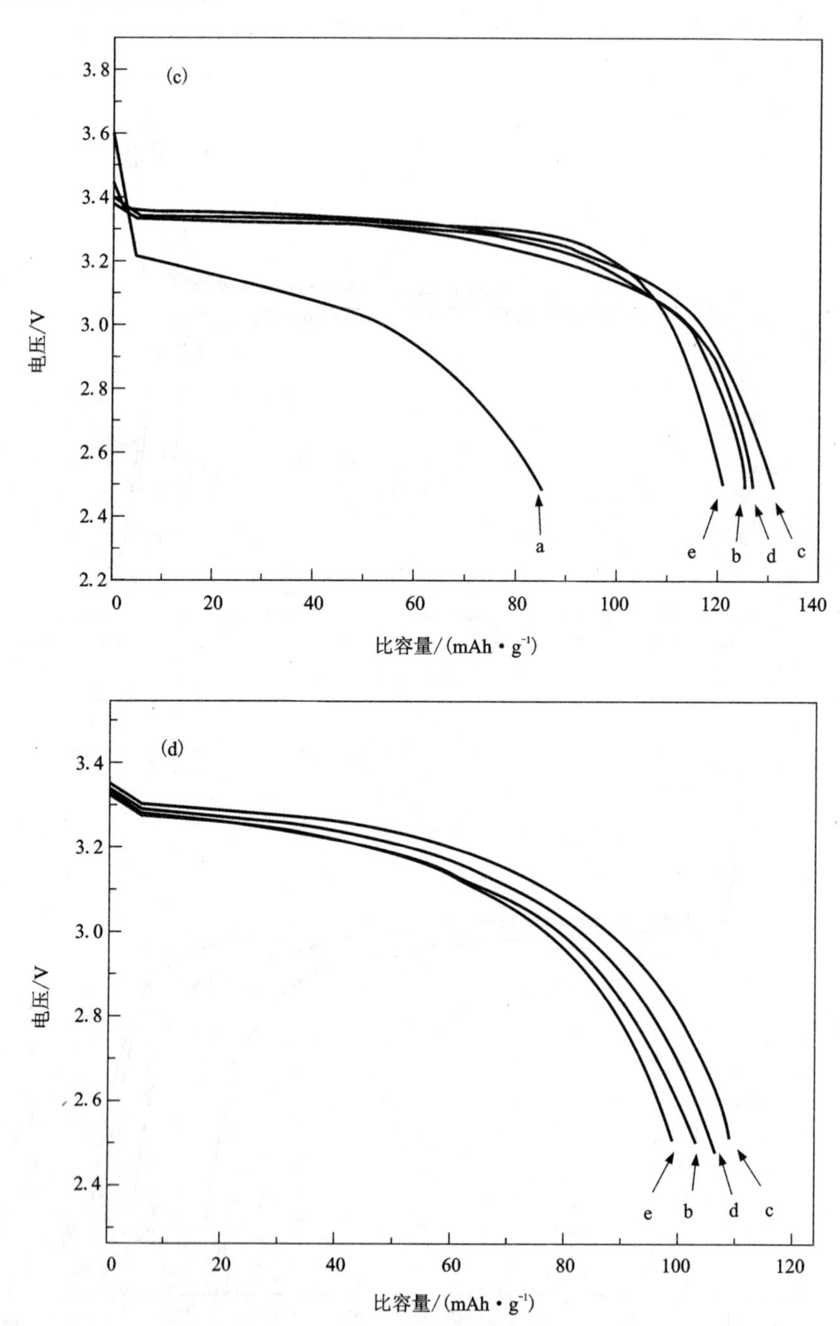

图3-7 各 $LiFePO_4$ 样品的首次充放电曲线及不同倍率下放电曲线图

(a)0.1C,(b)1C,(c)2C,(d)5C

图3-8为$LiFePO_4$各样品在0.1C、1C、2C和5C倍率下的循环曲线图。从图3-8可以看出，各样品在0.1C倍率下经10次循环后容量保持率均为100%左右。随着放电倍率增加至1C，样品b、c、d和e经100次循环后容量无衰减，而样品a经40次循环后容量保持率为92.65%。样品b、c和d在2C和5C倍率下分别经100次循环后容量仍变化不大，样品e的容量保持率分别为91.2%和83.7%。样品a在2C倍率下循环40次，容量保持率仅为67.8%。显然，高倍率充放电时，红土镍矿中自带的Al、Mg等杂质元素能稳定材料的结构，提高材料的循环性能；而过高的酸矿比则会引起微量Ca^{2+}的掺入，恶化循环性能。从改善材料的循环性能来看，样品b、c和d最佳。此结果与文献[181, 193-195]相比，合成的成本更低，在材料电化学性能方面也更加优越。

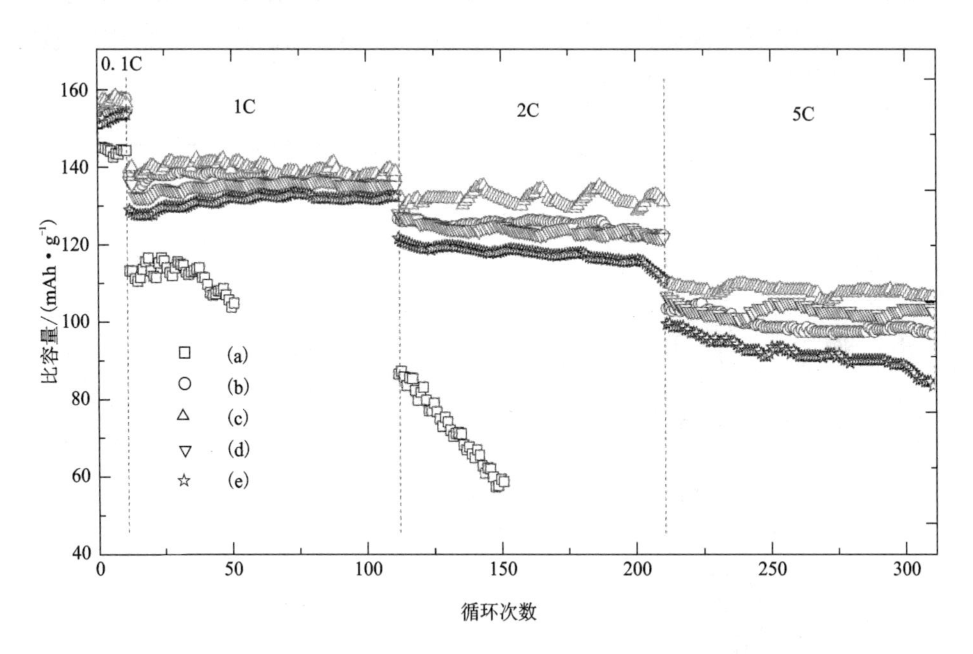

图3-8 各$LiFePO_4$样品的不同倍率下循环曲线图

3.3.7 交流阻抗分析

图3-9为$LiFePO_4$各样品的阻抗图谱及样品b、c、d和e的拟合等效电路。由图3-9中可以看出，各样品的阻抗曲线均由一个半圆和一条直线组成，分别对应着电荷在电解液和$LiFePO_4$中的转移，以及Li^+在$LiFePO_4$中的扩散过程。样品a的半圆在Z'/ohm轴上的截距约为800，明显大于其他样品，表明样品a的阻抗很大，不利于Li离子的脱嵌。样品b、c、d和e的阻抗较小，为了更好地表征其

阻抗随掺杂量的变化规律，用 Zview2.0 阻抗谱图拟合软件对样品 b、c、d 和 e 的 EIS 曲线进行拟合。

在等效电路中，R_e 为溶液电阻，即锂离子从电解液内部转移到电解液/$LiFePO_4$ 界面要克服的阻抗。R_f 和 CPE1(C_f)并联表征 Li^+ 在材料表面 SEI 膜中迁移所引起的膜电阻和膜电容，用 R_{ct} 和 CPE2(C_{dl})并联表征 Li^+ 在活性物质表面和界面膜之间的电荷迁移电阻和双电层容，电荷转移阻抗(R_{ct})的大小表征了电荷迁移的难易程度。其中常相位元件 CPE1 和 CPE2 是为拟合数据引入的实验参数按照等效电路，阻抗谱中高频区和中频区应该分别有一个半圆，但实际上只有一个半圆，因此半圆可以看成是高频区和中频区的两个半圆叠加而成，半圆在 Z'/ohm 轴上的截距约为 R_e、R_f 及 R_{ct} 三者之和；Li^+ 在电极材料中扩散所引起的 Warburg 阻抗(Z_w)用 W_o 描述，在阻抗谱中表现为低频区的直线[196, 197]。由图 3-9 可知，测试结果和拟合结果较吻合，说明此等效电路图是合理的。

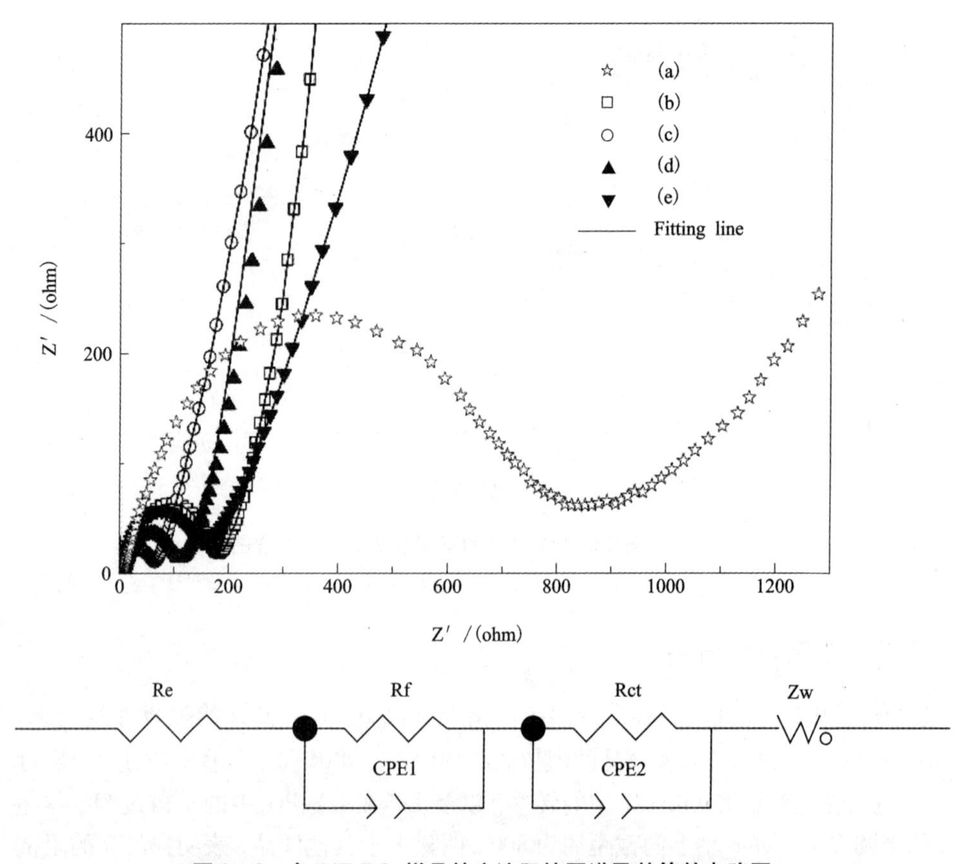

图 3-9 各 $LiFePO_4$ 样品的交流阻抗图谱及其等效电路图

根据等效电路图可知，当发生嵌锂反应时，电极上发生的过程为：锂离子从电解液内部向电极迁移，首先通过电极/SEI 膜，到达固体电极表面，在界面处发生电荷迁移，最后锂离子由固体表面向电极内部扩散。表 3-6 为样品 b、c、d 和 e 的 R_e、R_f、R_{ct} 阻抗拟合结果。由表 3-6 可知，各样品的溶液电阻 R_e 相差不大，而膜阻抗 R_f 和电荷迁移阻抗 R_{ct} 随着掺杂量的增加先减小后增大，其中样品 c 的阻抗 R_f 和 R_{ct} 最小，分别为 11.71Ω 和 41.86Ω。阻抗随酸矿比增加降低是因为 Al、Mg 等元素掺杂引起 Li^+ 空位增加，有利于 Li^+ 在界面及材料内部的扩散，增强了反应的可逆性。然而，随着酸矿比继续增加，材料的阻抗逐渐增大，这是因为酸矿比的增加导致材料中 Ca^{2+} 含量增加，阻碍了 Li^+ 的迁移。综上所述，样品 c 的阻抗最小，这与前面的电化学测试结果是一致的。

表 3-6　各 $LiFePO_4$ 样品的阻抗参数拟合结果

样品	R_e/Ω	R_f/Ω	R_{ct}/Ω
b	6.006	21.30	150.10
c	5.710	11.71	41.86
d	5.549	19.86	71.33
e	6.961	27.47	119.36

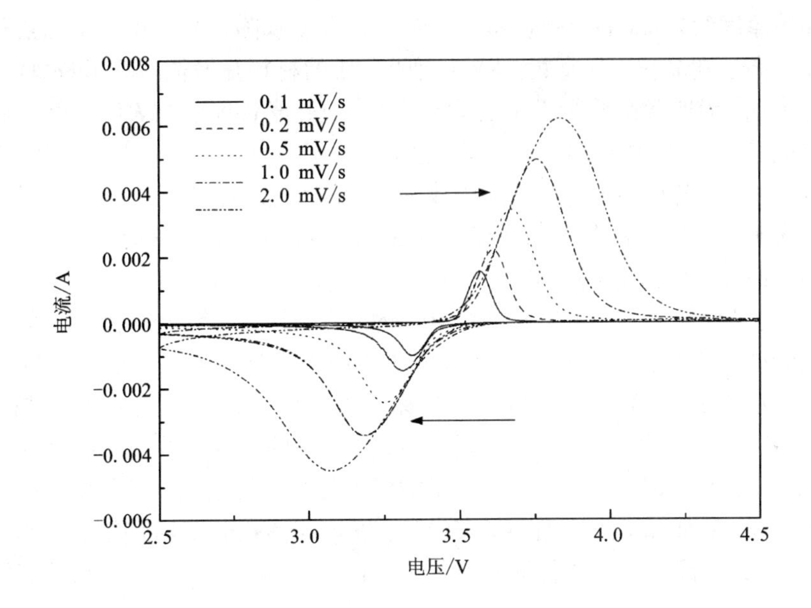

图 3-10　样品 c 在不同扫描速度下的循环伏安曲线图

3.3.8 循环伏安分析

图3－10为样品c在不同扫描速度下的循环伏安曲线。由图可以看出，图3－10中出现了一对氧化还原峰，分别位于3.5 V附近和3.4 V附近，与$LiFePO_4$的充放电平台电势对应。从图中还可以看到，扫描速度从0.1 mV/s升到2.0 mV/s，各氧化还原峰的对称性仍然较好，说明锂离子在$LiFePO_4$样品中脱嵌和嵌入具有良好的可逆性。随着扫描速率越大，峰电流越大；氧化峰和还原峰分别向正、负方向偏移，$\triangle V$(阴阳极峰值电位差)增大，这是因为Li^+的扩散速率较小，快速扫描增大了电极极化而造成的。

3.4 本章小结

(1)分别以分析纯铁盐合成的$FePO_4 \cdot xH_2O$及第2章不同酸矿比条件下(2.5、2.7、2.9和3.1)所得的$FePO_4 \cdot xH_2O$为原料，经常温还原—热处理法制备出了$LiFePO_4$样品a、b、c、d和e。

(2)ICP分析表明以红土镍矿为原料合成的材料存在Al、Mg、Cr、Ni等杂质，随浸出时酸矿比的增加，样品中的杂质含量逐渐升高。SEM、TEM和EDS测试发现样品被厚度约2 nm的碳膜包覆，晶面上有很多缺陷，主元和杂质元素分布均匀，Cr倾向于在晶粒表层富集。XRD表明合成的材料是橄榄石型$LiFePO_4$，没有杂质峰出现，说明各杂质元素完全进入晶格。电化学性能测试表明以红土镍矿为原料合成的$LiFePO_4$材料的放电容量，倍率和循环性能均优于纯相$LiFePO_4$。随着掺杂量的增加，各样品电化学性能先改善后逐渐恶化。样品e性能较差的原因是，过高的酸矿比导致材料中Ca^{2+}含量的增加，阻碍了Li^+的迁移通道。样品c的电化学性能最佳，在5C倍率下放电109.3 mAh/g，循环100次后无衰减。

(3)对各样品b、c、d和e进行Rietveld结构精修，结果发现随掺杂量的增加，样品的Li^+空位逐渐增加，为锂离子提供更多的迁移通道，有利于Li的嵌入和脱出。另一方面，由于Al^{3+}和Mg^{2+}等杂质离子没有电化学活性，进入晶格后能起到稳定结构的作用。交流阻抗分析表明，各样品的溶液电阻R_e相差不大，而膜阻抗R_f和电荷迁移阻抗R_{ct}随着掺杂量的增加先减小后增大，与电化学性能的变化规律一致。对样品c进行循环伏安研究，发现其具有很好的反应可逆性。

(4)以红土镍矿为原料制备$LiFePO_4$具有经济、环保、节能、产物性能好等优点，值得进一步研究。

第 4 章　快速沉淀—热处理法法制备 $LiNi_{0.8}Co_{0.1}Mn_{0.1}O_2$ 的研究

4.1　引言

随着原油价格的不断上涨及全球环境的日益恶化，人们对应用于电动车及电动工具的高能量、高功率锂离子二次电池的需求更加迫切，同时对正极材料也提出了越来越高的要求。$LiNi_{0.8}Co_{0.2}O_2$材料可以显著提高电池质量比容量，但由于其循环性能不理想，影响了该材料在工业中的大规模推广和应用[198-200]，最近，M. H. Kim 等[126]在研究中采用 10% 的非活性元素 Mn 取代 $LiNi_{0.8}Co_{0.2}O_2$材料中 10% 的电化学活性元素 Co，合成$LiNi_{0.8}Co_{0.1}Mn_{0.1}O_2$。虽然材料中的电化学活性物质含量减少，但是其首次放电容量并未减少，保持了 $LiNi_{0.8}Co_{0.2}O_2$材料高容量的优势，同时在循环性能上也有更好的表现，被认为是动力电池和混合电动汽车能源系统的最佳候选正极材料[148-151]。

合成 $LiNi_{0.8}Co_{0.1}Mn_{0.1}O_2$ 的方法主要为共沉淀法，其缺点表现为合成 $Ni_{0.8}Co_{0.1}Mn_{0.1}(OH)_2$前驱体的周期长(12 h)，难以得到纳米级的前驱体，不利于后续热处理时与锂盐的混合，容易造成 $LiNi_{0.8}Co_{0.1}Mn_{0.1}O_2$的锂镍混排；同时材料一次颗粒较大也延长了锂离子迁移的路径，影响材料的电化学性能。因此，为了更好的实现综合利用红土镍矿制备 $LiNi_{0.8}Co_{0.1}Mn_{0.1}O_2$的目标，开发新的合成方法显得刻不容缓。

目前，尽管有很多文献[125, 126]报道了以共沉淀法合成 $LiNi_{1-x-y}Co_xMn_yO_2$正极材料，然而，超快反应时间对所合成材料及其前驱体结构和电化学性能的影响却鲜有报道。本章研究采用快速沉淀—热处理法，反应仅需要 1 min，即可得到纯相纳米晶型 $Ni_{0.8}Co_{0.1}Mn_{0.1}(OH)_2$前驱体；利用纳米晶良好的导热性及扩散能力，通过热处理合成结晶良好、锂镍混排小、电化学性能优良的纳米级 $LiNi_{0.8}Co_{0.1}Mn_{0.1}O_2$；并系统研究了各因素对材料及其前驱体结构和电化学性能影响。

4.2 实验

4.2.1 实验原料

实验用化学试剂如表 4 - 1 所示。

表 4 - 1 实验用化学试剂

名称	化学式	纯度
氢氧化钠	NaOH	工业级
氯化钴	$CoCl_2 \cdot 6H_2O$	分析纯
氯化镍	$NiCl_2 \cdot 6H_2O$	分析纯
氯化锰	$MnCl_2 \cdot 4H_2O$	分析纯
双氧水	H_2O_2	分析纯
聚偏二氟乙烯	PVDF	电池级
电解液	$LiPF_6$/EC + DMC、	电池级
国产炭黑	C_6	分析纯
N—甲基吡咯烷酮	NMP	99.9%
氢氧化锂	$LiOH \cdot H_2O$	分析级
金属锂	Li	电池级

4.2.2 实验设备

实验用仪器如表 4 - 2 所示。

表 4 - 2 实验用仪器

仪器	型号	厂家
定时电动搅拌器	DJ - 1	江苏大地自动化仪器厂
真空抽滤机	204VF	郑州杜甫仪器厂
精密 pH 计	PHS - 2F	上海精密科学仪器有限公司
精密电子恒温水浴槽	HHS - 11 - 4	上海金桥科析仪器厂
三口圆底烧瓶		泰州博美玻璃仪器厂
管式电阻炉	KSW - 4D - 10	长沙实验电炉厂
真空干燥箱	DZF - 6051	上海益恒实验仪器有限公司
鼓风干燥箱	DHG - 9023A	上海精宏实验设备有限公司
真空厌水厌氧手套箱	ZKX - 4B	南京大学设备厂
电化学工作站	CHI660A	上海辰华公司
电池测试系统	BTS - 51	新威尔电子设备有限公司

4.2.3　快速沉淀—热处理法制备 $LiNi_{0.8}Co_{0.1}Mn_{0.1}O_2$

本实验采用快速沉淀—热处理法制备锂离子电池正极材料 $LiNi_{0.8}Co_{0.1}Mn_{0.1}O_2$：①将 $NiCl_2 \cdot 6H_2O$、$CoCl_2 \cdot 6H_2O$ 和 $MnCl_2 \cdot 4H_2O$ 按照摩尔比为8:1:1 配成总金属浓度为2 mol/L 的水溶液；②将配成的溶液在50 ℃的恒温水浴锅中，在 Ar 气保护下，将 $NH_3 \cdot H_2O$ (2 mol/L) 和 NaOH (2 mol/L)快速加入到溶液中，并控制 pH 分别稳定在 11.00、11.30、11.50、11.80、12.00；③充分搅拌，反应一段时间后(1 min，5 min，10 min，20 min，60 min)，过滤；④滤渣用 pH 10～11 的 NaOH 水溶液洗涤三次，然后置于80℃烘箱中干燥24 h。

按照化学当量配比，称取 $LiOH \cdot H_2O$，并将其与 $Ni_{0.8}Co_{0.1}Mn_{0.1}(OH)_2$前驱体置于研钵中研磨40 min，充分混合均匀。将混合物料置于管式炉中，在氧气气氛下进行烧结，制备出 $LiNi_{0.8}Co_{0.1}Mn_{0.1}O_2$正极材料。

4.2.4　元素分析

实验所有元素分析方法同2.2.4。

4.2.5　材料物理性能的表征

1. XRD 衍射分析

$LiNi_{0.8}Co_{0.1}Mn_{0.1}O_2$正极材料样品的物相分析测试方法同2.2.4。

2. SEM 形貌分析

$LiNi_{0.8}Co_{0.1}Mn_{0.1}O_2$正极材料样品的表面形貌分析测试方法同3.2.5。

3. TEM 形貌及电子衍射分析

$LiNi_{0.8}Co_{0.1}Mn_{0.1}O_2$正极材料样品的 TEM 分析测试方法同3.2.5。

4. TG－DTA 分析

$LiNi_{0.8}Co_{0.1}Mn_{0.1}O_2$正极材料样品的热重分析测试方法同3.2.5。

4.2.6　电化学性能测试

$LiNi_{0.8}Co_{0.1}Mn_{0.1}O_2$正极材料样品的电化学测试方法同3.2.6。

4.3　超快反应时间对 $Ni_{0.8}Co_{0.1}Mn_{0.1}(OH)_2$及 $LiNi_{0.8}Co_{0.1}Mn_{0.1}O_2$的影响

实验控制前驱体反应 pH 11.5、掺锂量1.05、在氧气气氛下480℃预烧5 h后升温至750℃烧结15 h，考察超快反应时间条件(1 min、5 min、10 min、20 min和60 min)对$Ni_{0.8}Co_{0.1}Mn_{0.1}(OH)_2$前驱体及$LiNi_{0.8}Co_{0.1}Mn_{0.1}O_2$的影响。

4.3.1 $Ni_{0.8}Co_{0.1}Mn_{0.1}(OH)_2$的晶体结构

图4-1为不同反应时间合成的$Ni_{0.8}Co_{0.1}Mn_{0.1}(OH)_2$前驱体的XRD图谱。从图4-1可知，除$t=10$ min和$t=20$ min时X射线衍射图中有明显的$\alpha-Ni(OH)_2$杂质峰，其他反应时间如1 min、5 min、60 min的衍射峰与纯相$\beta-Ni(OH)_2$谱图吻合。文献报道，与$\alpha-Ni(OH)_2$相比，$\beta-Ni(OH)_2$具有更高的密度及更好的反应可逆性[201, 202]，因此，杂质相的存在可能会对最终产物$LiNi_{0.8}Co_{0.1}Mn_{0.1}O_2$的结构产生不利影响。此外，随着反应时间的增加，各前驱体的衍射峰强及结晶度逐渐升高，这是因为晶体在体系中逐渐长大。其中反应1 min得到的样品的衍射峰宽化，表现出纳米晶结构，有利于后续与氢氧化锂的高温反应。

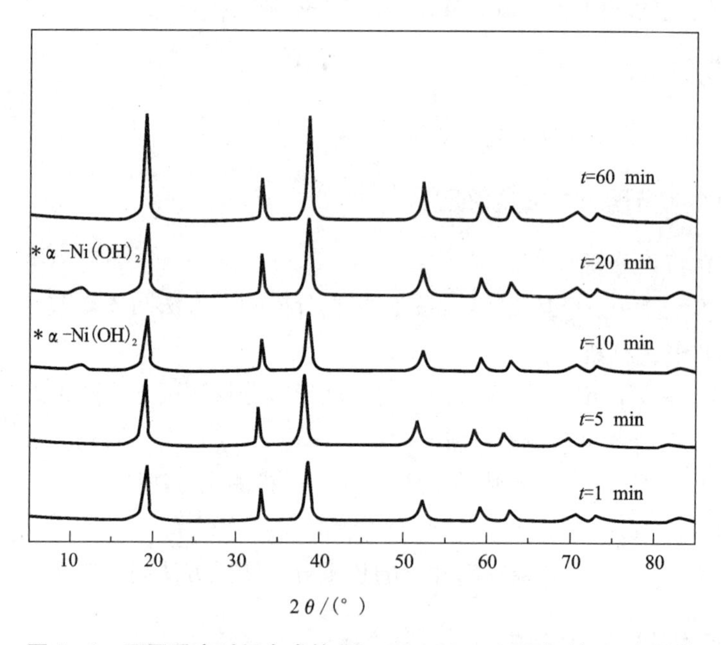

图4-1 不同反应时间合成的$Ni_{0.8}Co_{0.1}Mn_{0.1}(OH)_2$的XRD图谱

4.3.2 $Ni_{0.8}Co_{0.1}Mn_{0.1}(OH)_2$的表面形貌

图4-2为不同反应时间合成的$Ni_{0.8}Co_{0.1}Mn_{0.1}(OH)_2$前驱体的扫描电镜图。由图4-2可知，反应时间对前驱体表面形貌有很大影响，随着反应时间从1 min延长到5 min，样品主要为一次纳米颗粒，分布均匀，大小变化不明显，呈略微增

大的趋势；然而，随着时间的继续延长，单个颗粒慢慢长大并逐渐相互团聚在一起，形成不规则的微米级的二次颗粒，同时二次颗粒的粒径与时间成正比。这是因为在反应前期，晶核形成速度快，晶体生长速度慢，形成大量小晶粒，随着反应的进行，晶核形成速度减慢，而晶体生长速度加快，形成大的晶粒和团聚体。前驱体一次颗粒的大小及团聚程度对后续与氢氧化锂的高温反应有重要影响，颗粒越细，分布越均匀，越有利于与氢氧化锂充分混合。从前驱体的表面形貌来看，比较合适的反应时间为 1 min。

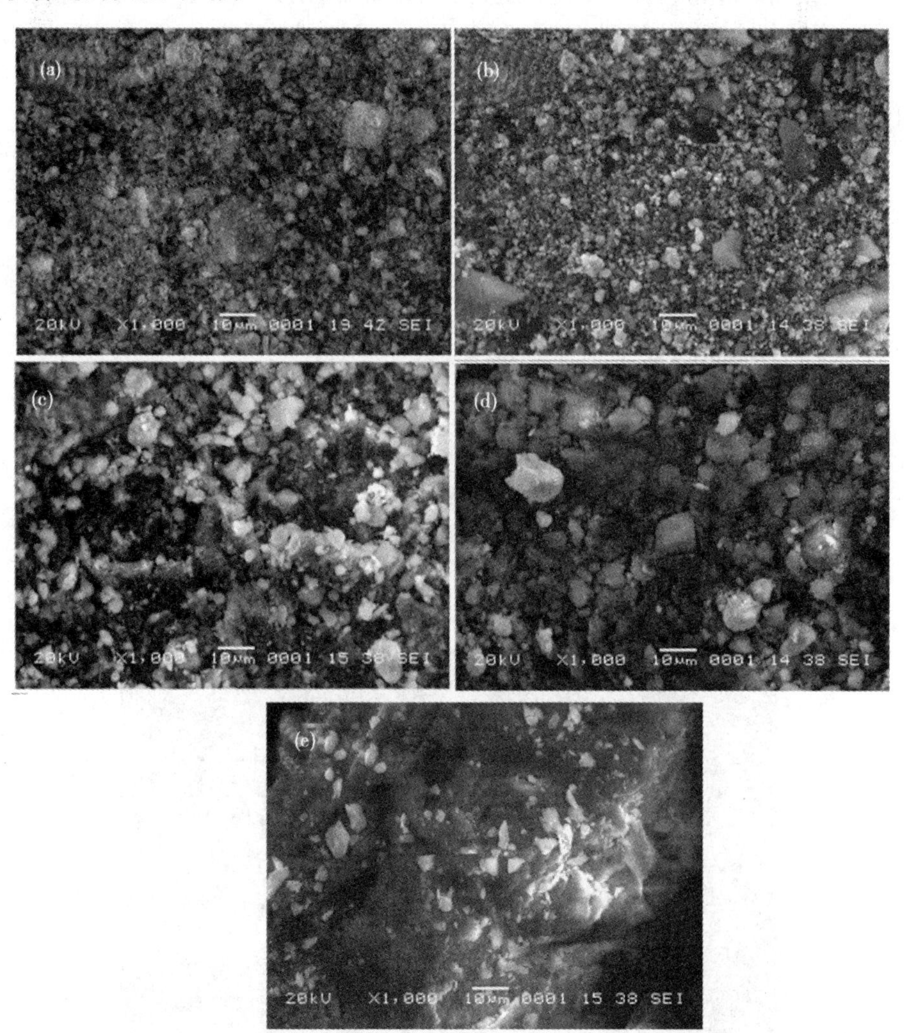

图 4－2　不同反应时间合成的 $Ni_{0.8}Co_{0.1}Mn_{0.1}(OH)_2$ 的 SEM 图像

(a) 1 min, (b) 5 min, (c) 10 min, (d) 20 min, (e) 60 min

4.3.3 $Ni_{0.8}Co_{0.1}Mn_{0.1}(OH)_2$的 TEM 及电子衍射分析

图 4 -3 为反应 1 min 条件下得到的 $Ni_{0.8}Co_{0.1}Mn_{0.1}(OH)_2$的 TEM 图像和电子衍射图。从图 4 -3(a)中可以看出，前驱体颗粒为片状，一次粒径在 70 nm 左右，且分布均匀。图 4 -3(b)为对应图 4 -3(a)中心区域的电子衍射图谱，可以明显看出其衍射花样为纳米多晶环。文献报道纳米晶是指晶粒尺寸在纳米级的多晶体，与传统材料相比，纳米晶具有超延展性和超导热性等特点[203, 204]，适合应用于材料的二次加工和热处理。综合 XRD 分析，可以判断反应 1 min 得到的前驱体为纳米晶的结构，非常有利于后续与氢氧化锂的高温反应，这也说明超短反应时间能够得到单一相、纳米晶结构及分布均匀的前驱体。

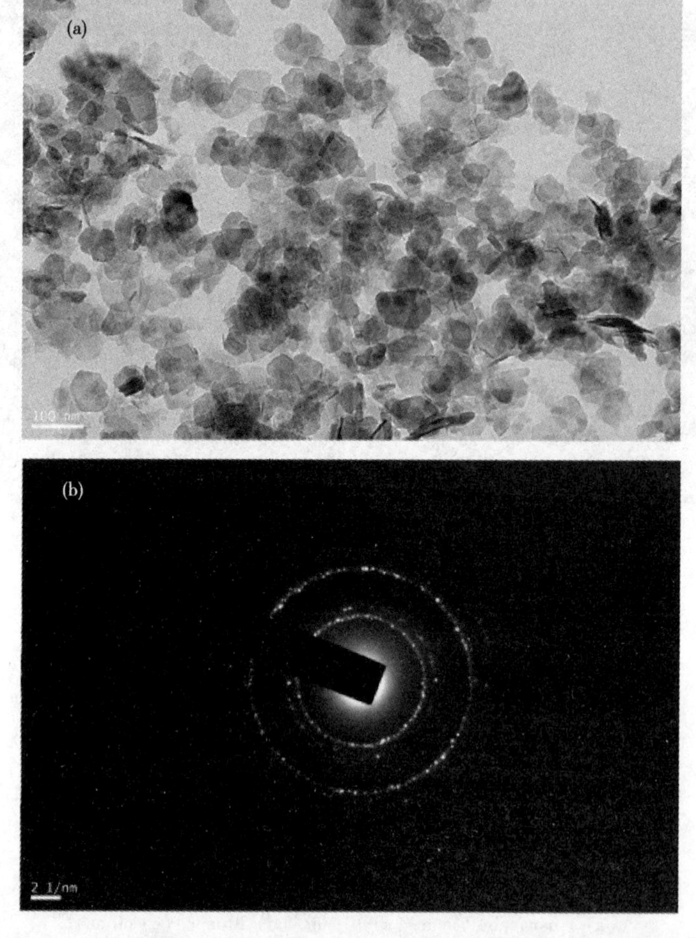

图 4 -3 反应 1 min 合成 $Ni_{0.8}Co_{0.1}Mn_{0.1}(OH)_2$的 TEM 图像 (a)和电子衍射图谱(b)

4.3.4 $LiNi_{0.8}Co_{0.1}Mn_{0.1}O_2$的晶体结构与原子占位

为了考察不同反应时间对最终样品晶体结构的影响，对合成的$LiNi_{0.8}Co_{0.1}Mn_{0.1}O_2$样品进行了XRD分析，结果如图4-4所示。从图4-4曲线的峰值特征可以看出，合成材料属于$\alpha-NaFeO_2$层状结构，$R\bar{3}M$空间群，各峰值符合六方晶系特征，没有杂质峰出现。随着反应时间的增加，各样品(006)/(102)峰、(108)/(110)峰的分裂程度明显减弱，这说明样品的层状结构遭到了破坏[205,206]。通过计算得到各样品的晶格常数，列于表4-3中。如表所示，晶格常数a和c随反应时间增加而逐渐增大，这是由于晶体长大引起的。各样品c/a值均大于4.9，表明各样品都具有较好的层状结构。

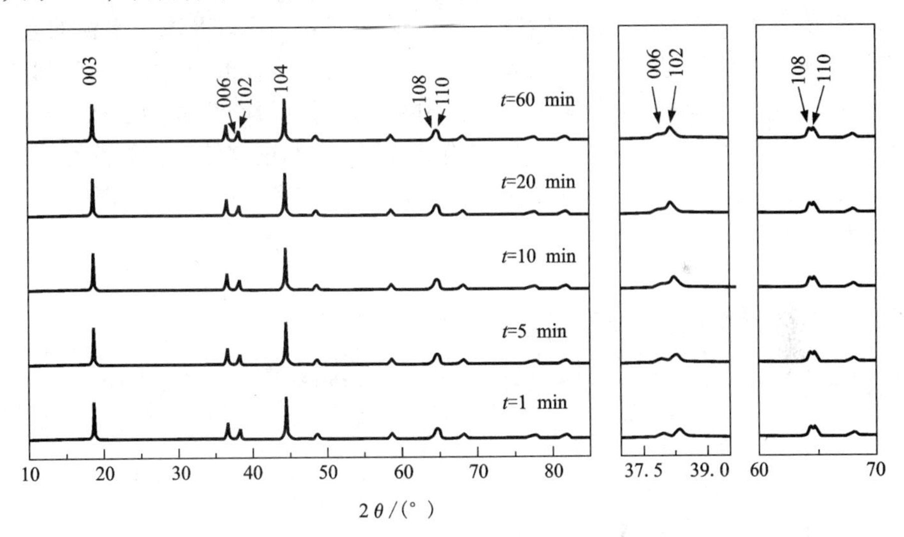

图4-4 不同反应时间合成的$LiNi_{0.8}Co_{0.1}Mn_{0.1}O_2$的XRD图谱

表4-3 不同反应时间合成的$LiNi_{0.8}Co_{0.1}Mn_{0.1}O_2$的精修结果

样品	a/Å	c/Å	c/a	Li_{0cc}/%	I_{003}/I_{104}	R_{wp}/%	R_B/%
$t=1$ min	2.87195(4)	14.19751(5)	4.9435	0.932 (4)	1.5237	10.6	4.51
$t=5$ min	2.87088(3)	14.19938(3)	4.9460	0.924 (8)	1.4949	9.8	2.25
$t=10$ min	2.87369(4)	14.22827(5)	4.9512	0.866 (9)	1.0917	10.7	4.71
$t=20$ min	2.87702(3)	14.21503(4)	4.9409	0.834 (9)	1.0411	9.7	2.64
$t=60$ min	2.87912(4)	14.21631(5)	4.9377	0.812 (9)	0.9452	10.9	4.72

$LiNi_{0.8}Co_{0.1}Mn_{0.1}O_2$具有与$LiNiO_2$类似的层状结构。锂离子占据3a位置，过渡金属离子Ni、Co、Mn占据3b位置，氧离子占据6c位置。3a位置上的Li^+与3b

位置上的 Ni^{3+}，容易发生部分交错占据，这种晶体结构的位错现象叫做阳离子混排。(003)衍射峰是反应层状岩盐结构 $R\bar{3}M$ 特征的，而(104)衍射峰则表征层状立方岩盐结构；层状结构中的位错现象可用(003)/(104)的衍射峰强度比 $I_{(003)}/I_{(104)}$ 值来表征，比值越大说明阳离子混排的程度越低[207]。由表 4-3 可知，随反应时间从 60 min 减少至 1 min，$LiNi_{0.8}Co_{0.1}Mn_{0.1}O_2$ 样品的 $I_{(003)}/I_{(104)}$ 值从 0.9452 增加至 1.5237，即样品的阳离子混排程度越来越低。

为了进一步分析 Li、Ni 的原子占位情况，我们对各样品进行 Rietveld 结构精修。我们假定阳离子占位被完全充满，Ni 能进入到 Li 层，忽略 Li 过量及氧占位的情况。以 1 min 和 10 min 样品的精修图谱为例，图 4-5 为不同反应时间的两样品的 XRD 观察图谱、Rietveld 精修拟合的图谱和差谱。从表 4-3 中较小的偏差因子 R_{wp} 和 R_B，图 4-5 中观察曲线和拟合曲线较好的吻合，以及图中平稳的差谱，说明结构精修的结果是可靠的。从表 4-3 中可以清楚地看出，随着反应时间的减少，$LiNi_{0.8}Co_{0.1}Mn_{0.1}O_2$ 样品的 Li^+ 占位率不断提高，从反应 60 min 的 81.2% 升高到反应 1 min 的 93.2%，即阳离子混排得到抑制。这与前驱体的物理性能的分析是一致的，说明分布均匀的纳米晶前驱体有利于合成结晶良好、锂镍混排少的 $LiNi_{0.8}Co_{0.1}Mn_{0.1}O_2$ 材料。

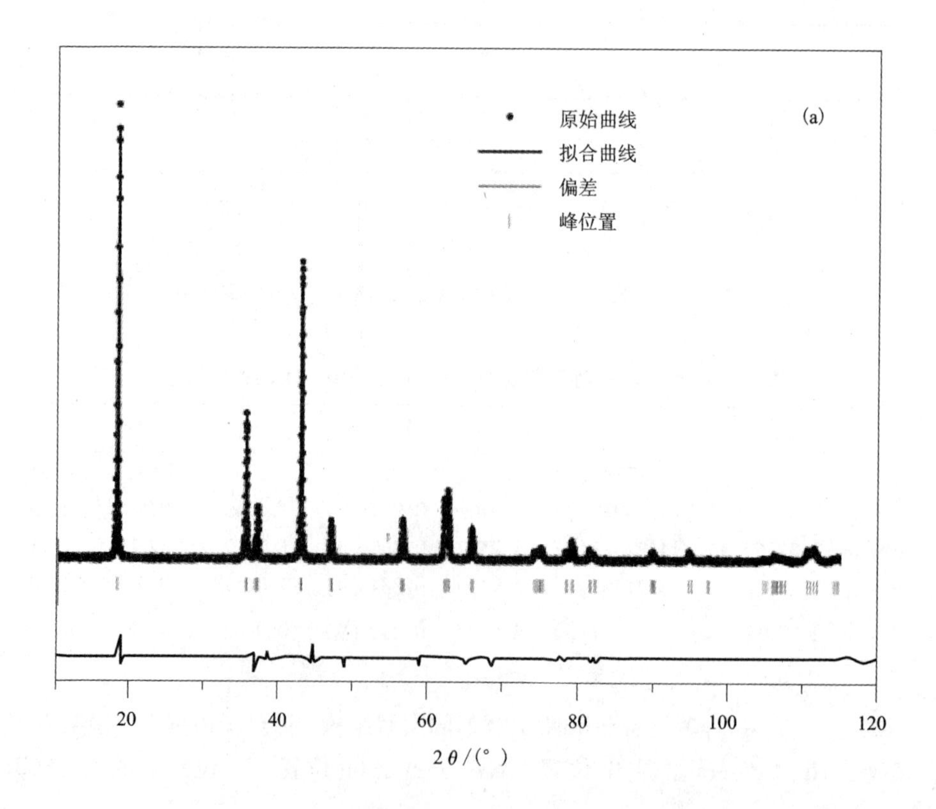

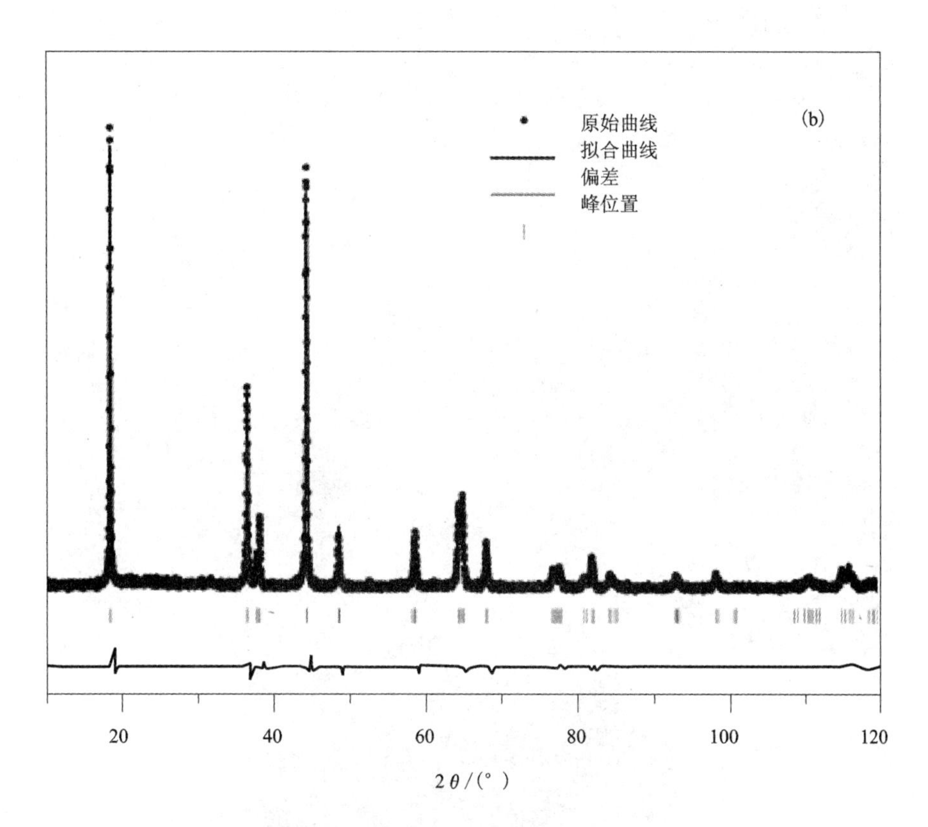

图4-5　不同反应时间合成的 $LiNi_{0.8}Co_{0.1}Mn_{0.1}O_2$ 的 Rietveld 精修图谱

(a) 1 min, (b) 10 min

4.3.5　$LiNi_{0.8}Co_{0.1}Mn_{0.1}O_2$ 的表面形貌

图4-6为不同前驱体的反应时间所制得的 $LiNi_{0.8}Co_{0.1}Mn_{0.1}O_2$ 的 SEM 图像。由图4-6可以看出随着时间从1 min 延长到10 min，样品颗粒大小变化不明显，平均直径100～400 nm，分布比较均匀，颗粒尺寸和团聚程度呈略微增大的趋势。随着时间延长到20 min 和60 min，样品颗粒明显增大，同时团聚也更加严重，甚至结块，这与前驱体的形貌分析是一致的。颗粒尺寸的增加容易导致锂离子在固相中的扩散距离增加，粒子中心的活性物质难以得到有效利用，造成容量的损失。因此从合成样品颗粒的表面形貌来看，比较合适的反应时间为1 min。

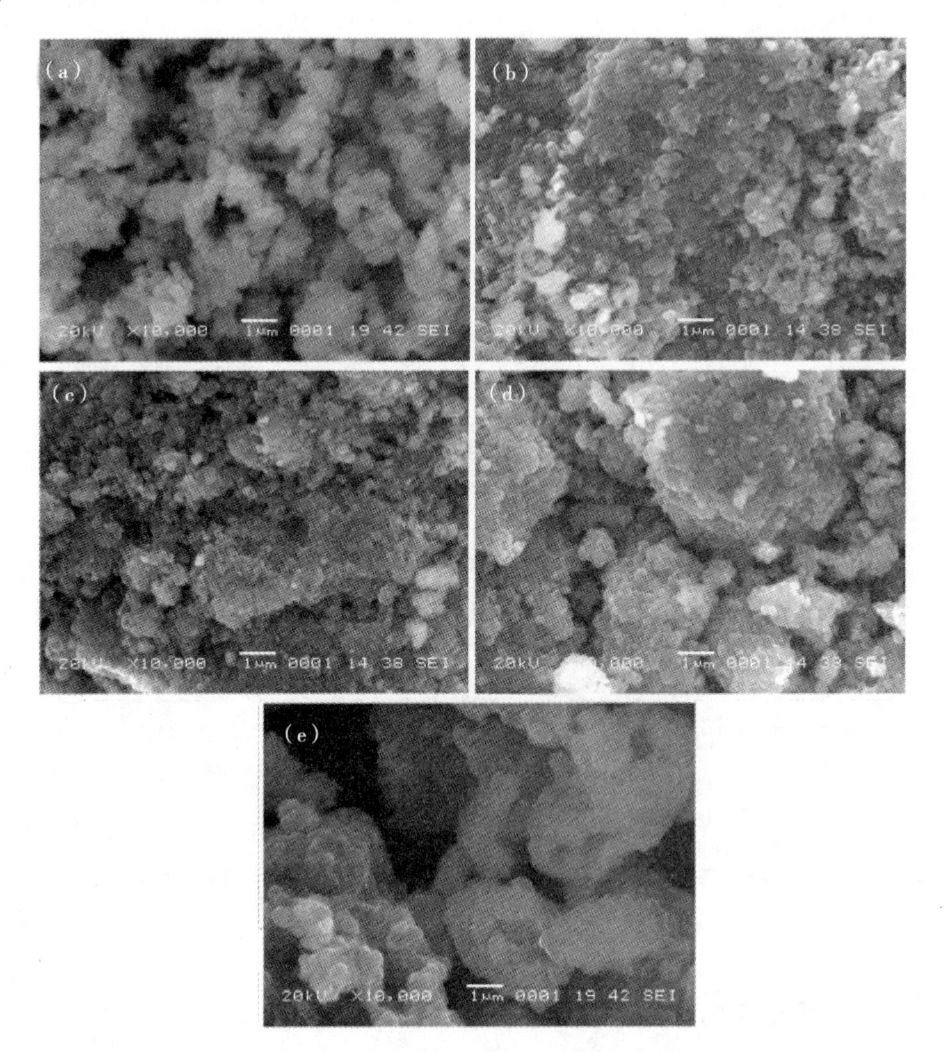

图 4-6　不同反应时间合成的 $LiNi_{0.8}Co_{0.1}Mn_{0.1}O_2$ 的 SEM 图像

(a) 1 min, (b) 5 min, (c) 10 min, (d) 20 min, (e) 60 min

4.3.6　$LiNi_{0.8}Co_{0.1}Mn_{0.1}O_2$ 的电化学性能

在室温下进行电化学性能测试：采用 18 mAh/g(1C = 180 mAh/g) 的电流对电池进行充放电，循环电压范围为 2.7 ~ 4.3 V。图 4-7 为不同前驱体反应时间下制得 $LiNi_{0.8}Co_{0.1}Mn_{0.1}O_2$ 样品的首次充放电曲线图。由图可知，反应时间 1 min 所得样品的首次充放电容量分别为 254.9 mAh/g 和 192.4 mAh/g。随着反应时间从 1 min 增加至 5 min、10 min、20 min 和 60 min，首次放电容量依次衰减，分别为 192.4 mAh/g、184.3 mAh/g、175.3 mAh/g、149.1 mAh/g 和 137.7 mAh/g。因此，反应时间 1 min 所得样品的容量最高。

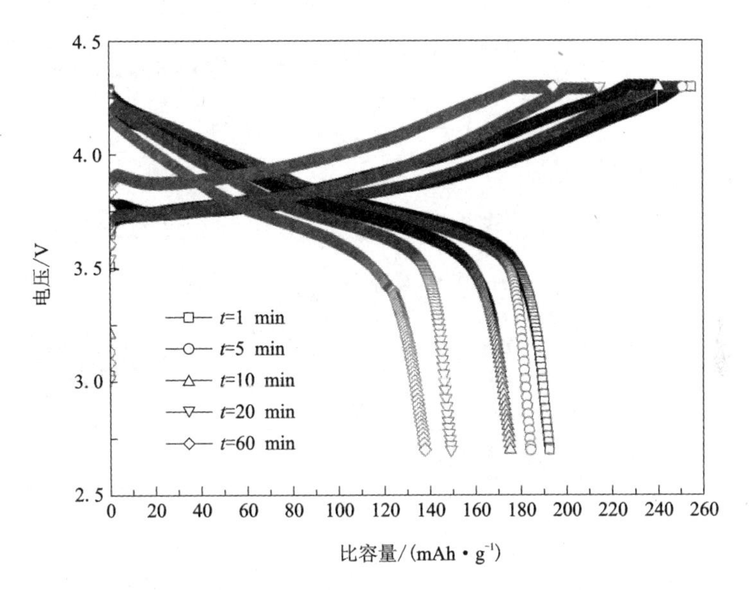

图 4－7　不同反应时间合成的 $LiNi_{0.8}Co_{0.1}Mn_{0.1}O_2$ 的首次充放电图谱

图 4－8 为不同前驱体反应时间下制得 $LiNi_{0.8}Co_{0.1}Mn_{0.1}O_2$ 样品的循环曲线图。从图中可以看出，1 min、5 min、10 min、20 min 和 60 min 下合成的样品经 40 次循环后，容量保持率分别为 91.56%、80.93%、70.27%、53.73% 和 49.47%。显然，1 min 下样品的循环性能最好。

从样品的首次充放电比容量以及循环性能来看，1 min 条件下合成的 $LiNi_{0.8}Co_{0.1}Mn_{0.1}O_2$ 样品电化学性能最优，5 min 和 10 min 合成产物其性能次之，20 min 和 60 min 性能较差。其原因是 1 min 合成的产物颗粒细小、分布均匀、阳离子混排少；5 min 和 10 min 合成的 $LiNi_{0.8}Co_{0.1}Mn_{0.1}O_2$ 颗粒虽然细小，然而阳离子混排较严重，影响了容量的发挥；20 min 和 60 min 合成的 $LiNi_{0.8}Co_{0.1}Mn_{0.1}O_2$ 颗粒较大，甚至团聚成块状，增大了锂离子的扩散路径，同时其阳离子混排更加严重，恶化了其电化学性能。

由前面分析可知 1 min 条件下合成的 $LiNi_{0.8}Co_{0.1}Mn_{0.1}O_2$ 样品性能最好，为了研究其在较大电流下的倍率性能，我们对其进行了不同倍率下的放电测试。图 4－9 为材料在不同倍率下首次放电曲线图。由图 4－9 可以看出，该材料表现出良好的倍率性能。在 0.1C、1C、2C、3C、5C 和 10C 下首次放电比容量分别为 192.4 mAh/g、148.9 mAh/g、140.0 mAh/g、131.3 mAh/g、123.1 mAh/g 和 103.7 mAh/g。材料具有优良的倍率性能。此结果与文献[208, 209]相比，在合成条件

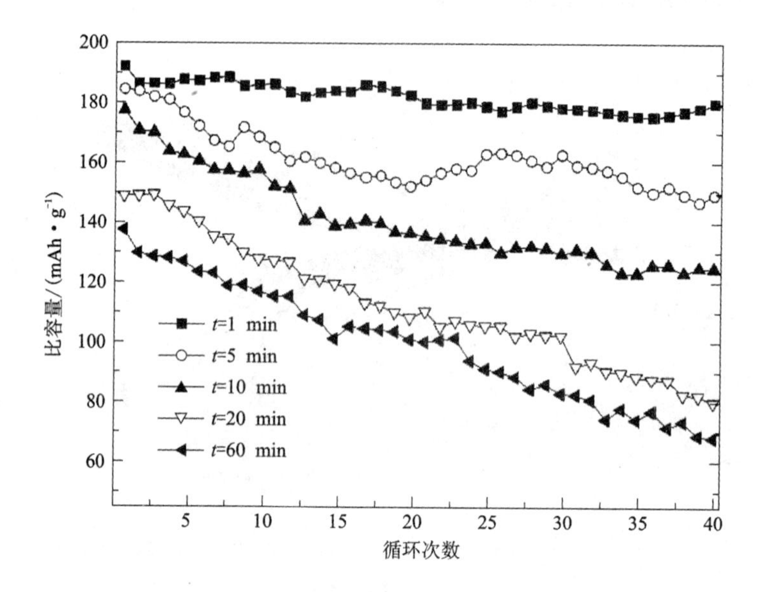

图4-8 不同反应时间合成的$LiNi_{0.8}Co_{0.1}Mn_{0.1}O_2$的循环曲线图

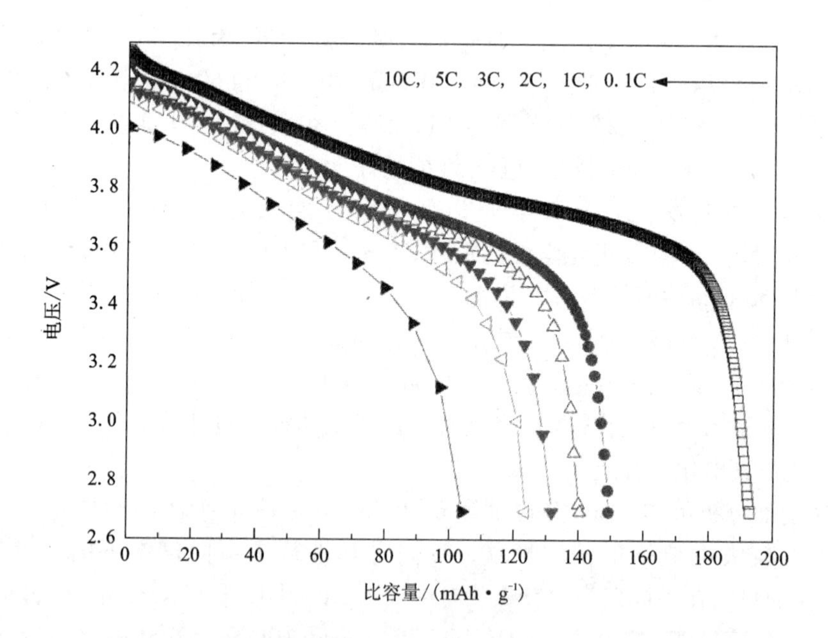

图4-9 反应1 min合成的$LiNi_{0.8}Co_{0.1}Mn_{0.1}O_2$在不同倍率下放电曲线图

上所采用的时间更短；在材料电化学性能方面更加优越。

4.3.7　循环伏安分析

图 4－10 为反应 1 min 条件下合成的 $LiNi_{0.8}Co_{0.1}Mn_{0.1}O_2$的循环伏安图。从图 4－10中可以看出，在 3 V 附近没有出现还原峰，说明循环过程中没有 Mn^{3+}/Mn^{4+}的转换[210]。同时还可以看出，在首次循环时，其氧化峰电位约为 3.90 V，而在随后的循环过程中，其氧化峰电位降低到 3.84 V 左右，峰强度相对首次循环明显减弱；然而其还原峰始终保持不变。这种氧化峰的衰减可能是在首次循环过程中“阳离子混排”引起的，首次循环后，第二、三次循环伏安曲线几乎重叠，表明所制备的 $LiNi_{0.8}Co_{0.1}Mn_{0.1}O_2$材料，锂离子在嵌入/脱出过程中具有较好的可逆性。

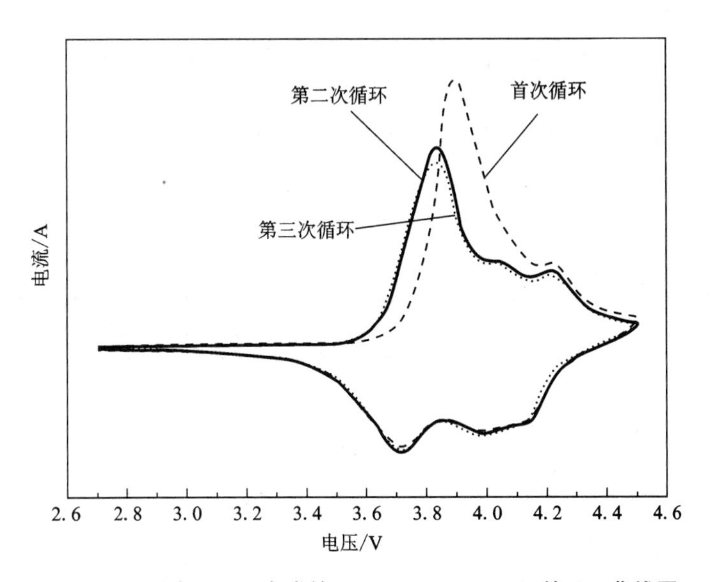

图 4－10　反应 1 min 合成的 $LiNi_{0.8}Co_{0.1}Mn_{0.1}O_2$的 CV 曲线图

4.4　快速沉淀—热处理法制备 $LiNi_{0.8}Co_{0.1}Mn_{0.1}O_2$的优化

4.4.1　反应 pH 对 $Ni_{0.8}Co_{0.1}Mn_{0.1}(OH)_2$及 $LiNi_{0.8}Co_{0.1}Mn_{0.1}O_2$的影响

实验控制前驱体反应 pH 11.5、掺锂量 1.05、在氧气气氛下 480℃预烧 5 h 后升温至 750℃烧结 15 h，考察不同前驱体反应 pH 条件（11.0、11.3、11.5、11.8 和 12.0）对 $Ni_{0.8}Co_{0.1}Mn_{0.1}(OH)_2$前驱体及 $LiNi_{0.8}Co_{0.1}Mn_{0.1}O_2$的影响。

1. $Ni_{0.8}Co_{0.1}Mn_{0.1}(OH)_2$成分分析

对不同 pH 条件下合成的前驱体中 Ni、Co、Mn 含量进行了 ICP 分析，结果如表 4－4 所示。

从表 4－4 中可以看出，随着 pH 的升高，Ni、Co、Mn 元素的总含量逐渐增加，但三者各自的变化规律不一致。根据反应式式(4－1)、式(4－2)和式(4－3)得知，溶液中金属离子的沉淀和配合行为都受到 pH 的影响。随 pH 升高，溶液中 OH^-离子浓度增加，金属离子沉淀率增大；然而溶液中 NH_3浓度也随 pH 的增加而增大，这又促进金属离子与氨的配合反应正向进行，降低了溶液中自由金属离子的浓度，在某种程度上将抑制金属氢氧化物的沉淀量的增大。因此，由于金属离子沉淀的效应和金属离子与氨配合的效果相互制约，各样品中 Ni、Co、Mn 的含量呈现出不同的规律。

表 4－4 不同 pH 条件下合成 $Ni_{0.8}Co_{0.1}Mn_{0.1}(OH)_2$前驱体的 Ni、Co、Mn 含量

名称 / pH	Ni/%	Co/%	Mn/%	Ni、Co、Mn 总含量/%	$n_{Ni}:n_{Co}:n_{Mn}$
11.00	48.65	6.15	5.87	60.68	0.797∶0.100∶0.103
11.30	49.13	6.12	5.87	61.12	0.799∶0.099∶0.102
11.50	49.39	6.10	5.88	61.38	0.802∶0.099∶0.099
11.80	49.46	6.00	5.93	61.40	0.801∶0.097∶0.102
12.00	50.39	6.06	5.71	62.17	0.806∶0.096∶0.097

$$M(OH)_2 \rightleftharpoons M^{2+} + 2OH^-,\ K^{sp(M(OH)_2)} = c^2(M^{2+})c(OH^-) \tag{4-1}$$

$$M^{2+} + 6NH_3 \rightleftharpoons [M(NH_3)_6]^{2+},\ K_1 = \frac{c[M(NH_3)_6]^{2+}}{c(M^{2+})c^6(NH_3)} \tag{4-2}$$

$$NH_3 + H_2O \rightleftharpoons NH_4^+ + OH^-,\ K_2 = \frac{c(NH_4^+)c(OH^-)}{c(NH_3)c(H_2O)} \tag{4-3}$$

2. 反应 pH 对 $Ni_{0.8}Co_{0.1}Mn_{0.1}(OH)_2$结构的影响

为了探讨 pH 对产物结构的影响，对不同 pH 条件下合成的 $Ni_{0.8}Co_{0.1}Mn_{0.1}(OH)_2$前驱体进行 XRD 分析，结果如图 4－11 所示。由图 4－11 可以看出，所有样品的谱线均与$\beta-Ni(OH)_2$标准谱线一致，没有出现杂质峰。这表明，Co^{2+}和 Mn^{2+}取代了部分 Ni^{2+}在 $Ni(OH)_2$中的位置，而不改变其本身晶体结构。此外，pH 对前驱体的结构影响不大。

3. 反应 pH 对 $LiNi_{0.8}Co_{0.1}Mn_{0.1}O_2$结构的影响

图 4－12 为不同 pH 条件下合成的 $LiNi_{0.8}Co_{0.1}Mn_{0.1}O_2$样品的 XRD 图谱。由图

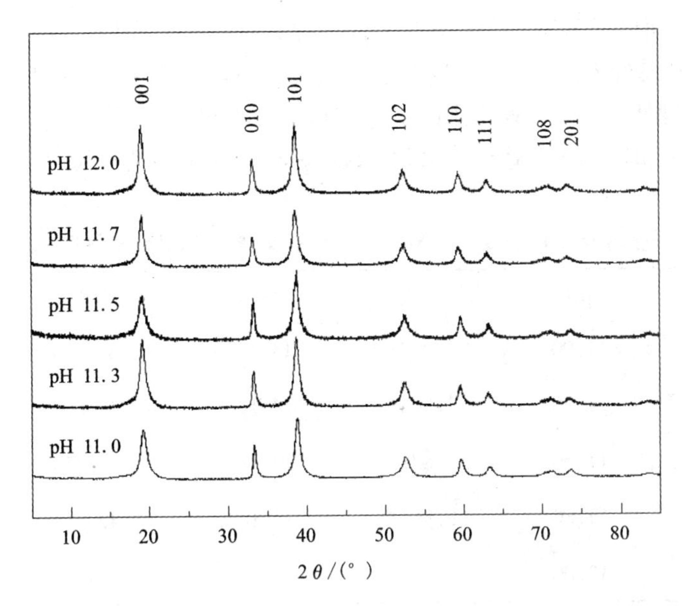

图 4－11　不同 pH 条件下合成的 $Ni_{0.8}Co_{0.1}Mn_{0.1}(OH)_2$ 的 XRD 图谱

可知，合成材料属于 α－$NaFeO_2$ 层状结构，$R\bar{3}M$ 空间群，各峰值符合六方晶系特征，且没有杂质峰出现。随着 pH 的升高，(006)/(102)峰、(108)/(110)峰分裂更加明显，表明层状结构发育良好。

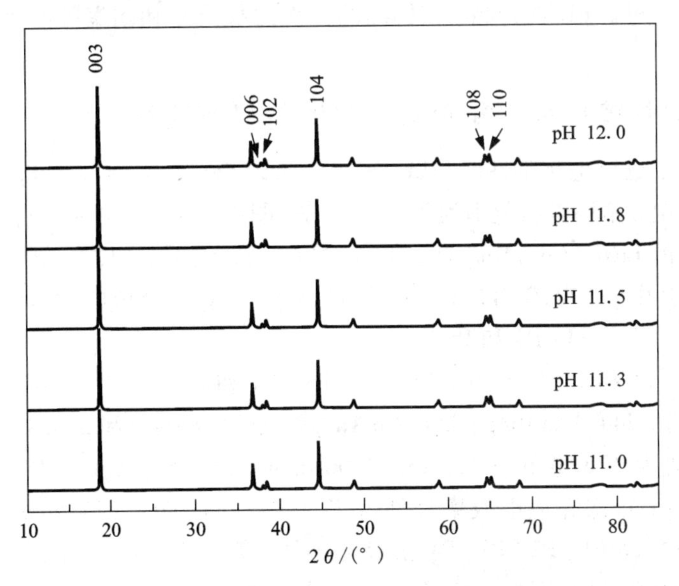

图 4－12　不同 pH 条件下合成的 $LiNi_{0.8}Co_{0.1}Mn_{0.1}O_2$ 的 XRD 图谱

表4－5列出了$LiNi_{0.8}Co_{0.1}Mn_{0.1}O_2$样品的晶格常数和$I_{(003)}/I_{(104)}$值。从表中可以看出，样品的$I_{(003)}/I_{(104)}$值均大于1.2，c/a值均大于4.9，说明合成样品的阳离子混排程度低，具有排列规则的层状结构。随着pH的升高，$I_{(003)}/I_{(104)}$值先增加后减小，在pH 11.5时达到最大值，说明其阳离子混排程度最低。

表4－5　不同pH条件下合成$LiNi_{0.8}Co_{0.1}Mn_{0.1}O_2$样品的晶格常数和$I_{(003)}/I_{(104)}$值

样品	pH	a/Å	c/Å	c/a	$I_{(003)}/I_{(104)}$
pH 11.0	11.00	2.8723	14.1939	4.9416	1.4482
pH 11.3	11.30	2.8661	14.1898	4.9509	1.4623
pH 11.5	11.50	2.8719	14.1975	4.9435	1.5237
pH 11.8	11.80	2.8647	14.1839	4.9513	1.5049
pH 12.0	12.00	2.8646	14.1832	4.9511	1.4507

4. 反应pH对$LiNi_{0.8}Co_{0.1}Mn_{0.1}O_2$形貌的影响

图4－13为不同pH条件下合成的$LiNi_{0.8}Co_{0.1}Mn_{0.1}O_2$的XRD图谱。由图4－13可知，所合成的$LiNi_{0.8}Co_{0.1}Mn_{0.1}O_2$一次颗粒细小，为100～400 nm，粒径分布较均匀，随着pH的升高，各样品的二次颗粒尺寸和团聚程度呈逐步增大的趋势。

5. 反应pH对$LiNi_{0.8}Co_{0.1}Mn_{0.1}O_2$电化学性能的影响

在室温下进行电化学性能测试：采用18 mAh/g（1C＝180 mAh/g）的电流对电池进行充放电，循环电压范围为2.7～4.3 V。图4－14和图4－15分别为不同pH条件下合成的$LiNi_{0.8}Co_{0.1}Mn_{0.1}O_2$正极材料在0.1C倍率下的首次充放电曲线和循环曲线图。其中pH 11.0、11.3、11.5、11.8和12.0时合成的材料做成的扣式电池分别用P1、P2、P3、P4和P5表示。

由图4－14和4－15可知，P1、P2、P3、P4和P5的首次充电比容量分别为231.1 mAh/g、244.1 mAh/g、254.9 mAh/g、233.4 mAh/g和234.8 mAh/g；放电比容量分别为178.3 mAh/g、183.0 mAh/g、192.4 mAh/g、177.0 mAh/g和172.1 mAh/g；首次充放电效率分别为77.06%、74.97%、75.59%、75.83%和73.30%。各样品P1、P2、P3、P4和P5在0.1C倍率下经40次循环后的容量保持率分别为79.6%，85.79%，91.56%，82.1%和71.6%。研究发现，当pH 11.5时，材料的电化学性能最差，其原因是pH太高导致样品的团聚程度增加，不利于

图 4－13　不同 pH 条件下合成的 $LiNi_{0.8}Co_{0.1}Mn_{0.1}O_2$的 SEM 图像

(a) 11.0, (b) 11.3, (c) 11.5, (d) 11.8, (e) 12.0

锂离子的脱嵌；当 pH 11.5 时，材料的电化学性能最佳，这是因为其颗粒粒径较小，粒度分布较好，同时阳离子混排程度最低。

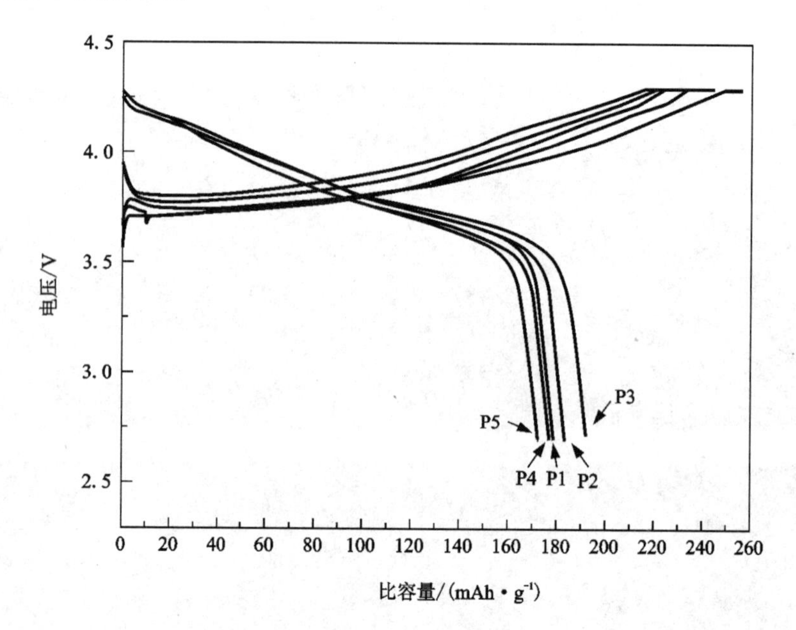

图 4-14 不同 pH 条件下合成的 $LiNi_{0.8}Co_{0.1}Mn_{0.1}O_2$ 的首次充放电曲线

P1—pH 11.00, P2—pH 11.30, P3—pH 11.50, P4—pH 11.80, P5—pH 12.00

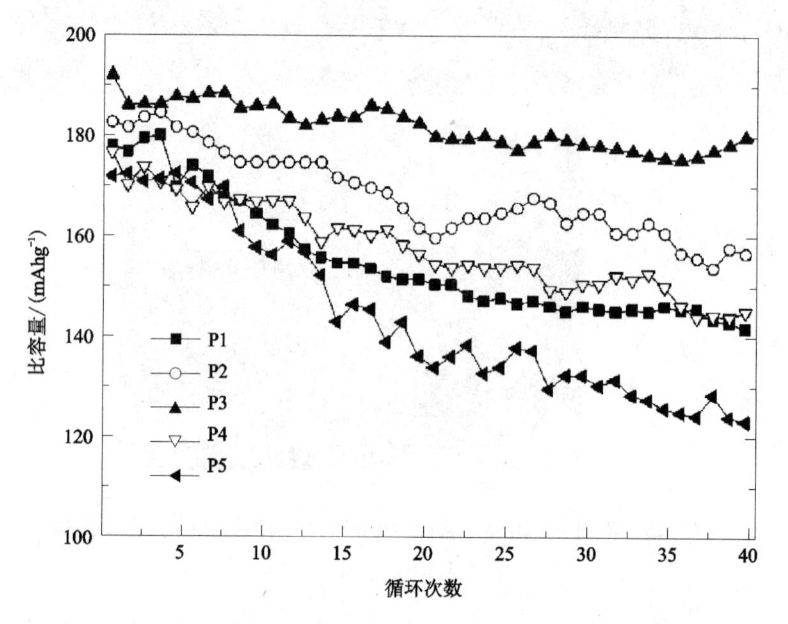

图 4-15 不同 pH 条件下合成的 $LiNi_{0.8}Co_{0.1}Mn_{0.1}O_2$ 的循环曲线图

P1—pH 11.00, P2—pH 11.30, P3—pH 11.50, P4—pH 11.80, P5—pH 12.00

4.4.2　焙烧温度对 $LiNi_{0.8}Co_{0.1}Mn_{0.1}O_2$ 的影响

无论是对传统的高温固相合成方法，还是对包括液相共沉淀法在内的湿化学方法预处理固相合成方法，烧结温度一直是影响材料性能的关键因素之一。合成过程中离子的迁移和晶格重组所必须的活化能决定了反应必须在一定的温度条件才能发生，离子间的距离和晶格的复杂程度也决定了反应必须在一定的时间内才能彻底完成。合成温度太低、合成时间太短将不利于离子的迁移和晶格的重组，难以得到接近计量比的高纯度晶体材料。但合成温度太高、合成时间太长又会导致晶体的分解，促进锂的挥发，容易生成缺锂化合物。所以，在 $LiNi_{1-x-y}Co_xMn_yO_2$ 系列电极材料各种不同合成方法的研究中，优化合成温度是一项重要内容，以下研究了烧结温度对正极材料的性能影响。

实验控制前驱体反应时间 5 min、反应 pH 11.5、掺锂量 1.05、在氧气气氛下 480℃预烧 5 h 后，再在不同的温度下高温烧结 15 h，考察不同焙烧温度(700℃、750℃和 800℃)对合成 $LiNi_{0.8}Co_{0.1}Mn_{0.1}O_2$ 的影响。

1. TG – DTA 分析

为了确定 $LiNi_{0.8}Co_{0.1}Mn_{0.1}O_2$ 焙烧温度等工艺参数，对手磨后的 $Ni_{0.8}Co_{0.1}Mn_{0.1}(OH)_2$ 前驱体和 $LiOH \cdot H_2O$ 混合物做了 TG – DTA 分析，如图 4 – 16 所示。可以看出 TG 线上主要存在四个主要的失重平台。第一次失重平台为产物失去物理吸附水，对应的温度区间为 80 ~ 96℃；第二个失重平台为前驱

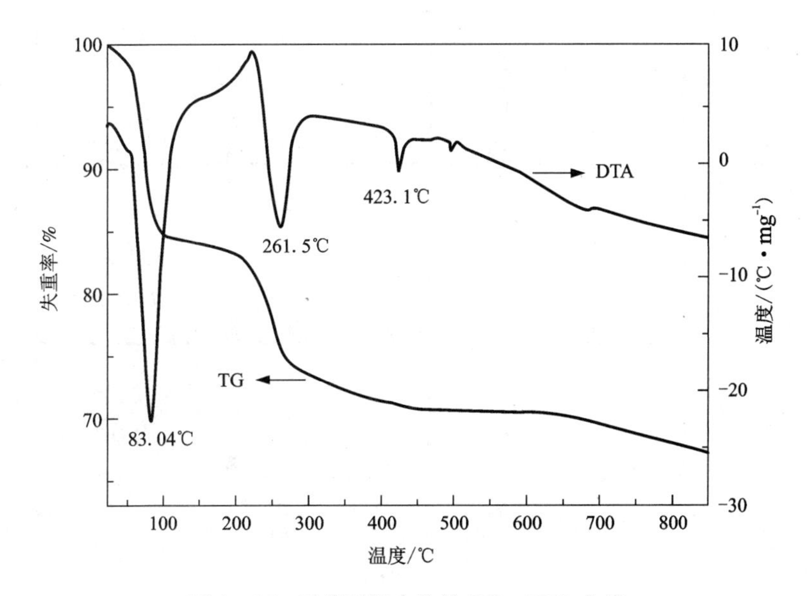

图 4 – 16　手磨后混合物的 TG – DTA 曲线

体$Ni_{0.8}Co_{0.1}Mn_{0.1}(OH)_2$中结晶水的脱出，对应的温度区间为226～273℃；第三个失重平台为$LiOH \cdot H_2O$中结晶水的脱出，生成Li_2O，对应的温度区间为430℃；第四个失重平台为晶态$LiNi_{0.8}Co_{0.1}Mn_{0.1}O_2$的形成和高温下部分锂的烧损，对应的温度区间为700～800℃。

根据图4－16分析结果，采用分段焙烧法合成目标产物$LiNi_{0.8}Co_{0.1}Mn_{0.1}O_2$样品。将$LiOH \cdot H_2O$与$Ni_{0.8}Co_{0.1}Mn_{0.1}(OH)_2$粉末充分混匀后所得混合先驱体先于480℃预烧5h，再在不同的温度下高温烧结，使晶格进一步完善。

2. 焙烧温度对$LiNi_{0.8}Co_{0.1}Mn_{0.1}O_2$结构的影响

为了考察不同焙烧温度对最终样品晶体结构的影响，对合成的$LiNi_{0.8}Co_{0.1}Mn_{0.1}O_2$样品进行了XRD分析，结果如图4－17所示。从图中谱线的峰值特征可以看出，合成材料属于$\alpha-NaFeO_2$层状结构，$R\bar{3}M$空间群，各峰值符合六方晶系特征，没有杂质峰出现。从图中可以看出不同温度下合成的$LiNi_{0.8}Co_{0.1}Mn_{0.1}O_2$各晶面衍射峰的强度存在微小的差异，而且样品各晶面衍射峰的强度随着反应温度的升高而增强，说明温度越高对晶体的生长有利。随着焙烧温度从700℃升高至750℃和800℃，各样品的$I_{(003)}/I_{(104)}$值先增加后降低，分别为1.01、1.50和1.20，其原因是温度为700℃时，晶体生长尚不完全，而温度过高时，容易引起锂的挥发。因此，从样品的XRD分析来看，比较合适的焙烧温度为750℃。

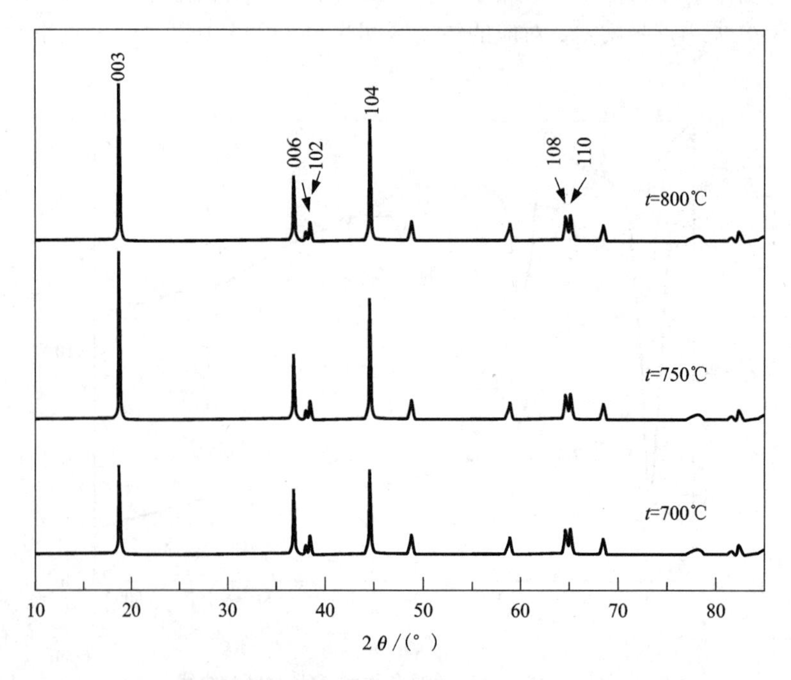

图4－17　不同焙烧温度合成的$LiNi_{0.8}Co_{0.1}Mn_{0.1}O_2$的XRD图谱

图 4－18　不同焙烧温度合成的 $LiNi_{0.8}Co_{0.1}Mn_{0.1}O_2$的 SEM 图像

(A) 700℃，(B) 750℃，(C)800℃

3. 焙烧温度对 $LiNi_{0.8}Co_{0.1}Mn_{0.1}O_2$形貌的影响

图 4－18 为不同温度条件下所制得的 $LiNi_{0.8}Co_{0.1}Mn_{0.1}O_2$的 SEM 图像。由图 4－18可以看出样品的颗粒随着热处理温度的升高逐渐增大，这是由于高温热处理时晶粒的生长速度加快，会导致颗粒变大。温度为 700℃和 750℃时合成样品的颗粒细小、分布均匀，一次颗粒直径为 100～400 nm。然而当温度升高到 800℃时，样品颗粒明显变大，团聚和结块比较严重。对于受锂离子扩散控制的电极过程而言，产物粒径的减小有助于提高锂离子在其中脱出和嵌入的效率。因此从合成样品颗粒的表面形貌来看，合成 $LiNi_{0.8}Co_{0.1}Mn_{0.1}O_2$ 较合适的温度在 750℃左右。

4. 焙烧温度对 $LiNi_{0.8}Co_{0.1}Mn_{0.1}O_2$ 电化学性能的影响

在室温下进行电化学性能测试：采用 18 mA/g(1C＝180 mAh/g)的电流对电

池进行充、放电，循环电压范围为2.7 ~4.3 V。图4 –19为不同焙烧温度下制得$LiNi_{0.8}Co_{0.1}Mn_{0.1}O_2$样品的首次充放电曲线图。由图可知，750℃合成的样品首次放电比容量最高，达到184.3 mAh/g。800℃合成的样品首次放电比容量次之，为150.8 mAh/g；700℃下合成的样品首次放电比容量较差，为143.9 mAh/g。从首次放电比容量来看，合成温度在750℃比较合适。

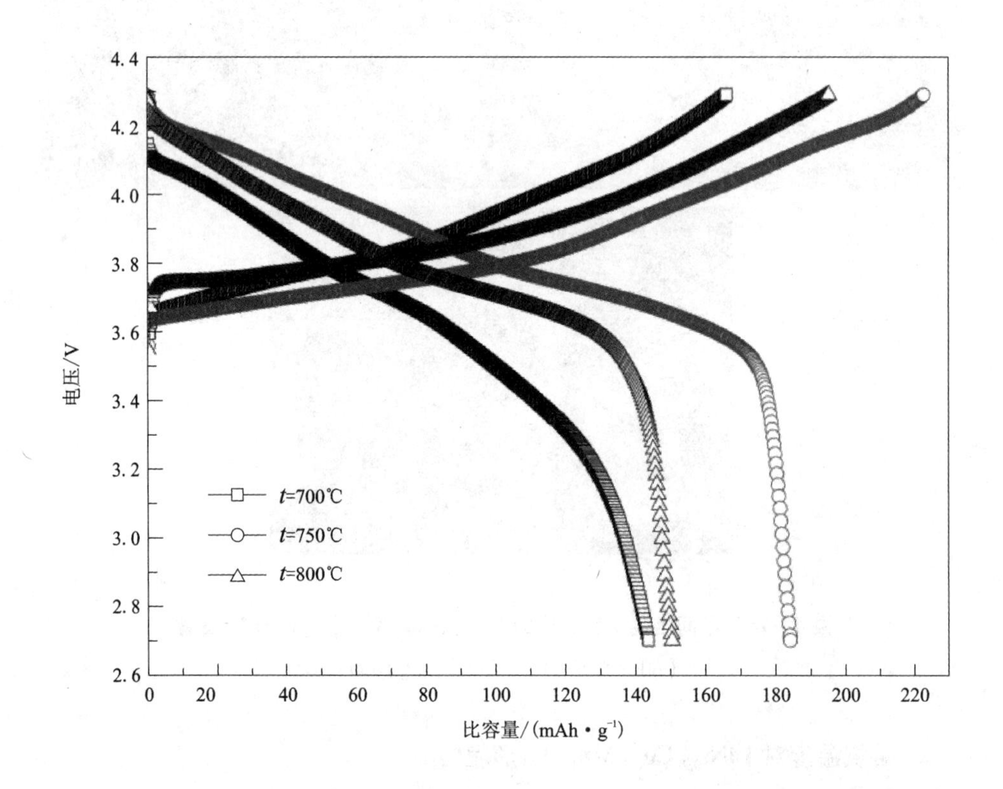

图4 –19　不同焙烧温度合成的$LiNi_{0.8}Co_{0.1}Mn_{0.1}O_2$的首次充放电曲线图

图4 –20为不同焙烧温度下合成样品的循环曲线图。从图4 –20中可以看出700℃、750℃和800℃下合成的样品经30次循环后，放电比容量分别为134.75 mAh/g、163.03 mAh/g和120.35 mAh/g，容量保持率分别为93.64%、88.45%和79.8%。从样品的首次放电比容量及循环性能来看，750℃下合成的$LiNi_{0.8}Co_{0.1}Mn_{0.1}O_2$样品电化学性能最佳。这是因为750℃合成的样品颗粒细小、分布均匀、结晶良好；700℃合成的样品颗粒虽小，然而晶体发育不完整；800℃合成的$LiNi_{0.8}Co_{0.1}Mn_{0.1}O_2$样品颗粒较大，且由于部分锂的挥发，造成锂镍混排较严重，影响容量的发挥。

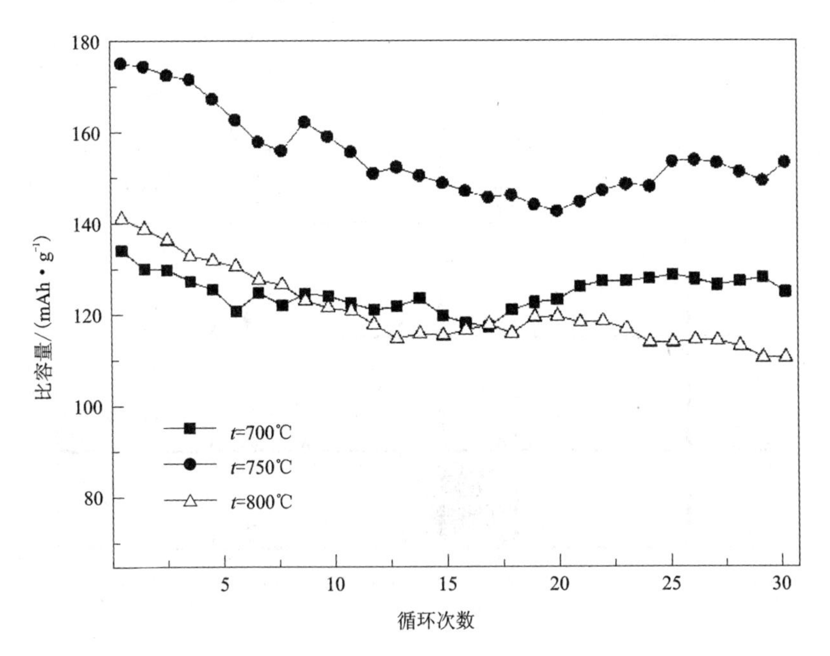

图 4－20　不同焙烧温度合成的 $LiNi_{0.8}Co_{0.1}Mn_{0.1}O_2$ 的循环曲线图

4.4.3　掺锂量对 $LiNi_{0.8}Co_{0.1}Mn_{0.1}O_2$ 的影响

前面的研究发现，长时间的焙烧容易导致锂的挥发损失，造成阳离子混排程度加剧。加入过量的锂盐可以弥补焙烧过程中锂的挥发，且抑制阳离子的混排。

实验控制前驱体反应时间 5 min、反应 pH 11.5、在氧气气氛下 480℃预烧 5 h 后升温至 750℃烧结 15 h，考察不同掺锂量（103%、105%、107% 和 110%）对 $LiNi_{0.8}Co_{0.1}Mn_{0.1}O_2$ 的影响。

1. 掺锂量对 $LiNi_{0.8}Co_{0.1}Mn_{0.1}O_2$ 结构的影响

图 4－21 为不同掺锂量所得 $LiNi_{0.8}Co_{0.1}Mn_{0.1}O_2$ 的 XRD 图谱。从图 4－21 可以看出，不同掺锂量合成的产物的基本结构是相同的，都属于 $\alpha-NaFeO_2$ 层状结构，$R\bar{3}M$ 空间群，各峰值符合六方晶系特征。

为了更清楚的观察不同掺锂量对样品结构的影响，图 4－22 为 X 射线衍射在 20°～34°，60°～75°的局部放大图。从图中可以看出当掺锂量为 107% 和 110% 的时候，有少量的 Li_2CO_3 杂质相出现，这说明过高的掺锂量会造成锂的过剩，并以 Li_2CO_3 的形式残留在样品中。从图中还可以看出，随着掺锂量的增加，各样品（108）/（110）峰的分裂程度明显增强，表明层状结构的规整度高；此外，各衍射峰有向高角度偏移的趋势，根据 Scherrer 公式，衍射峰向高角度偏移代表晶胞体积收缩，有利于提高锂离子在晶胞中脱嵌的效率。

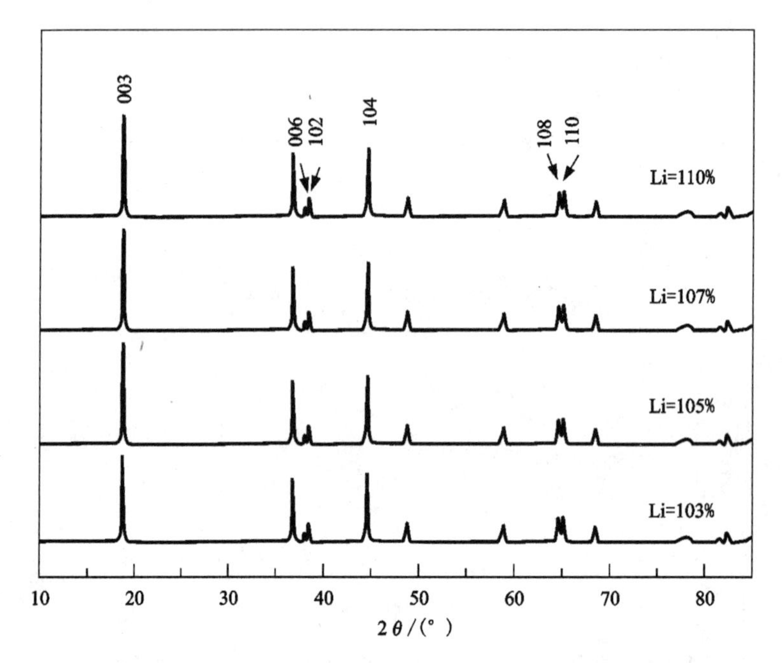

图 4－21　不同掺锂量 $LiNi_{0.8}Co_{0.1}Mn_{0.1}O_2$ 的 XRD 图谱

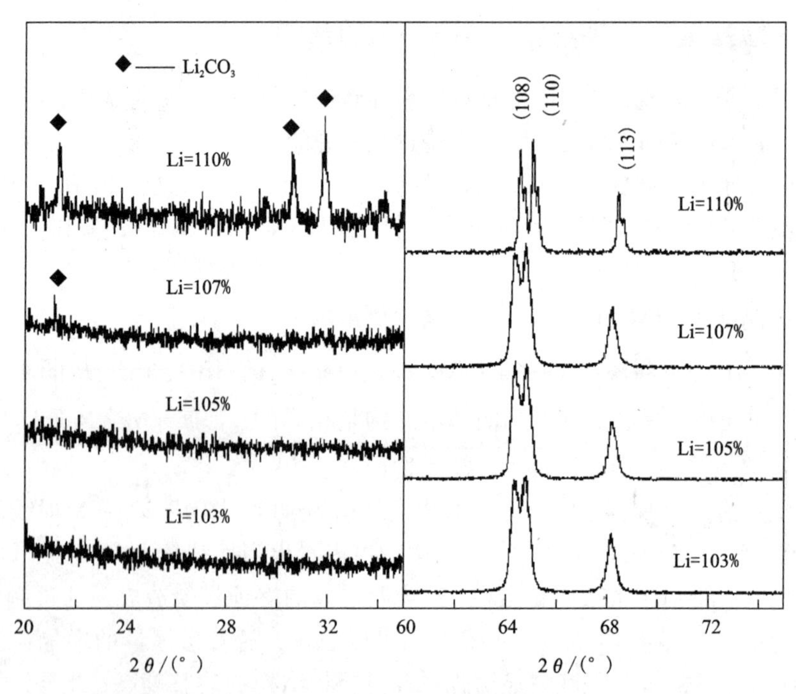

图 4－22　不同掺锂量 $LiNi_{0.8}Co_{0.1}Mn_{0.1}O_2$ 的 XRD 图谱

（衍射角 2θ 范围：20°～34°，60°～75°）

表4-6为通过计算得到各样品的晶格常数及$I_{(003)}/I_{(104)}$值。如表所示，晶格常数a和c及晶胞体积随掺锂量增加而逐渐减小；各样品c/a值均大于4.9，且随掺锂量的增加而逐渐增大，表明各样品都具有较好的层状结构；这与图4-22的分析是一致的。由表4-6可知，随掺锂量从103%增加至105%、107%和110%，$LiNi_{0.8}Co_{0.1}Mn_{0.1}O_2$样品的$I_{(003)}/I_{(104)}$值分别为1.2947、1.4949、1.5226和1.6370，即锂过量抑制了样品的阳离子混排，对提高材料结构的稳定性和电化学性能有益。

表4-6　不同掺锂量的$LiNi_{0.8}Co_{0.1}Mn_{0.1}O_2$的晶格常数

样品	a/Å	c/Å	c/a	V/Å^3	I_{003}/I_{104}
Li=103%	2.8725	14.1996	4.9433	101.47	1.2947
Li=105%	2.8709	14.1994	4.9460	101.28	1.4949
Li=107%	2.8708	14.1985	4.9458	101.19	1.5226
Li=110%	2.8649	14.1820	4.9502	100.81	1.6370

2. 掺锂量对$LiNi_{0.8}Co_{0.1}Mn_{0.1}O_2$形貌的影响

图4-23为不同掺锂量所得$LiNi_{0.8}Co_{0.1}Mn_{0.1}O_2$的SEM图像。由图4-23可

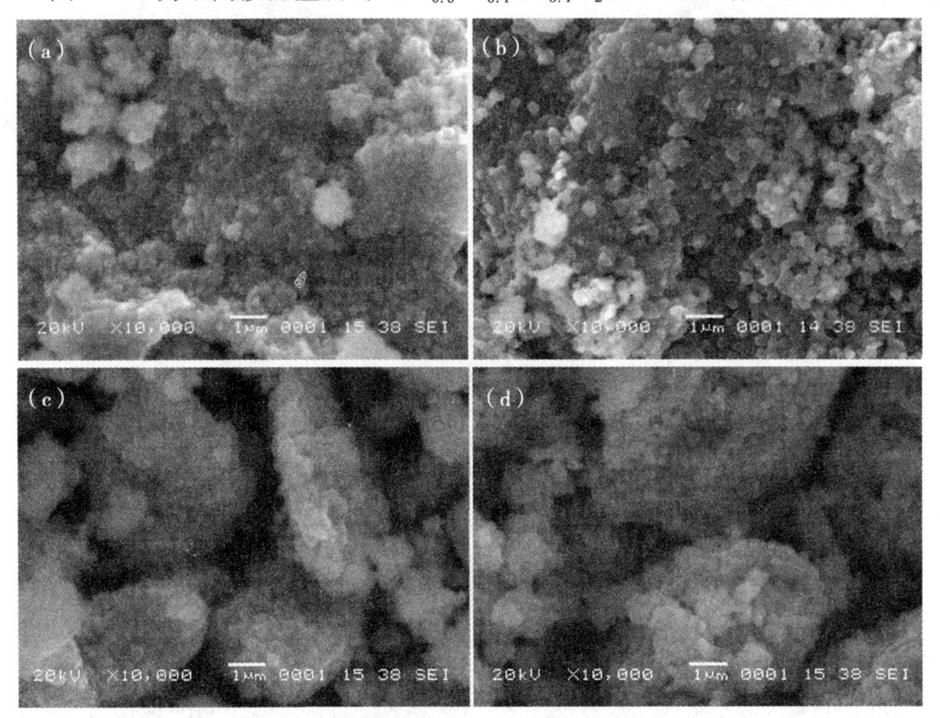

图4-23　不同掺锂量$LiNi_{0.8}Co_{0.1}Mn_{0.1}O_2$的SEM图像

(A) 103%，(B) 105%，(C) 107%，(D) 110%

见，随着掺锂量的增加，所合成的材料颗粒大小变化不大。各样品的颗粒的形状都不是很规则，颗粒间有轻微团聚现象。这说明掺锂量的变化对 $LiNi_{0.8}Co_{0.1}Mn_{0.1}O_2$ 材料的颗粒形貌、粒径没有很大影响。

3. 掺锂量对 $LiNi_{0.8}Co_{0.1}Mn_{0.1}O_2$ 电化学性能的影响

在室温下进行电化学性能测试：采用 18 mA/g(1C = 180 mAh/g)的电流对电池进行充放电，循环电压范围为 2.7 ~ 4.3 V。图 4 - 24 为不同掺锂量条件下制得 $LiNi_{0.8}Co_{0.1}Mn_{0.1}O_2$ 样品的首次充放电曲线图。由图可知，各样品充放电曲线具有相似的特点：在 3.6 ~ 3.8 V 右出现充电平台，主要对应 $Ni^{2+} \rightarrow Ni^{3+}$ 氧化还原反应[211]。掺锂量为 105% 的样品首次放电比容量最高，达到 184.3 mAh/g。掺锂量为 103% 和 107% 的样品首次放电比容量次之，分别为 173.14 mAh/g 和 173.35 mAh/g；掺锂量为 110% 的样品首次放电比容量较差，为 167.6 mAh/g。从首次放电比容量来看，掺锂量为 105% 比较合适。

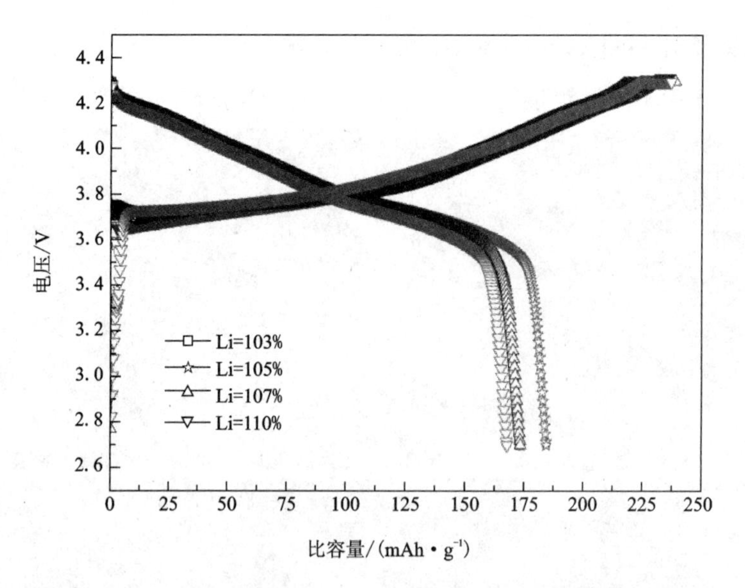

图 4 - 24　不同掺锂量 $LiNi_{0.8}Co_{0.1}Mn_{0.1}O_2$ 的首次充放电曲线图

图 4 - 25 为不同掺锂量条件下所制得样品的循环曲线图。从图 4 - 25 中可以看出掺锂量为 103%、105%、107% 和 110% 下合成的样品经 30 次循环后，放电比容量分别为 139.7 mAh/g、163.03 mAh/g、148.23 mAh/g 和 137.52 mAh/g，容量保持率分别为 80.68%、88.45%、85.5% 和 82.05%。从样品的首次放电比容量及循环性能来看，掺锂量为 105% 时合成的 $LiNi_{0.8}Co_{0.1}Mn_{0.1}O_2$ 样品电化学性能最佳。这是因为掺锂量为 105% 时合成的样品物相单一、晶胞体积小、阳离子混排

程度低；掺锂量为 103% 时合成的样品物相虽也单一，然而材料中阳离子的无序度高；掺锂量为 107% 和 110% 时合成的 $LiNi_{0.8}Co_{0.1}Mn_{0.1}O_2$ 样品晶胞体积较大，且由于存在 Li_2CO_3的杂相，降低了活性物质的组成，影响容量的发挥。

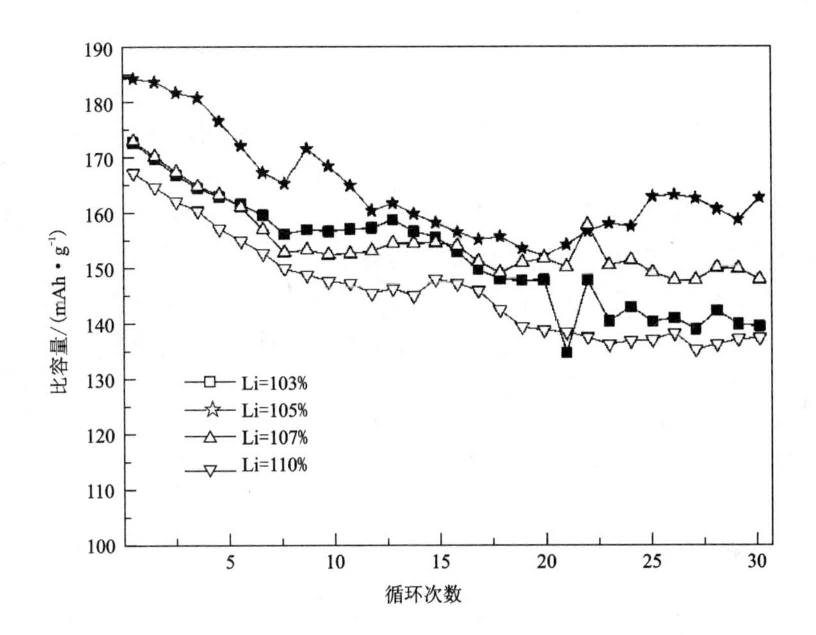

图 4-25　不同掺锂量 $LiNi_{0.8}Co_{0.1}Mn_{0.1}O_2$的循环曲线图

4.5　本章小结

(1) 采用快速沉淀—爆炸成核合成 $Ni_{0.8}Co_{0.1}Mn_{0.1}(OH)_2$前驱体，研究了超快反应时间对所合成前驱体形貌和结构的影响。透射电镜、电子衍射及 XRD 分析发现，反应 1 min 所得样品颗粒分布均匀，粒径为 70 nm 左右，为纯相纳米晶结构。随反应时间增加，各前驱体一次颗粒粒径逐渐增大，团聚逐渐严重，部分样品出现了 $\alpha-Ni(OH)_2$的杂相。

(2) 以前面得到的前驱体为原料，与锂盐混合，经热处理合成 $LiNi_{0.8}Co_{0.1}Mn_{0.1}O_2$材料。研究发现，随反应时间的减少，各样品的颗粒粒径变小，团聚程度降低，Li^+占位率不断提高，电化学性能也得到明显提升。其中，反应 1 min样品性能最佳，在 0.1C、1C、2C、3C、5C 和 10C 下，首次放电容量分别为 192.4 mAh/g、148.9 mAh/g、140.0 mAh/g、131.3 mAh/g、123.1 mAh/g 和 103.7 mAh/g，在 0.1C 循环 40 次后，容量保持率为 91.56%，CV 测试表明该样品的锂离子在嵌入/脱出过程具有较好的可逆性。因此，快速沉淀—热处理法有利于合成纯相纳米晶型 $Ni_{0.8}Co_{0.1}Mn_{0.1}(OH)_2$前驱体，利用纳米晶良好的导热性及扩散能力，经热处理可进一步制备结晶良好、锂镍混排少、电化学性能优良的纳米级 $Li(Ni_{0.8}Co_{0.1}Mn_{0.1})O_2$材料。

（3）系统考察了 pH、焙烧温度和掺锂量对制备 $LiNi_{0.8}Co_{0.1}Mn_{0.1}O_2$的晶体结构、表面形貌及电化学性能的影响。结果表明：

随反应 pH 的增加，前驱体中 Ni、Co、Mn 沉淀率分别呈现不同的变化规律，但 Ni、Co、Mn 总含量逐渐增加；各样品二次颗粒尺寸和团聚程度呈逐步增大的趋势；阳离子混排程度先降低后微量增加；电化学性能则先变好后恶化；当 pH11.5 时，制备的 $LiNi_{0.8}Co_{0.1}Mn_{0.1}O_2$性能最优越。

随焙烧温度的增加，颗粒的一次晶粒长大，团聚和结块逐渐严重；温度过低，晶体生长尚不完全，温度过高容易引起锂的挥发；当温度为 750℃ 时，制备的 $LiNi_{0.8}Co_{0.1}Mn_{0.1}O_2$电化学性能最佳。

随掺锂量的增加，材料的层状结构愈加完整，晶胞体积和阳离子混排程度均减小；表面形貌变化不大；但掺锂量过高会产生 Li_2CO_3杂质相；当掺锂量为 105% 时材料性能最好。

（4）快速沉淀—热处理法法简单可行，并且反应时间超快，适用于制备高性能 $LiNi_{0.8}Co_{0.1}Mn_{0.1}O_2$材料。

第5章 $LiNi_{0.8}Co_{0.1}Mn_{0.1}O_2$ 掺杂改性与机理研究

5.1 引言

根据文献报道[126, 150]及第4章的研究，我们发现$LiNi_{0.8}Co_{0.1}Mn_{0.1}O_2$材料仍存在锂镍混排、不可逆相变及充电态$Ni^{4+}$易与电解质发生氧化反应等问题，导致其首次充放电效率较低，倍率性能不高，循环性能和安全性较差。目前主要的改进方法有：①通过体相掺杂稳定结构；②优化合成工艺，制备纳米级$LiNi_{0.8}Co_{0.1}Mn_{0.1}O_2$以缩短$Li^+$的扩散路径；③在$LiNi_{0.8}Co_{0.1}Mn_{0.1}O_2$表面包覆，抑制电解质与材料界面的反应[148-151]。

目前，掺杂是提高$LiNi_xCo_yMn_zO_2$电化学性能最有效的方法，不同掺杂离子，所产生的效果各不相同。T. Ohzuku等人的研究表明，Al取代$LiNiO_2$材料中的Ni能提高材料的结构稳定性[129]。J. Xiang等人在$LiNi_{0.8}Co_{0.2}O_2$材料中掺杂少量Mg，结果材料的充放电效率和循环性能都有较明显的提高，这种性能的改进被归因为Mg占据Li位形成缺陷和空位，造成嵌入/脱出过程中阻抗的减小[133]。Y. Sun等通过共沉淀方法，用Cr取代Co得到$LiNi_{0.35}Co_{0.3-x}Cr_xMn_{0.35}O_2$材料，研究发现通过Cr掺杂，材料的初始放电容量有少量降低，但其循环性能有所改善[134]。D. Liu等对比了Fe和Al掺杂$LiNi_{1/3}Co_{1/3}Mn_{1/3}O_2$，他们发现材料的晶格常数和电压平台随着掺杂量的变化而发生改变。另外他们还发现少量的Al掺杂能提高材料的结构稳定性，而Fe掺杂没有对材料的结构稳定性产生影响[135]。由于$LiNi_{0.8}Co_{0.1}Mn_{0.1}O_2$的研究才刚刚开始，目前有关$LiNi_{0.8}Co_{0.1}Mn_{0.1}O_2$掺杂改性的文献报道还比较少，而红土镍矿中又存在多种杂质元素如Fe、Ca、Mg、Al、Cr等，因此，研究红土镍矿中各杂质元素对$LiNi_{0.8}Co_{0.1}Mn_{0.1}O_2$材料结构和电化学性能的影响变得尤为紧迫。

本章较为系统地研究了Fe、Ca、Mg、Al、Cr单元素掺杂以及Mg、Cr共掺杂对$LiNi_{0.8}Co_{0.1}Mn_{0.1}O_2$的影响规律，找出最佳掺杂元素为Cr。并系统深入地研究了Cr掺杂$LiNi_{0.8}Co_{0.1}Mn_{0.1}O_2$的机理，阐明其微观结构，晶粒表层的离子状态与电化学性能之间的关系，为推动红土镍矿的综合利用及$LiNi_{0.8}Co_{0.1}Mn_{0.1}O_2$的产业化提供参考数据。

5.2 实验

5.2.1 实验原料

实验用化学试剂如表 5 -1 所示。

表 5 -1 实验用化学试剂

名称	化学式	纯度
氢氧化钠	NaOH	工业级
氯化钴	$CoCl_2 \cdot 6H_2O$	分析纯
氯化镍	$NiCl_2 \cdot 6H_2O$	分析纯
氯化锰	$MnCl_2 \cdot 4H_2O$	分析纯
氯化铁	$FeCl_3$	分析纯
氯化钙	$CaCl_2$	分析纯
氯化镁	$MgCl_2$	分析纯
氯化铝	$AlCl_3$	分析纯
氯化铬	$CrCl_3$	分析纯
双氧水	H_2O_2	分析纯
氢氧化锂	$LiOH \cdot H_2O$	分析纯
聚偏二氟乙烯	PVDF	电池级
电解液	$LiPF_6$/EC + DMC	电池级
国产炭黑	C_6	分析纯
N—甲基吡咯烷酮	NMP	99.9%
金属锂	Li	电池级

5.2.2 实验设备

实验用仪器如表 5 -2 所示。

表 5 -2 实验用仪器

仪器	型号	厂家
定时电动搅拌器	DJ -1	江苏大地自动化仪器厂
精密 pH 计	PHS -2F	上海精密科学仪器有限公司
精密电子恒温水浴槽	HHS -11 -4	上海金桥科析仪器厂
三口圆底烧瓶		泰州博美玻璃仪器厂
真空抽滤机	204VF	郑州杜甫仪器厂
管式电阻炉	KSW -4D -10	长沙实验电炉厂
真空干燥箱	DZF -6051	上海益恒实验仪器有限公司
鼓风干燥箱	DHG -9023A	上海精宏实验设备有限公司
真空厌水厌氧手套箱	ZKX -4B	南京大学设备厂
电化学工作站	CHI660A	上海辰华公司
电池测试系统	BTS -51	新威尔电子设备有限公司

5.2.3 快速沉淀—热处理法制备 M 掺杂 $LiNi_{0.8}Co_{0.1}Mn_{0.1}O_2$

本实验采用快速沉淀—热处理法制备 M(M 分别为 Fe、Ca、Mg、Al、Cr 和 Mg + Cr)掺杂锂离子电池正极材料 $LiNi_{0.8}Co_{0.1}Mn_{0.1}O_2$。①将 $NiCl_2 \cdot 6H_2O$、$CoCl_2 \cdot 6H_2O$、$MnCl_2 \cdot 4H_2O$和 M 按照摩尔比为$(8-x):1:1:x$配成总金属浓度为 2 mol/L 的水溶液；②将配成的溶液在 50 ℃的恒温水浴锅中，在 Ar 保护气体下，将 $NH_3 \cdot H_2O$ (2M) 和 NaOH (2M)快速加入到溶液中，并控制 pH 分别稳定在 11.00、11.30、11.50、11.80、12.00；③充分搅拌，反应 1 min 后过滤；④滤渣用 pH 10～11 的 NaOH 水溶液洗涤三次，然后置于 80℃烘箱中干燥 24 h。

按照化学当量配比，称取 $LiOH \cdot H_2O$，并将其与 $Ni_{0.8}Co_{0.1}Mn_{0.1}(OH)_2$前驱体置于研钵中研磨 40 min，充分混合均匀。将混合物置于管式炉中，在氧气气氛下进行烧结制备出 $LiNi_{0.8}Co_{0.1}Mn_{0.1}O_2$正极材料。

5.2.4 材料物理性能的表征

1. XPS 分析

X 射线光电子能谱分析是一种研究物质表层元素组成和离子状态的表面分析技术，其基本原理是用 X 射线照射样品，使样品中原子或分子的电子受激发射，然后测量这些电子的能量分布。通过与已知元素的原子或离子的不同壳层的电子的能量相比较，就可确定未知样品表面层中原子或离子的组成和状态。一般认为，表层的有效探测深度为在 10 nm 左右。此外，如果采用深度剖析技术(如离子溅射)，则可以对样品进行深度分析。根据激发源的不同和测量参数的差别，常用的其他电子能谱分析有俄歇电子能谱分析(AES)和紫外光电子能谱分析(UPS)。它除了能对许多元素进行定性分析外，也可以进行定量或半定量分析，特别适合分析原子的价态和化合物的结构。

本书中使用的能谱仪型号为 PHI Quantum 2000 Scanning ESCA Microprobe。X 射线源为单色化 AlKα，能量为 1486.6ev 电压为 15kv，功率：25w，束斑直径为 100 um，光电子出射角为 45°。仪器分析室基础真空度为 5×10^{-8} Pa，XPS 收谱时真空度为 5×10^{-7} Pa。

2. XRD 衍射分析

样品的物相分析测试方法同 2.2.4。

3. 元素分析

样品的元素分析测试方法同 2.2.4。

4. SEM 形貌分析

样品的表面形貌分析测试方法同 3.2.5。

5. TEM 形貌分析

样品的 TEM 分析测试方法同 3.2.5。

6. EDS 分析

样品的 EDS 分析测试方法同 3.2.5。

5.2.5 电化学性能测试

样品的电化学测试方法同 3.2.6。

5.3 Fe、Ca、Mg、Al 单掺杂$LiNi_{0.8}Co_{0.1}Mn_{0.1}O_2$的研究

5.3.1 $LiNi_{0.8}Co_{0.1-x}Mn_{0.1}Fe_xO_2$样品的结构与性能

Y. Meng 等人的研究显示，Fe 取代 $LiNi_{1/3}Co_{1/3}Mn_{1/3}O_2$ 中的 Co 能降低材料的脱锂电势，增强晶体结构的稳定性[213]。D. Liu 等人也研究了 Fe 掺杂 $LiNi_{1/3}Co_{1/3}Mn_{1/3}O_2$，他们发现材料的晶格常数和电压平台随着掺杂量的变化而发生改变，而 Fe 掺杂没有对材料的结构稳定性产生影响[212]。有关 $LiNi_{0.8}Co_{0.1}Mn_{0.1}O_2$ 掺 Fe 的研究则尚未见报道。

实验控制前驱体反应时间 1 min、pH 11.5、掺锂量 1.05、在氧气气氛下 480℃ 预烧 5 h 后升温至 750℃ 烧结 15 h，考察不同 Fe^{3+} 离子含量（$x=0$、0.01、0.02和 0.03）对 $LiNi_{0.8}Co_{0.1-x}Mn_{0.1}Fe_xO_2$的影响。

1. Fe 掺杂对 $LiNi_{0.8}Co_{0.1}Mn_{0.1}O_2$结构的影响

图 5-1 为 $LiNi_{0.8}Co_{0.1-x}Mn_{0.1}Fe_xO_2$（$x=0$、0.01、0.02 和 0.03）的 XRD 图谱。从图中可以看出，不同 Fe^{3+} 离子含量样品的基本结构是相同的，都属于 $\alpha-NaFeO_2$层状结构，$R\bar{3}M$ 空间群，各峰值符合六方晶系特征，没有杂质峰出现，说明 Fe^{3+} 已完全进入晶格中。随着 Fe^{3+} 离子含量的增加，各样品(006)/(102)峰、(108)/(110)峰的分裂程度明显减弱，这说明样品的层状结构遭到了破坏。

表 5-3 为通过计算得到各样品的晶格常数及 $I_{(003)}/I_{(104)}$ 值。与未掺杂的样品相比较，Fe 掺杂样品的晶格常数 a 和 c 及晶胞体积随掺杂量的增加而逐渐增大；这是因为 Fe^{3+}(0.55Å) 的离子半径要略大于 Co^{3+}(0.545Å) 的离子半径[210]，引起晶格常数的增大。各样品 c/a 值均大于 4.9，且随掺 Fe 量的增加而逐渐降低，表明各样品的层状结构发育逐渐变差，这与图 5-1 的分析是一致的。由表 5-3 还可知，随掺 Fe 量从 0 增加至 0.01、0.02 和 0.03，反映层状结构有序性的 $I_{(003)}/I_{(104)}$ 值分别为 1.5237、1.2674、1.0915 和 0.9938，说明样品的阳离子混排程度加剧。

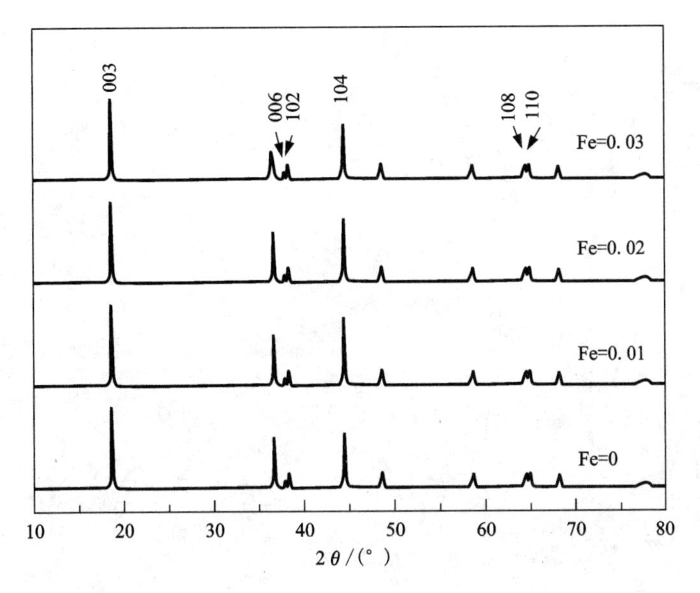

图 5－1　$LiNi_{0.8}Co_{0.1-x}Mn_{0.1}Fe_xO_2$的 XRD 图谱

表 5－3　$LiNi_{0.8}Co_{0.1-x}Mn_{0.1}Fe_xO_2$的晶格常数和 I_{003}/I_{104} 值

样品	a/Å	c/Å	$V_{hex.}$/Å^3	c/a	I_{003}/I_{104}
Fe＝0	2.8720	14.1979	101.42	4.94356	1.5237
Fe＝0.01	2.8766	14.2239	101.93	4.94469	1.2674
Fe＝0.02	2.8780	14.2154	101.97	4.93933	1.0915
Fe＝0.03	2.8831	14.1960	102.19	4.92387	0.9938

2. Fe 掺杂对 $LiNi_{0.8}Co_{0.1}Mn_{0.1}O_2$形貌的影响

图 5－2 为 $LiNi_{0.8}Co_{0.1-x}Mn_{0.1}Fe_xO_2$（x＝0、0.01、0.02 和 0.03）的 SEM 图像。由图 5－2 可以看出，随着掺杂量从 0 增加到 0.03，样品一次颗粒大小变化不明显，平均直径 100～400 nm；然而，各样品一次颗粒的团聚程度随掺杂量的增加呈增大的趋势，其中掺 Fe 量为 0.02 和 0.03 的样品可以明显观察到结块现象。团聚的加剧不利于锂离子在固相中的扩散，团聚物中心的活性物质难以得到有效利用，造成容量的损失。因此从合成样品颗粒的表面形貌来看，Fe 掺杂没有对 $LiNi_{0.8}Co_{0.1}Mn_{0.1}O_2$材料形貌起到改善作用。

3. Fe 掺杂对 $LiNi_{0.8}Co_{0.1}Mn_{0.1}O_2$ 电化学性能的影响

在室温下进行电化学性能测试：采用 18 mAh/g(1C＝180 mAh/g)的电流对电池

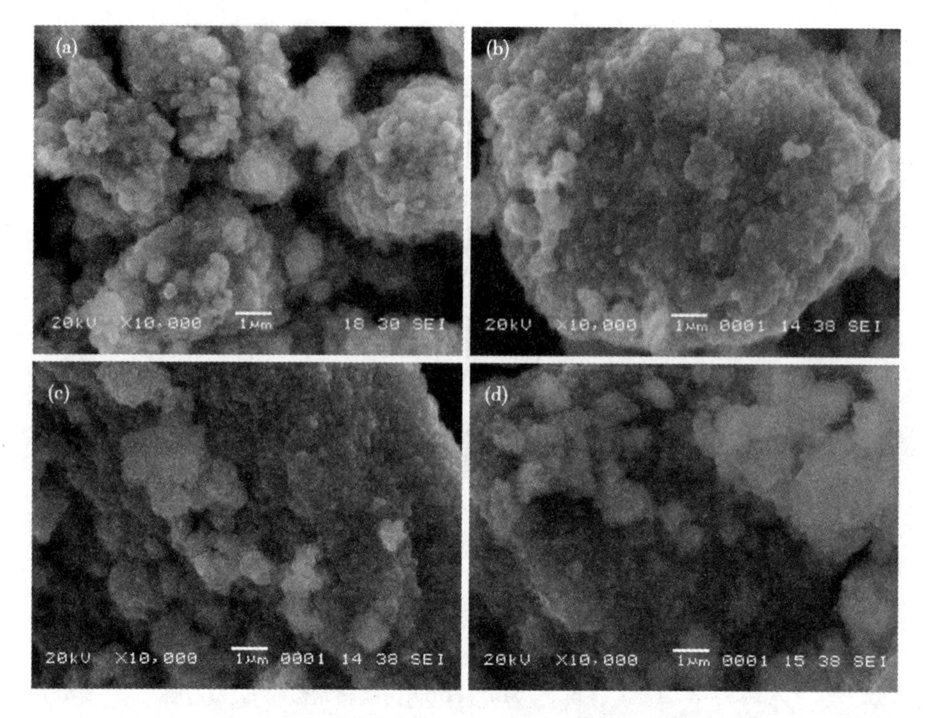

图 5－2　$LiNi_{0.8}Co_{0.1-x}Mn_{0.1}Fe_xO_2$的 SEM 图像

进行充放电，循环电压范围为 2.7～4.3 V。图 5－3 为 $LiNi_{0.8}Co_{0.1-x}Mn_{0.1}Fe_xO_2$（$x=0$、0.01、0.02 和 0.03）的首次充放电曲线图。由图可知，掺 Fe 后样品的首次充电曲线上升斜率要比未掺 Fe 样品大，放电曲线的电压平台也相对较低，充放电曲线的交叉点前移，说明电池极化加剧。其中，未掺 Fe 样品的首次充放电容量分别为 254.9 mAh/g 和 192.4 mAh/g，首次充放电效率为 75.5%。随着掺 Fe 量从 0.01 增加至 0.02 和 0.03，材料的首次放电容量和充放电效率依次衰减，分别为 155.0 mAh/g、138.0 mAh/g 和 115.0 mAh/g；首次充放电效率分别为 69.6%、64.4% 和 60.1%。因此，未掺 Fe 样品的容量和充放电效率最高。

图 5－4 为 $LiNi_{0.8}Co_{0.1-x}Mn_{0.1}Fe_xO_2$（$x=0$、0.01、0.02 和 0.03）在 0.1C 倍率下的循环曲线图。从图中可以看出，各样品放电容量在前几个循环衰减较快，在之后的循环中保持相对稳定；经 40 次循环后，容量保持率分别为 93.6%、59.7%、59.6% 和 39.1%。显然，未掺 Fe 样品的循环性能最好。

从样品的首次充放电比容量、充放电效率以及循环性能来看，未掺 Fe 的 $LiNi_{0.8}Co_{0.1}Mn_{0.1}O_2$样品电化学性能最优，随着掺 Fe 量的增加，材料的电化学性能迅速恶化。其原因一方面是因为 Fe 掺杂加剧了阳离子混排程度；另一方面是因为掺 Fe 后，样品一次颗粒团聚严重，甚至成块状，不利于锂离子的扩散，恶化了其

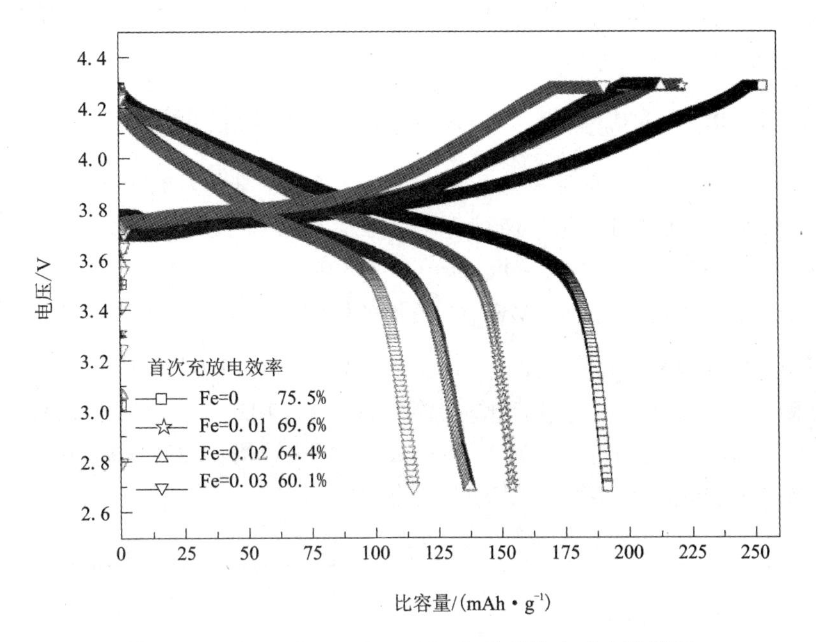

图 5－3　$LiNi_{0.8}Co_{0.1-x}Mn_{0.1}Fe_xO_2$的首次充放电曲线图

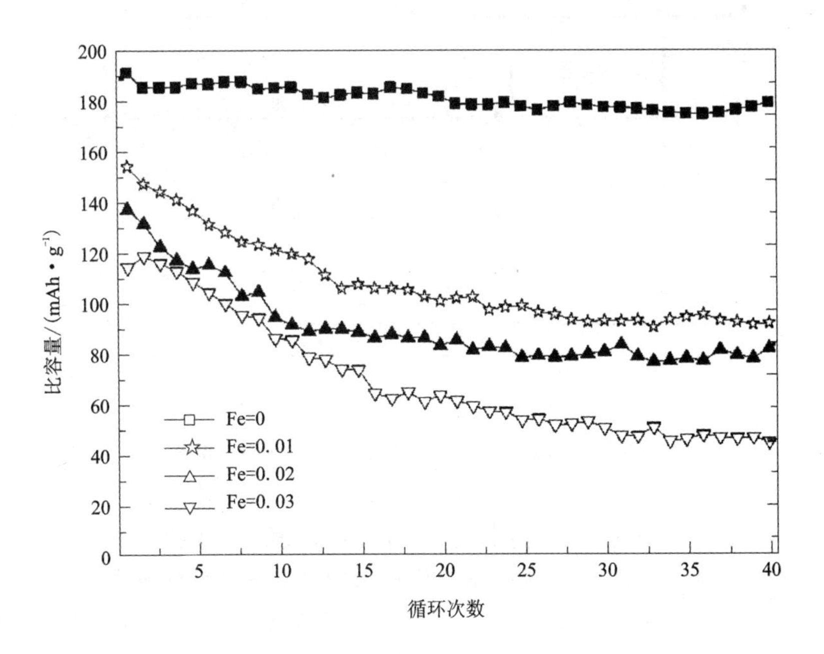

图 5－4　$LiNi_{0.8}Co_{0.1-x}Mn_{0.1}Fe_xO_2$的循环曲线图

电化学性能。因此，在后续直接从红土镍矿制备 $LiNi_{0.8}Co_{0.1}Mn_{0.1}O_2$ 的研究中，应将 Fe 完全除去。

5.3.2 $LiNi_{0.8-x}Co_{0.1}Mn_{0.1}Ca_xO_2$ 样品的结构与性能

实验控制前驱体反应时间为 1 min、pH 11.5、掺锂量为 1.05、在氧气气氛下 480℃预烧 5 h 后升温至 750℃烧结 15 h，考察不同 Ca^{2+} 离子含量（x = 0、0.01、0.02 和 0.03）对 $LiNi_{0.8-x}Co_{0.1}Mn_{0.1}Ca_xO_2$ 的影响。

1. Ca 掺杂对 $LiNi_{0.8}Co_{0.1}Mn_{0.1}O_2$ 结构的影响

图 5-5 为 $LiNi_{0.8-x}Co_{0.1}Mn_{0.1}Ca_xO_2$（$x$ = 0、0.01、0.02 和 0.03）的 XRD 图谱。从图中可以看出，各衍射峰比较尖锐，(006)/(102)、(108)/(110)两组特征峰都分裂明显，合成的材料都属于 $\alpha-NaFeO_2$ 层状结构，$R\bar{3}M$ 空间群，层状结构发育良好，掺杂后样品 XRD 图谱中没有杂质峰出现。

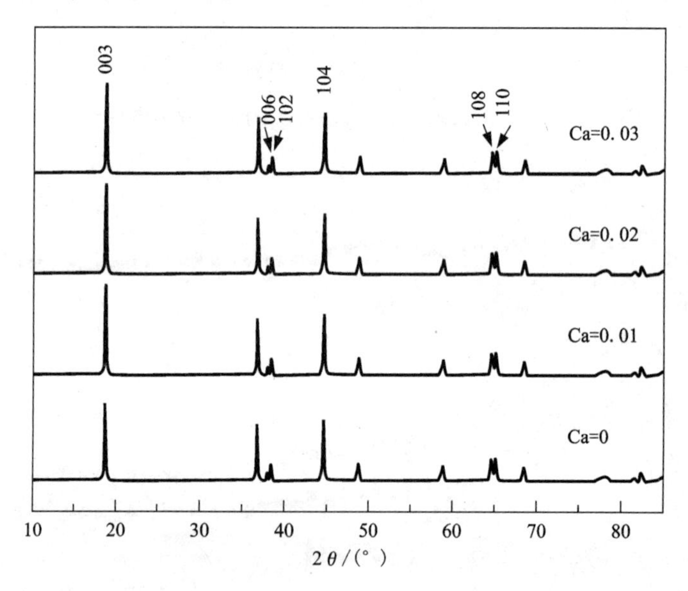

图 5-5 $LiNi_{0.8-x}Co_{0.1}Mn_{0.1}Ca_xO_2$ 的 XRD 图谱

表 5-4 列出了各样品的晶格常数及 $I_{(003)}/I_{(104)}$ 值。与未掺杂的样品相比较，Ca 掺杂样品的晶格常数 a 和 c 及晶胞体积随掺杂量的增加变化不大。各样品 c/a 值均大于理想的立方密堆积结构的 c/a 值 4.9，且随掺 Ca 量的增加表现出逐渐增大的趋势，同样表明各样品具有良好的层状结构。由表 5-4 还可知，随掺 Ca 量从 0 增加至 0.01、0.02 和 0.03，反映层状结构有序性的 $I_{(003)}/I_{(104)}$ 值分别为 1.5237、1.7337、1.7159 和 1.5913，说明样品的阳离子混排现象可能得到了抑

制，其中 Ca^{2+} 离子含量为 0.01 时结构最好。

表 5－4　$LiNi_{0.8-x}Co_{0.1}Mn_{0.1}Ca_xO_2$的晶格常数和 I_{003}/I_{104} 值

样品	a/Å	c/Å	$V_{hex.}$/Å^3	c/a	I_{003}/I_{104}
Ca＝0	2.8720	14.1979	101.42	4.94356	1.5237
Ca＝0.01	2.8651	14.1944	100.91	4.94017	1.7337
Ca＝0.02	2.8681	14.1953	101.13	4.94937	1.7159
Ca＝0.03	2.8665	14.1942	101.01	4.95175	1.5913

2. Ca 掺杂对 $LiNi_{0.8}Co_{0.1}Mn_{0.1}O_2$形貌的影响

图 5－6 为 $LiNi_{0.8-x}Co_{0.1}Mn_{0.1}Ca_xO_2$（$x$＝0、0.01、0.02 和 0.03）的 SEM 图像。由图 5－6 可以看出，在相同的工艺条件下，随着掺杂量从 0 增加到0.03，样品一次颗粒大小变化不明显，平均直径在 100～400 nm。各样品颗粒分布较均匀，团聚程度随掺杂量的增加有所减弱。团聚的减弱有利于锂离子在固相中的扩散，从合成样品颗粒的表面形貌来看，Ca 掺杂对 $LiNi_{0.8}Co_{0.1}Mn_{0.1}O_2$材料形貌起到改善作用。

图 5－6　$LiNi_{0.8-x}Co_{0.1}Mn_{0.1}Ca_xO_2$的 SEM 图像

3. Ca 掺杂对 $LiNi_{0.8}Co_{0.1}Mn_{0.1}O_2$ 电化学性能的影响

在室温下进行电化学性能测试：采用 18 mA/g(1C = 180 mAh/g) 的电流对电池进行充放电，循环电压范围为 2.7 ~ 4.3 V。图 5 - 7 为 $LiNi_{0.8-x}Co_{0.1}Mn_{0.1}Ca_xO_2$($x$ = 0、0.01、0.02和0.03）的首次充放电曲线图。由图可知，未掺 Ca 样品的首次充放电容量分别为254.9 mAh/g 和 192.4 mAh/g，首次充放电效率为 75.5%。随着掺 Ca 量从 0.01 增加至 0.02 和 0.03，材料的首次放电容量依次衰减，分别为163.6 mAh/g、160.6 mAh/g 和 150.1 mAh/g；首次充放电效率先升高后降低，分别为 76.1%、72.9% 和 59.1%。因此，未掺 Ca 样品的容量最高，而 Ca^{2+} 离子含量为 0.01 时首次充放电效率最高。

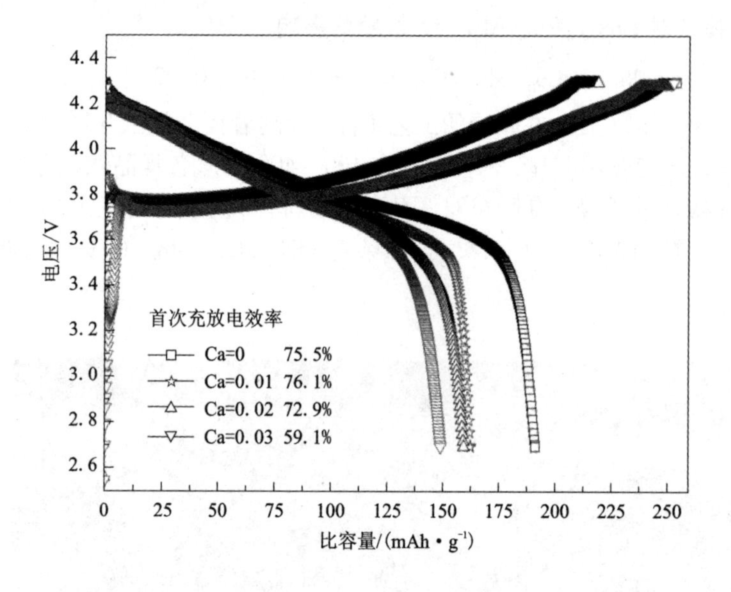

图 5 - 7 $LiNi_{0.8-x}Co_{0.1}Mn_{0.1}Ca_xO_2$ 的首次充放电曲线图

图 5 - 8 为 $LiNi_{0.8-x}Co_{0.1}Mn_{0.1}Ca_xO_2$($x$ = 0、0.01、0.02 和 0.03）在 0.1C 倍率下的循环曲线图。从图中可以看出，各样品经 40 次循环后，容量保持率分别为 93.6%、88.8%、73.7% 和 71.4%。显然，未掺 Ca 样品的循环性能最好。

从样品的首次充放电效率来看，Ca^{2+} 离子含量为 0.01 时效率最高，未掺杂和 Ca^{2+} 离子含量 0.02 的样品次之，Ca^{2+} 离子含量为 0.03 的样品效率较低，这与表 5 - 4的分析是一致的，即微量的 Ca 掺杂能抑制材料的阳离子混排。从样品的首次充放电比容量和循环性能看，未掺 Ca 的 $LiNi_{0.8}Co_{0.1}Mn_{0.1}O_2$ 样品电化学性能最优，随着掺 Ca 量的增加，材料的电化学性能逐渐恶化。其原因一方面是因为 Ca^{2+} 没有电化学活性，降低了材料中的活性物质组成；另一方面是因为掺 Ca 后

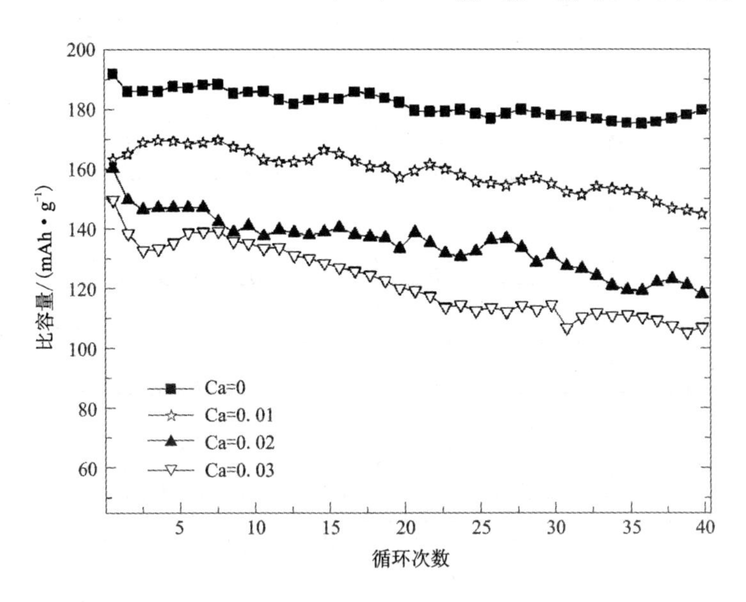

图 5-8　$LiNi_{0.8-x}Co_{0.1}Mn_{0.1}Ca_xO_2$的循环曲线图

材料的晶胞体积没有增加，而 Ca^{2+} 的离子半径较大(1.00Å)[210]，可能堵塞锂离子扩散的路径，恶化材料的电化学性能。因此，在后续直接从红土镍矿制备 $LiNi_{0.8}Co_{0.1}Mn_{0.1}O_2$的研究中，应将 Ca 完全除去。

5.3.3　$LiNi_{0.8-x}Co_{0.1}Mn_{0.1}Mg_xO_2$样品的结构与性能

实验控制前驱体反应时间 1 min、pH 11.5、掺锂量 1.05、在氧气气氛下 480℃预烧 5 h 后升温至 750℃烧结 15 h，考察不同 Mg^{2+} 离子含量（x = 0、0.01、0.02 和 0.03）对 $LiNi_{0.8-x}Co_{0.1}Mn_{0.1}Mg_xO_2$的影响。

1. Mg 掺杂对 $LiNi_{0.8}Co_{0.1}Mn_{0.1}O_2$结构的影响

图 5-9 为 $LiNi_{0.8-x}Co_{0.1}Mn_{0.1}Mg_xO_2$（$x$ = 0、0.01、0.02 和 0.03）的 XRD 图谱。从图中可以看出，不同 Mg^{2+} 离子含量样品的基本结构是相同的，都属于 $\alpha-NaFeO_2$层状结构，$R\bar{3}M$ 空间群；各峰值符合六方晶系特征，没有杂质峰出现，说明 Mg^{2+} 已完全进入晶格中。随着掺 Mg 量的增加，各衍射峰比较尖锐，(006)/(102)、(108)/(110)两组特征峰都分裂明显，层状结构发育良好。

表 5-5 列出了各样品的晶格常数及 $I_{(003)}/I_{(104)}$ 值。与未掺杂的样品相比较，Mg 掺杂样品的晶格常数 a 和 c 及晶胞体积随掺杂量的增加先减小后逐渐增大，与文献报道一致[151]。这是因为 Mg^{2+} 与 Li^+ 的离子半径比较接近，当掺 Mg 量较低时，Mg^{2+} 更倾向于占据 Li 位，产生 Li^+ 空位，导致晶胞体积的减小。当掺 Mg 量较

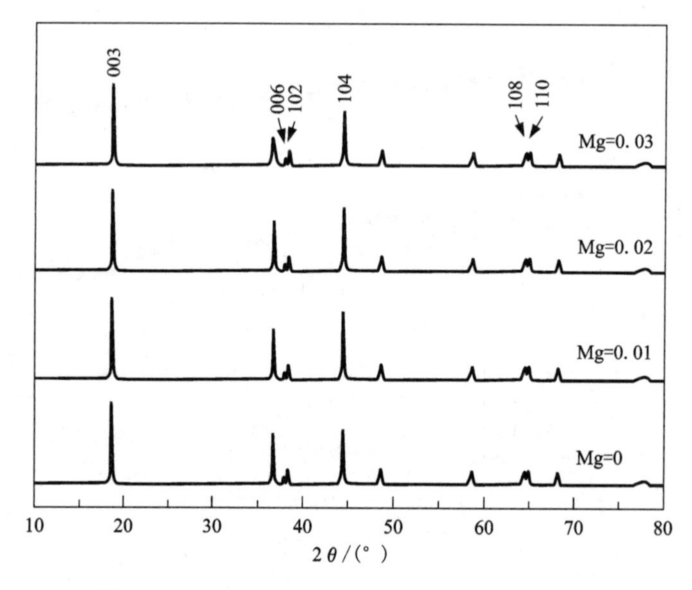

图 5－9　$LiNi_{0.8-x}Co_{0.1}Mn_{0.1}Mg_xO_2$的 XRD 图谱

高时，Mg^{2+}在 Li 位和过渡金属位共存，Mg^{2+}(0.72Å)的离子半径大于被取代的 $Ni^{2+/3+}$(0.69Å 和0.56 Å)，又导致晶胞体积的增大[210]。各样品 c/a 值均大于理想的立方密堆积结构的 c/a 值 4.9，表明各样品具有良好的层状结构。由表 5－5 还可知，随掺 Mg 量从 0 增加至 0.01、0.02 和 0.03，反映层状结构有序性的 $I_{(003)}/I_{(104)}$值分别为 1.5237、1.5322、1.6084 和 1.6545，说明样品的阳离子混排现象得到抑制，这可能是由于部分 Mg^{2+} 占据 Li 位，抑制了镍的混排，有利于材料结构的稳定。

表 5－5　$LiNi_{0.8-x}Co_{0.1}Mn_{0.1}Mg_xO_2$的晶格常数和 I_{003}/I_{104}值

样品	a/Å	c/Å	$V_{hex.}$/Å^3	c/a	I_{003}/I_{104}
Mg＝0	2.8720	14.1979	101.42	4.94356	1.5237
Mg＝0.01	2.8701	14.1435	100.90	4.92788	1.5322
Mg＝0.02	2.8675	14.2333	101.35	4.96366	1.6084
Mg＝0.03	2.8717	14.2468	101.75	4.96110	1.6545

2. Mg 掺杂对 $LiNi_{0.8}Co_{0.1}Mn_{0.1}O_2$形貌的影响

图 5－10 为 $LiNi_{0.8-x}Co_{0.1}Mn_{0.1}Mg_xO_2$($x$＝0、0.01、0.02 和 0.03) 的 SEM 图

像。由图5-10可以看出，随着掺Mg量从0增加到0.03，所合成的材料颗粒大小变化不大。各样品的颗粒的形状都不是很规则，颗粒间有轻微团聚现象。这说明掺Mg量的变化对$LiNi_{0.8}Co_{0.1}Mn_{0.1}O_2$材料的颗粒形貌、粒径没有很大影响。

图5-10　$LiNi_{0.8-x}Co_{0.1}Mn_{0.1}Mg_xO_2$的SEM图像

(a)$x=0$，(b)$x=0.01$，(c)$x=0.02$，(d)$x=0.03$

3. Mg掺杂对$LiNi_{0.8}Co_{0.1}Mn_{0.1}O_2$电化学性能的影响

采用18 mAh/g(1C=180 mA/g)的电流对电池进行充放电，循环电压范围为2.7~4.3 V。图5-11为$LiNi_{0.8-x}Co_{0.1}Mn_{0.1}Mg_xO_2$($x=0$、0.01、0.02和0.03)的首次充放电曲线图。由图可知，未掺杂样品的首次充放电容量分别为254.9 mAh/g和192.4 mAh/g，首次充放电效率为75.5%。随着掺Mg量从0.01增加至0.02和0.03，材料的首次放电容量逐渐衰减，分别为182.0 mAh/g、175.3 mAh/g和166.5 mAh/g；首次充放电效率则逐渐提高，分别为77.8%、78.1%和77.7%。因此，未掺杂样品的容量最高，而Mg^{2+}离子含量为0.02时首次充放电效率最优。

图5-12为$LiNi_{0.8-x}Co_{0.1}Mn_{0.1}Mg_xO_2$($x=0$、0.01、0.02和0.03)在0.1C倍率下的循环曲线图。从图中可以看出，各样品经40次循环后，容量保持率分别为93.6%、88.4%、90.1%和88.3%。因此，各样品的循环性能较接近，其中未掺杂的样品最好。

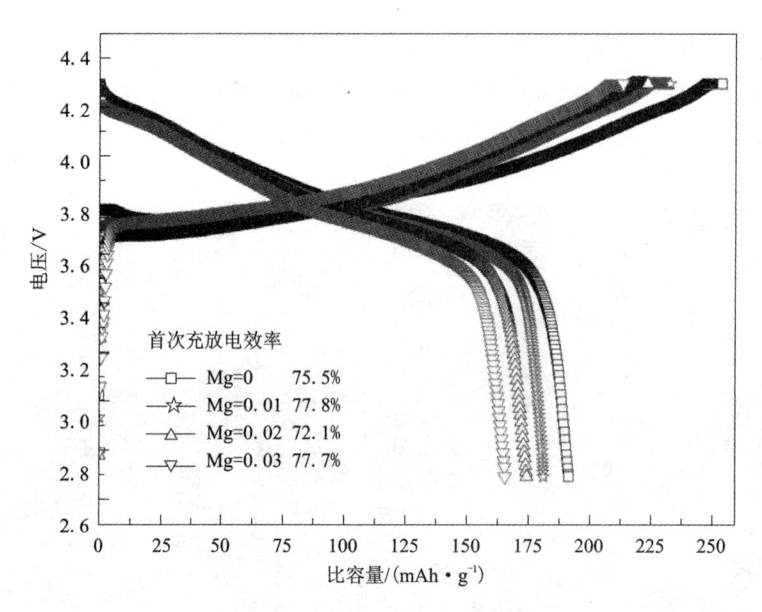

图 5-11 $LiNi_{0.8-x}Co_{0.1}Mn_{0.1}Mg_xO_2$的首次充放电曲线图

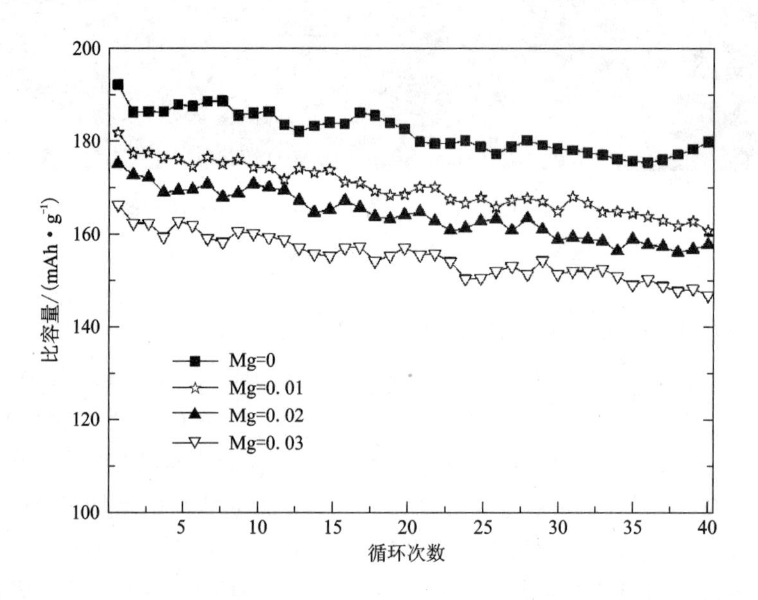

图 5-12 $LiNi_{0.8-x}Co_{0.1}Mn_{0.1}Mg_xO_2$的循环曲线图

从样品的首次充放电比容量、充放电效率以及循环性能来看，未掺杂的$LiNi_{0.8}Co_{0.1}Mn_{0.1}O_2$样品电化学性能最优。随着掺 Mg 量的增加，材料的首次放电容量逐渐降低，循环性能稳定，首次充放电效率则有所改善，与表 5-5 的分析是一致的。材料容量降低是因为 Mg^{2+} 没有电化学活性，降低了材料中的活性物质组成；随掺 Mg 量增加，材料的首次充放电效率比未掺 Mg 有所改善是因为 Mg 掺杂在一定程度上抑制了锂镍混排，起到了稳定结构的作用。与 Fe 掺杂和 Ca 掺杂相比，Mg 掺杂在电化学性能上表现更佳。考虑到红土镍矿中存在大量的 Mg，且除杂成本较高，因此，在后续直接从红土镍矿制备 $LiNi_{0.8}Co_{0.1}Mn_{0.1}O_2$的研究中，应将 Mg^{2+} 离子含量控制在 0.01 以下。

5.3.4　$LiNi_{0.8-x}Co_{0.1}Mn_{0.1}Al_xO_2$样品的结构与性能

实验控制前驱体反应时间 1 min、pH 11.5、掺锂量 1.05、在氧气气氛下 480℃预烧 5 h 后升温至 750℃烧结 15 h，考察不同 Al^{3+} 离子含量（x = 0、0.01、0.02 和 0.03）对 $LiNi_{0.8-x}Co_{0.1}Mn_{0.1}Al_xO_2$的影响。

1. Al 掺杂对 $LiNi_{0.8}Co_{0.1}Mn_{0.1}O_2$结构的影响

图 5－13 为 $LiNi_{0.8-x}Co_{0.1}Mn_{0.1}Al_xO_2$（$x$ = 0、0.01、0.02 和 0.03）的 XRD 图谱。从图 5－13 可以看出，所有样品都是空间群为 $R\bar{3}M$ 的 $\alpha-NaFeO_2$型层状岩盐单相产物，掺杂后样品 XRD 图未发现其他杂质峰，说明 Al^{3+} 已经完全进入晶格中。随着 Al^{3+} 离子含量的增加，各样品(006)/(102)峰、(108)/(110)峰的分裂程度明显减弱，说明样品的层状结构遭到了破坏。

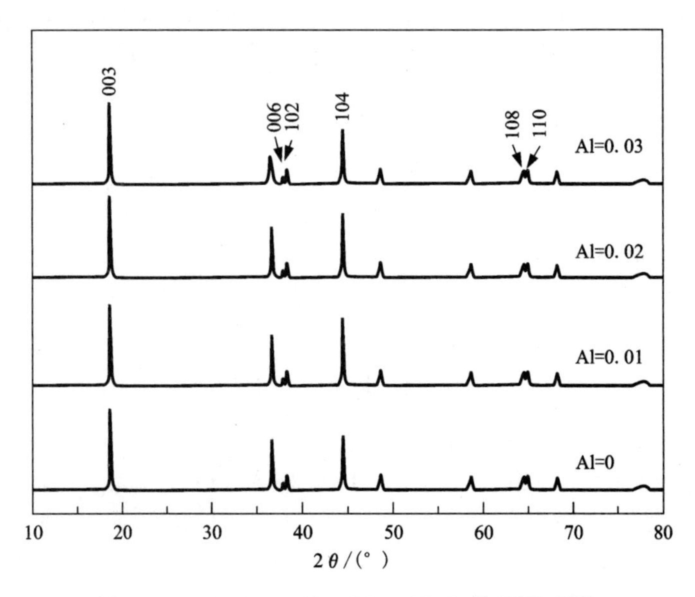

图 5－13　$LiNi_{0.8-x}Co_{0.1}Mn_{0.1}Al_xO_2$的 XRD 图谱

表5-6为通过计算得到各样品的晶格常数及$I_{(003)}/I_{(104)}$值。晶格常数a表征层内金属间距(M-M)大小，c表征层间距大小。由表5-6可知，晶格常数a和晶胞体积V随掺Al量的增加而逐渐减小，晶格常数c则逐渐增加。a和V的减小是因为Al^{3+}(0.535Å)的离子半径要小于Ni^{2+}(0.69Å)的离子半径，引起晶胞的收缩[210]。c的增加应归因为Al^{3+}在[MO_2]层中的极化效应，引起晶体结构的扭曲[214]。各样品c/a值均大于4.9，且随掺Al量的增加而逐渐增大，表明各样品的层状结构发育良好，这与图5-13的分析是一致的。由表5-6还可知，随掺Al量从0增加至0.01、0.02和0.03，反映层状结构有序性的$I_{(003)}/I_{(104)}$值逐渐变小，分别为1.5237、1.5814、1.2456和1.3999，说明样品的阳离子混排现象加剧。

表5-6　$LiNi_{0.8-x}Co_{0.1}Mn_{0.1}Al_xO_2$的晶格常数和$I_{003}/I_{104}$值

样品	a/Å	c/Å	$V_{hex.}$/Å^3	c/a	I_{003}/I_{104}
Al=0	2.8720	14.1979	101.42	4.94356	1.5237
Al=0.01	2.8717	14.1998	101.41	4.94473	1.5814
Al=0.02	2.8698	14.2108	101.36	4.95184	1.2456
Al=0.03	2.8690	14.2150	101.26	4.95469	1.3999

2. Al掺杂对$LiNi_{0.8}Co_{0.1}Mn_{0.1}O_2$形貌的影响

图5-14 $LiNi_{0.8-x}Co_{0.1}Mn_{0.1}Al_xO_2$($x$=0、0.01、0.02和0.03)的SEM图像。由图5-14可以看出，随着掺Al量从0增加到0.01，所合成的材料颗粒大小变化不大，各样品的颗粒的形状都不是很规则，颗粒间有轻微团聚现象。随着掺Al量继续增加，颗粒间团聚比较明显。因此从合成样品颗粒的表面形貌来看，Al掺杂没有对$LiNi_{0.8}Co_{0.1}Mn_{0.1}O_2$材料形貌起到改善作用。

3. Al掺杂对$LiNi_{0.8}Co_{0.1}Mn_{0.1}O_2$电化学性能的影响

在室温下进行电化学性能测试：采用18 mA/g(1C=180 mAh/g)的电流对电池进行充放电，循环电压范围为2.7~4.3 V。图5-15为$LiNi_{0.8-x}Co_{0.1}Mn_{0.1}Al_xO_2$($x$=0、0.01、0.02和0.03)的首次充放电曲线图。由图5-15可知，未掺Al样品的首次充放电容量分别为254.9 mAh/g和192.4 mAh/g，首次充放电效率为75.5%。随着掺Al量从0.01增加至0.02和0.03，材料的首次放电容量和充放电效率依次衰减，分别为181.8 mAh/g、165.4 mAh/g和155.0 mAh/g；首次充放电效率分别为75.1%、69.1%和68.3%。因此，未掺Al样品的容量和充放电效率最高。

图5-14 $LiNi_{0.8-x}Co_{0.1}Mn_{0.1}Al_xO_2$的SEM图像

(a)$x=0$, (b)$x=0.01$, (c)$x=0.02$, (d)$x=0.03$

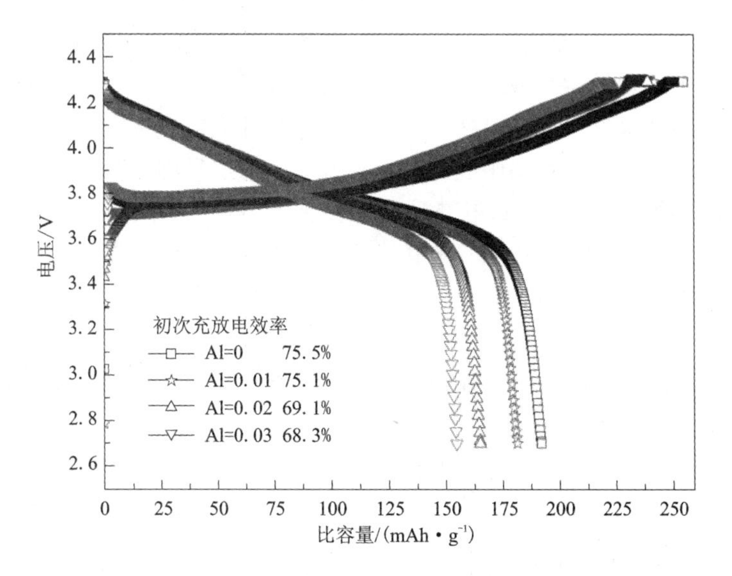

图5-15 $LiNi_{0.8-x}Co_{0.1}Mn_{0.1}Al_xO_2$的首次充放电曲线图

图 5－16 为 $LiNi_{0.8-x}Co_{0.1}Mn_{0.1}Al_xO_2$（$x$＝0、0.01、0.02 和 0.03）在 0.1C 倍率下的循环曲线图。从图 5－16 可以看出，各样品经 40 次循环后，容量保持率分别为 93.6%、82.7%、76.2% 和 70.8%。显然，未掺 Al 样品的循环性能最好。

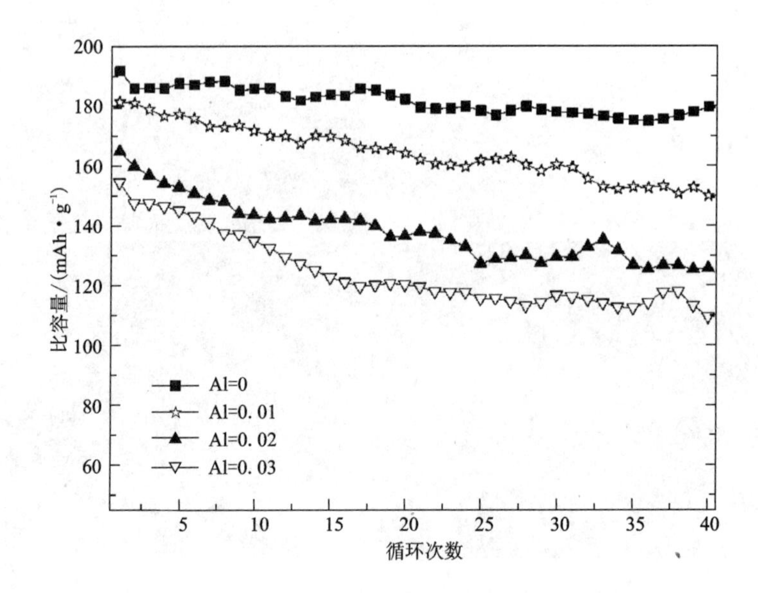

图 5－16 $LiNi_{0.8-x}Co_{0.1}Mn_{0.1}Al_xO_2$ 的循环曲线图

从样品的首次充放电比容量、充放电效率以及循环性能来看，未掺 Al 的 $LiNi_{0.8}Co_{0.1}Mn_{0.1}O_2$ 样品电化学性能最优，随着掺 Al 量的增加，材料的层状结构发育良好，然而其电化学性能迅速恶化。可能有三种原因造成，第一是因为 Al^{3+} 没有电化学活性，降低了材料中的活性物质含量；第二是因为过量的 Al 掺杂（Al≥0.02）造成阳离子混排严重；第三是因为掺 Al 过量后，样品一次颗粒团聚明显，不利于锂离子的扩散，恶化了其电化学性能。因此，在后续直接从红土镍矿制备 $LiNi_{0.8}Co_{0.1}Mn_{0.1}O_2$ 的研究中，应将 Al 完全除去。

5.4 $LiNi_{0.8-x}Co_{0.1}Mn_{0.1}Cr_xO_2$ 的掺杂机理与性能研究

实验控制前驱体反应时间 1 min、pH 11.5、掺锂量 1.05、在氧气气氛下 480℃ 预烧 5 h 后升温至 750℃ 烧结 15 h，考察不同 Cr^{3+} 离子含量对 $LiNi_{0.8-x}Co_{0.1}Mn_{0.1}Cr_xO_2$ 的影响。

5.4.1 $LiNi_{0.8-x}Co_{0.1}Mn_{0.1}Cr_xO_2$的元素组成与形貌

采用ICP和原子吸收光谱测试材料$LiNi_{0.8-x}Co_{0.1}Mn_{0.1}Cr_xO_2$（$x$=0、0.01、0.02和0.03）中各元素含量，所得结果列于表5－7中。由表5－7可以看出，实际测得的各元素摩尔比与理论化学计量比非常吻合，说明Cr完全进入材料。

表5－7 $LiNi_{0.8-x}Co_{0.1}Mn_{0.1}Cr_xO_2$的元素组成

样品	产物的摩尔数（±1%）				
	Li	Ni	Co	Mn	Cr
Cr=0	1.00	0.802	0.099	0.099	0.000
Cr=0.01	1.01	0.790	0.096	0.094	0.010
Cr=0.02	1.02	0.777	0.091	0.093	0.020
Cr=0.03	0.99	0.773	0.100	0.105	0.032

图5－17为$LiNi_{0.8-x}Co_{0.1}Mn_{0.1}Cr_xO_2$（$x$=0、0.01、0.02和0.03）样品的SEM图像。由图5－17可以看出，随着掺Cr量从0增加到0.03，样品一次颗粒大小变化不明显，平均直径为100～400 nm，颗粒间有轻微团聚现象。因此，Cr掺杂对$LiNi_{0.8}Co_{0.1}Mn_{0.1}O_2$材料形貌影响不大。

图5－17 不同Cr离子含量$LiNi_{0.8-x}Co_{0.1}Mn_{0.1}Cr_xO_2$的SEM图像

(a)x=0，(b)x=0.01，(c)x=0.02，(d)x=0.03

5.4.2 TEM 和 EDS 分析

图 5－18 为掺 Cr 量为 0.01 时得到的材料 $LiNi_{0.79}Co_{0.1}Mn_{0.1}Cr_{0.01}O_2$ 的 TEM 和 EDS 图谱。由图 5－18(a)图可以看出，这是一个完整的晶粒，尺寸在 350 nm 左右。为了了解材料中各元素在晶粒表层的分布情况，分别在晶粒的边缘和中心各选择相同大小的区域做 EDS 分析，并命名为 1 区和 2 区。图 5－18(b)图为 1 区和 2 区的 EDS 测试图谱，可以看出这两个区域均含有 Ni、Co、Mn 和 Cr；从 EDS 图谱中各元素的峰强度可以看出 1 区和 2 区所含 Ni、Co、Mn 和 Cr 的比例相差不大，说明元素铬已经完全融入到 $LiNi_{0.8}Co_{0.1}Mn_{0.1}O_2$ 的晶格之中，且各元素在晶粒中分布均匀。

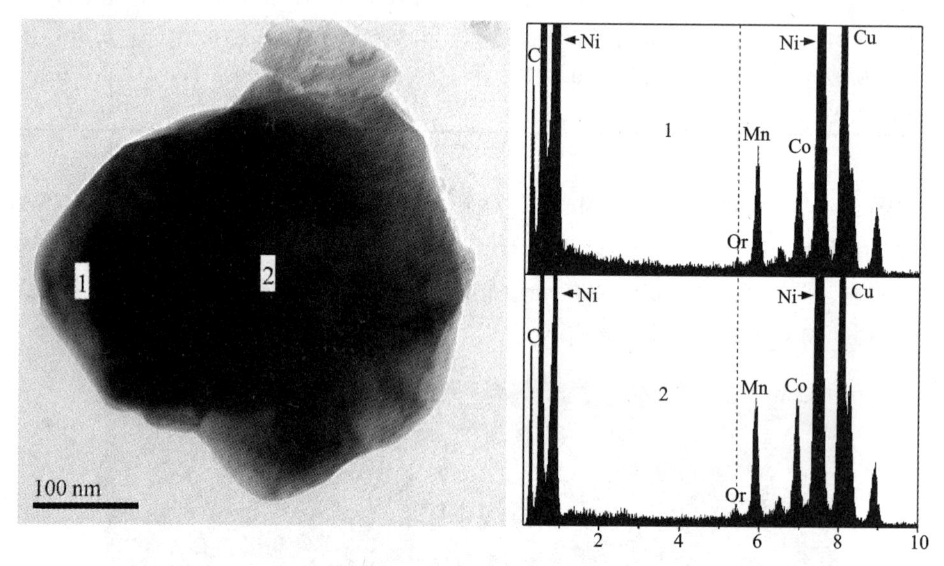

图 5－18 $LiNi_{0.79}Co_{0.1}Mn_{0.1}Cr_{0.01}O_2$ 的 TEM 图像(a)和 EDS 图谱(b)

5.4.3 $LiNi_{0.8-x}Co_{0.1}Mn_{0.1}Cr_xO_2$ 的晶体结构与原子占位

为了考察掺 Cr 量对最终样品晶体结构的影响，对合成的 $LiNi_{0.8-x}Co_{0.1}Mn_{0.1}Cr_xO_2$（$x$ = 0、0.01、0.02 和 0.03）样品进行了 XRD 分析，结果如图 5－19 所示。从图 5－19 谱线的峰值特征可以看出，所有样品都是空间群为 $R\bar{3}M$ 的 $\alpha-NaFeO_2$ 型层状岩盐单相产物，掺杂后样品 XRD 图中未发现其他杂质峰，说明 Cr^{3+} 已经完全进入晶格中。随着掺 Cr 量的增加，各样品(006)/(102)峰、(108)/(110)峰的分裂程度明显减弱，这说明样品的层状结构遭到了破坏。

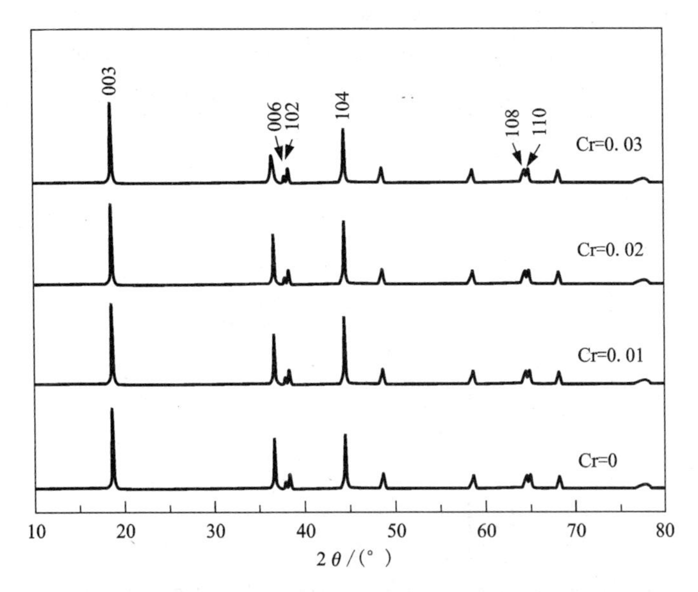

图 5－19 $LiNi_{0.8-x}Co_{0.1}Mn_{0.1}Cr_xO_2$的 XRD 图谱

表 5－8 列出了各样品的晶格常数及 $I_{(003)}/I_{(104)}$ 值。由表 5－8 可知，晶格常数 a、c 和晶胞体积 V 随着掺 Cr 量的增加先减小再变大。a、c 和 V 先减小是由于 Cr^{3+}(0.615Å) 和 Cr^{6+}(0.44Å) 的离子半径要小于 Ni^{2+}(0.69Å) 和 Ni^{3+}(0.56Å) 的离子半径，引起晶格的收缩[201]。a、c 和 V 随着掺 Cr 量的增加又逐渐变大，可能应归因于部分过渡金属离子(Ni^{3+} 和 Mn^{4+})被还原成半径较大的离子(Ni^{2+} 和 Mn^{3+})，对高价 Cr 离子进行电荷补偿，这一效应超过了 Cr 的离子半径小于 Ni 的离子半径所产生的效果。此外，各样品 c/a 值均大于理想的立方密堆积结构的 c/a 值 4.9，且随掺 Cr 量的增加而先变大后变小，表明掺 Cr 量为 0.01 的样品层状结构发育最佳。

表 5－8 $LiNi_{0.8-x}Co_{0.1}Mn_{0.1}Cr_xO_2$的晶格常数和 I_{003}/I_{104} 值

样品	a/Å	c/Å	$V_{hex.}$/Å^3	c/a	I_{003}/I_{104}
Cr＝0	2.8720	14.1979	101.42	4.94356	1.5237
Cr＝0.01	2.8687	14.1860	101.10	4.94510	1.5071
Cr＝0.02	2.8698	14.1867	101.18	4.94344	1.5707
Cr＝0.03	2.8749	14.1987	101.63	4.93885	1.4369

由表5-8还可知，随掺Cr量从0增加至0.01和0.02，反映层状结构有序性的$I_{(003)}/I_{(104)}$值分别为1.5237、1.5071和1.5707，说明样品的阳离子混排现象得到抑制，这一结果与先前的文献报道相一致[215]。当掺Cr量为0.03时，$I_{(003)}/I_{(104)}$值较低，可能与生成微量氧化铬或其他杂质有关。

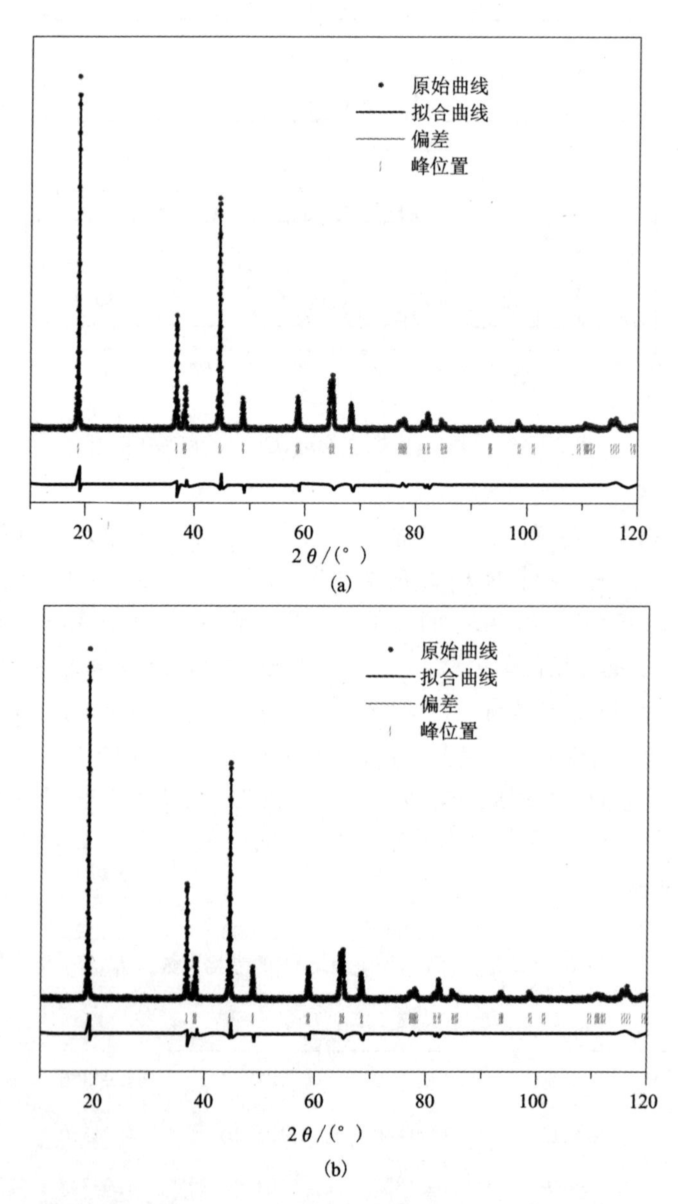

图5-20 $LiNi_{0.8-x}Co_{0.1}Mn_{0.1}Cr_xO_2$的Rietveld精修图谱

(a) Cr=0，(b) Cr=0.01

为了进一步分析Li、Ni和Cr的原子占位情况，对各样品进行Rietveld结构精修。我们这里主要考虑Cr掺杂对Ni混排的影响，所有的精修均认为阳离子占位被完全充满，Ni能进入到Li层，忽略Li过量及氧占位的情况。首先我们假设Cr全部进入到Li层占据3a位置，在这种结构模式下进行精修，发现偏差因子R_B较大，且Cr在Li层的含量非常小或为负值。因此，在第二步精修时，我们假设Cr不能进入到Li层。图5－20为掺Cr量分别为0和0.01样品的XRD观察图谱、按照第二步精修拟合的图谱和差谱。从精修结果中较小的偏差因子R_{wp}（分别为10.6和8.8）、图5－20中观察曲线和拟合曲线较好的吻合，以及图中平稳的差谱，说明结构精修的结果是可靠的。表5－9为$LiNi_{0.8-x}Co_{0.1}Mn_{0.1}Cr_xO_2$（$x=0$、0.01、0.02和0.03）样品的精修结果。从表5－9中可以清楚地看出，随着掺Cr量从0增加至0.02，$LiNi_{0.8-x}Co_{0.1}Mn_{0.1}Cr_xO_2$样品的$Li^+$占位率不断提高，即阳离子混排得到抑制；然而，当掺Cr量为0.03时，Li^+占位率相对降低，这与表5－8的分析是一致的。综上所述，从合成样品结构的角度看，掺Cr量为0.01的样品最佳。

表5－9　$LiNi_{0.8-x}Co_{0.1}Mn_{0.1}Cr_xO_2$的Rietveld精修结果

原子	位置	占位率			
		Cr = 0	Cr = 0.01	Cr = 0.02	Cr = 0.03
Li_1	3a	0.932 (4)	0.975 (2)	0.972 (4)	0.921 (3)
Ni_2	3a	0.068 (4)	0.025 (2)	0.028 (4)	0.079 (3)
Ni_1	3b	0.802 (5)	0.799 (3)	0.797 (5)	0.766 (4)
Co_1	3b	0.099	0.096	0.091	0.100
Mn_1	3b	0.099	0.094	0.093	0.105
Cr_1	3b	0.000	0.011 (3)	0.019 (5)	0.029 (4)
O	6c	2.000	2.000	2.000	2.000

5.4.4　$LiNi_{0.8-x}Co_{0.1}Mn_{0.1}Cr_xO_2$样品中Ni、Mn、Cr的离子状态

XPS定量分析的基本依据是谱峰的强度（峰高或峰面积）与元素的含量相关。因此，通过测量光电子峰的强度就可以进行定量分析。但是目前，从XPS定量分析能达到的准确度来看，还是属于半定量水平。对$LiNi_{0.8-x}Co_{0.1}Mn_{0.1}Cr_xO_2$进行XPS分析，结果表明各样品中Co的价态均为+3，而Ni、Mn和Cr的价态构成比较复杂，分小节讨论。

1. Ni 价态的确定

图 5 - 21 是 $LiNi_{0.8-x}Co_{0.1}Mn_{0.1}Cr_xO_2$（$x$ = 0，0.01，0.02，0.03）中 Ni 的 XPS 谱图及 Ni $2p_{3/2}$ 峰的拟合图。所有数据均以 C1s = 284.6eV 为基准进行结合能校正，并通过 Thermo Avantage 软件进行峰位拟合，图中光滑曲线为各拟合峰的曲线，虚线为拟合得到 XPS 谱线，实线为原始谱线，拟合的曲线与原始谱线重合的很好，说明拟合的结果是准确的。以掺 Cr 量为 0.01 时 Ni 的 XPS 谱图及 Ni $2p_{3/2}$ 峰的拟合图为例，主峰 Ni $2p_{3/2}$ 是由峰值为 853.9 eV、854.6 eV、856.0 eV 和 861.4 eV的 4 个分峰所构成。其中 853.9 eV 和 854.6 eV 是 Ni^{2+} 的特征峰，856.0 eV和 861.4 eV 是 Ni^{3+} 的特征峰[216]，说明 $LiNi_{0.79}Co_{0.1}Mn_{0.1}Cr_{0.01}O_2$ 中 Ni 是以 +2，+3 价形式存在的。

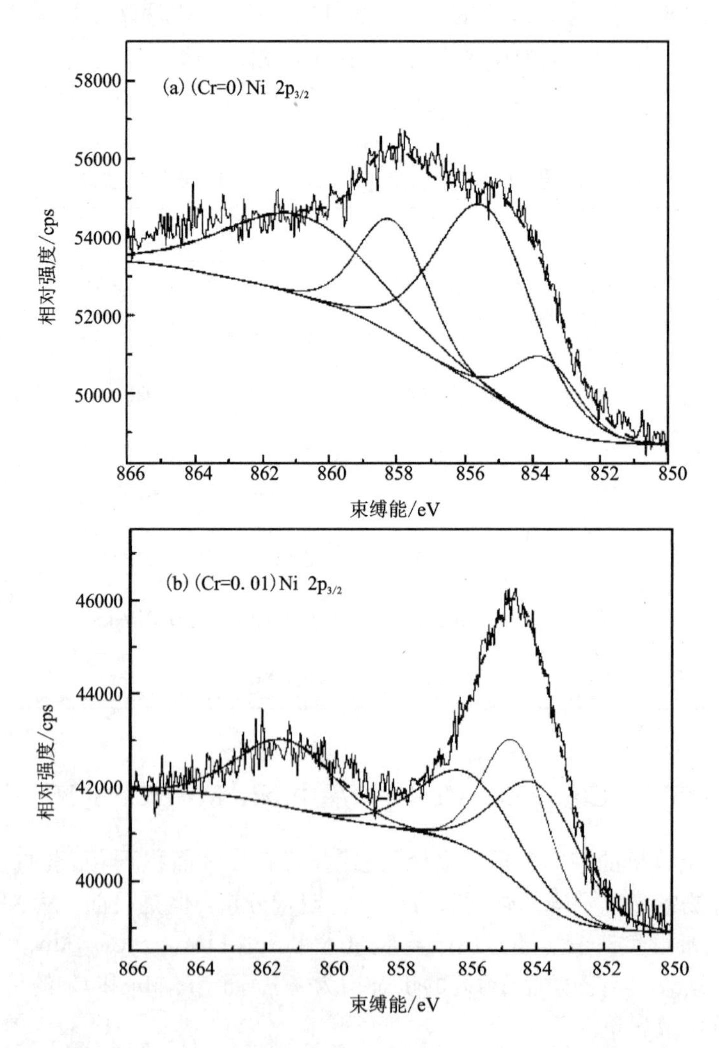

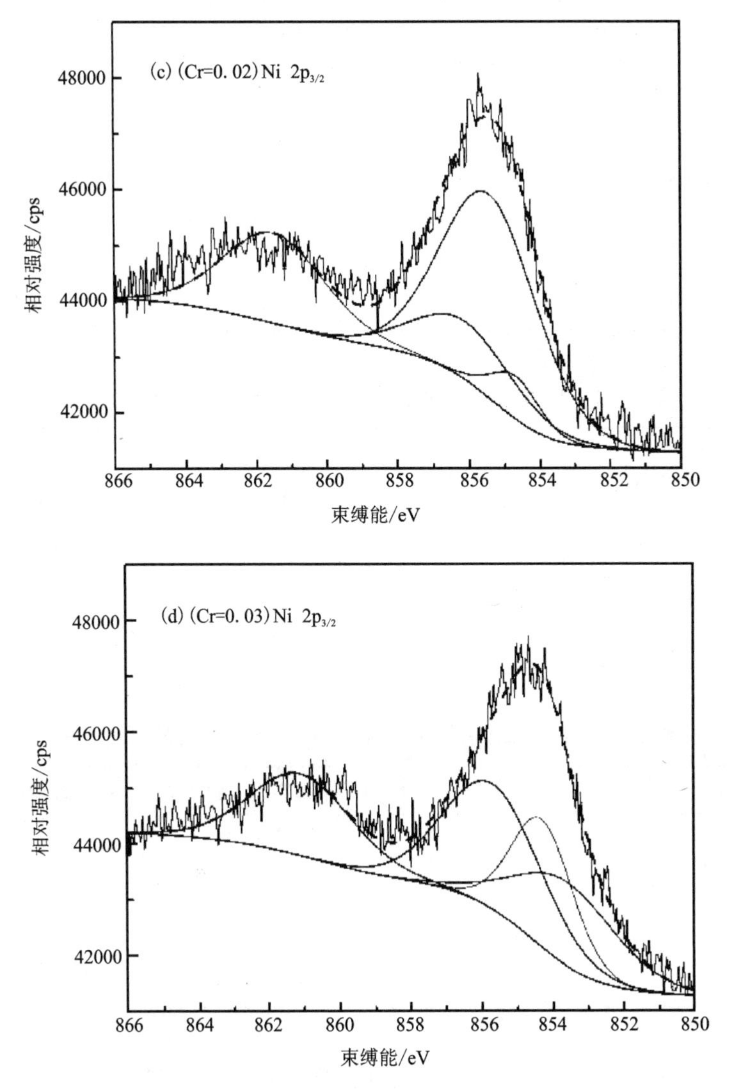

图5-21 $LiNi_{0.8-x}Co_{0.1}Mn_{0.1}Cr_xO_2$的中Ni的Ni $2p_{3/2}$峰的拟合图

通过软件拟合测算图5-21中各个拟合峰的面积，结果分别列于表5-10、表5-11、表5-12和表5-13。如表所示，Ni在$LiNi_{0.8-x}Co_{0.1}Mn_{0.1}Cr_xO_2$($x=0$, 0.01, 0.02, 0.03)材料中是以$Ni^{2+}$和$Ni^{3+}$共存的形式存在的，掺Cr样品的$Ni^{2+}$含量与纯相样品的$Ni^{2+}$含量相比有所提高，则说明材料中一部分$Ni^{3+}$被还原为$Ni^{2+}$，以对掺入的高价Cr离子进行电荷补偿。其中以掺Cr=0.01的样品的Ni^{2+}含量值最高，为62.64%。随着掺Cr量的继续增加，样品的Ni^{2+}含量又有所降低。

表 5-10 $LiNi_{0.8}Co_{0.1}Mn_{0.1}O_2$中 Ni $2p_{3/2}$峰的拟合结果

峰位置	峰强度/cps	峰面积/(cps. eV)	含量/%
853.6 (+2)	1745.59	4278.86	15.32
855.4 (+3)	4686.5	17091.4	40.1
858.1 (+2)	2910.15	7530.43	17.52
860.8 (+3)	2046.37	11727.61	27.06

表 5-11 $LiNi_{0.79}Co_{0.1}Mn_{0.1}Cr_{0.01}O_2$中 Ni $2p_{3/2}$峰的拟合结果

峰位置	峰强度/cps	峰面积/(cps. eV)	含量/%
853.9 (+2)	2458.65	7535.08	25.92
854.6 (+2)	2984.79	7047.01	36.72
856.0 (+3)	1590.54	5800.62	19.82
861.4 (+3)	1430.8	5218.07	17.54

表 5-12 $LiNi_{0.78}Co_{0.1}Mn_{0.1}Cr_{0.02}O_2$中 Ni $2p_{3/2}$峰的拟合结果

峰位置	峰强度/cps	峰面积/(cps. eV)	含量/%
854.7 (+2)	770.03	1372.28	5.79
855.4 (+2)	3663.33	12627.34	53.32
856.1 (+3)	1037.77	3784.71	15.98
861.5 (+3)	1615.67	5892.29	24.9

表 5-13 $LiNi_{0.77}Co_{0.1}Mn_{0.1}Cr_{0.03}O_2$中 Ni $2p_{3/2}$峰的拟合结果

峰位置	峰强度/cps	峰面积/(cps. eV)	含量/%
853.6 (+2)	1506.92	5494.56	21.01
854.3 (+2)	2284.01	5061.75	29.31
855.7 (+3)	2247.26	7820.91	29.71
861.1 (+3)	1466.31	5347.57	19.97

2. Mn 价态的确定

图 5 – 22 是 $LiNi_{0.8-x}Co_{0.1}Mn_{0.1}Cr_xO_2$（$x$ = 0，0.01，0.02，0.03）中 Mn 的 XPS 谱图及 Mn $2p_{3/2}$峰的拟合图。以掺 Cr 量为 0.03 时 Mn 的 XPS 谱图及 Mn $2p_{3/2}$峰的拟合图为例，主峰 Mn $2p_{3/2}$是由峰值为 640.8 eV 和 642.1 eV 的两个分峰所构成。其中 640.8 eV 是 Mn^{3+}的特征峰，642.1 eV 是 Mn^{4+}的特征峰[217, 218]，说明 $LiNi_{0.77}Co_{0.1}Mn_{0.1}Cr_{0.03}O_2$中 Mn 是以 +3，+4 价形式存在的。

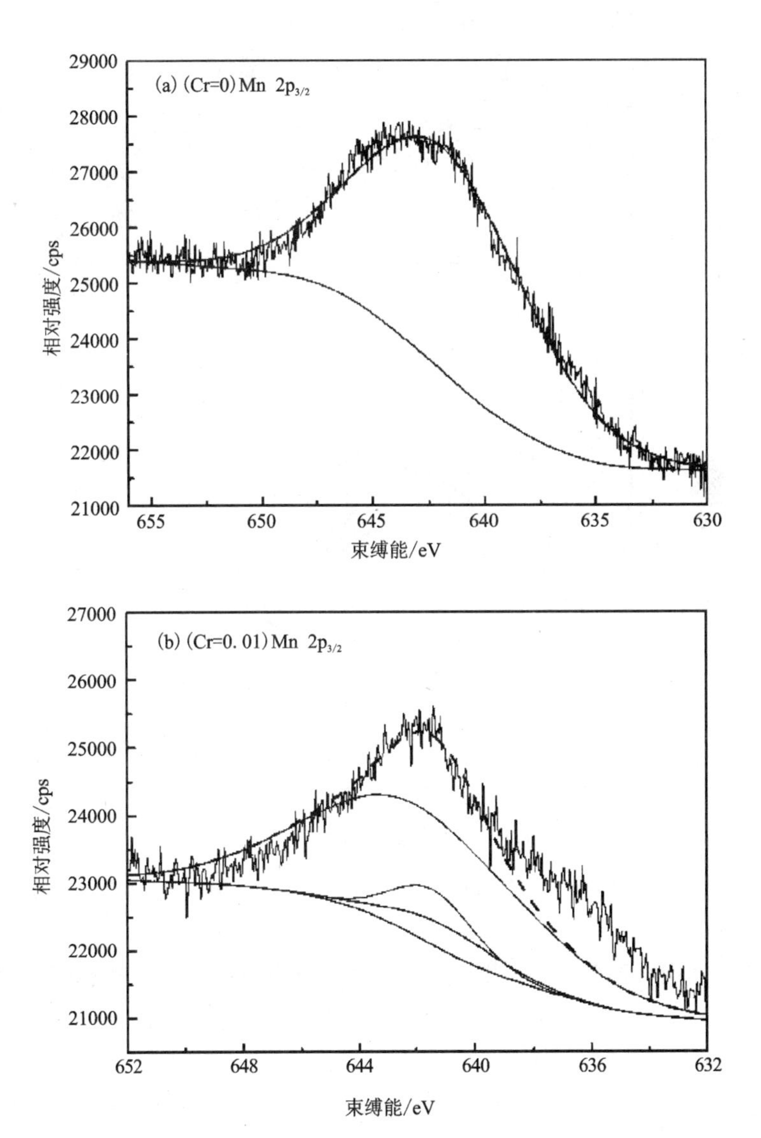

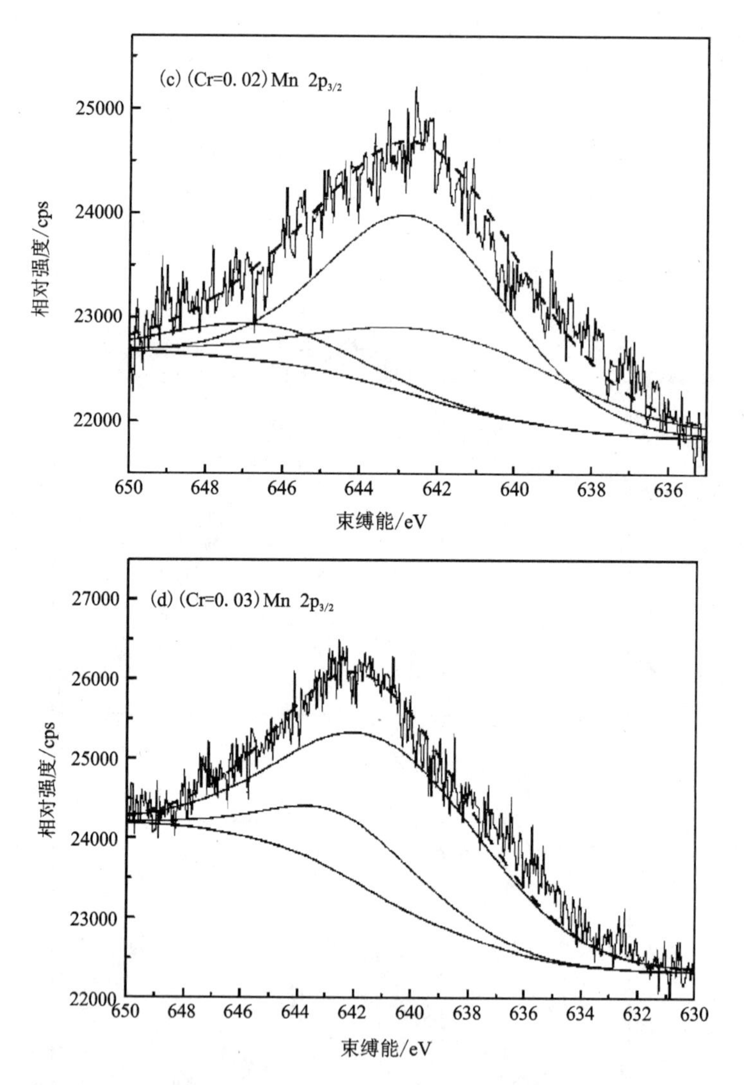

图 5-22 $LiNi_{0.8-x}Co_{0.1}Mn_{0.1}Cr_xO_2$ 的中 Mn 的 Mn $2p_{3/2}$ 峰的拟合图

通过软件拟合测算图 5-22 中各个拟合峰的面积，结果分别列于表 5-14、表 5-15、表 5-16 和表 5-17。如表所示，Mn 在未掺杂样品 $LiNi_{0.8}Co_{0.1}Mn_{0.1}O_2$ 中是以 Mn^{4+} 的形式存在，在 $LiNi_{0.8-x}Co_{0.1}Mn_{0.1}Cr_xO_2$（$x=0.01, 0.02, 0.03$）材料中是以 Mn^{2+}、Mn^{3+} 和 Mn^{4+} 共存的形式存在的。随着掺 Cr 量的增加，样品的 Mn^{4+} 含量逐渐降低，Mn^{3+} 含量则逐渐增加。

表5-14 $LiNi_{0.8}Co_{0.1}Mn_{0.1}O_2$中Mn $2p_{3/2}$峰的拟合结果

峰位置	峰强度/cps	峰面积/(cps. eV)	含量/%
641.8 (+4)	4020.2	38872.7	100.00

表5-15 $LiNi_{0.79}Co_{0.1}Mn_{0.1}Cr_{0.01}O_2$中Mn $2p_{3/2}$峰的拟合结果

峰位置	峰强度/cps	峰面积/(cps. eV)	含量/%
641.0 (+2)	377.93	1772.08	7.77
641.4 (+3)	818.95	2986.66	13.08
642.0 (+4)	1932.68	18098.6	79.15

表5-16 $LiNi_{0.78}Co_{0.1}Mn_{0.1}Cr_{0.02}O_2$中Mn $2p_{3/2}$峰的拟合结果

峰位置	峰强度/cps	峰面积/(cps. eV)	含量/%
641.5 (+3)	676.41	5253.12	23.07
642.5 (+4)	1707.37	10229.58	68.16
646.5 (+2)	348.42	1996.75	8.77

表5-17 $LiNi_{0.79}Co_{0.1}Mn_{0.1}Cr_{0.03}O_2$中Mn $2p_{3/2}$峰的拟合结果

峰位置	峰强度/cps	峰面积/(cps. eV)	含量/%
640.8 (+3)	1983.14	17526.6	69.32
642.1 (+4)	757.59	5130.99	30.68

3. Cr价态的确定

图5-23是$LiNi_{0.8-x}Co_{0.1}Mn_{0.1}Cr_xO_2$($x=0.01$, 0.02, 0.03)中Cr的XPS谱图及Cr $2p_{3/2}$峰的拟合图。以掺Cr量为0.01时Cr的XPS谱图及Cr $2p_{3/2}$峰的拟合图为例，主峰Cr $2p_{3/2}$是由峰值为575.6 eV、578.1 eV和579.0 eV的三个分峰所构成。其中575.6 eV是Cr^{3+}的特征峰，578.1 eV和579.0 eV是Cr^{6+}的特征峰[219]，说明$LiNi_{0.77}Co_{0.1}Mn_{0.1}Cr_{0.03}O_2$中Cr是以+3，+6价形式存在的。

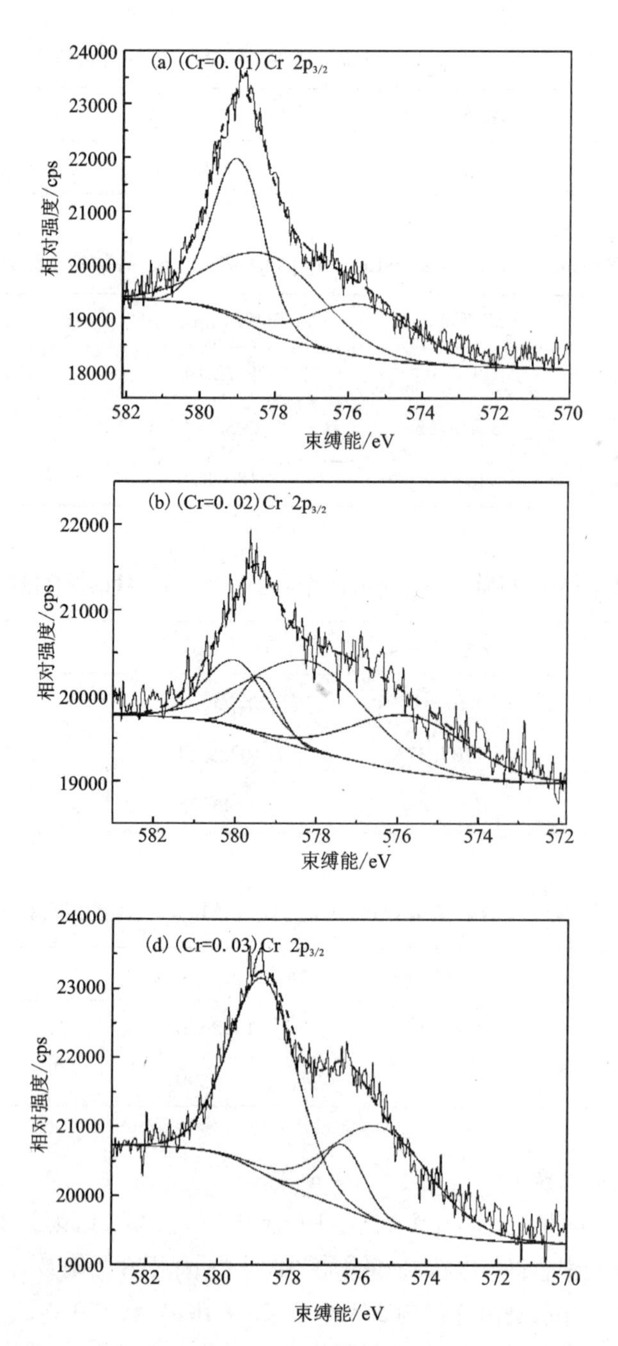

图 5-23 $LiNi_{0.8-x}Co_{0.1}Mn_{0.1}Cr_xO_2$ 的中 Cr 的 Cr $2p_{3/2}$ 峰的拟合图

通过软件拟合测算图 5－23 中各个拟合峰的面积，结果分别列于表 5－18、表 5－19 和 5－20。如表所示，Cr 在 $LiNi_{0.8-x}Co_{0.1}Mn_{0.1}Cr_xO_2$（$x$＝0.01，0.02，0.03）材料中是以 Cr^{3+} 和 Cr^{6+} 共存的形式存在的，随着掺 Cr 量的增加，样品中 Cr^{6+} 的比例降低。

表 5－18　$LiNi_{0.79}Co_{0.1}Mn_{0.1}Cr_{0.01}O_2$中 Cr $2p_{3/2}$峰的拟合结果

峰位置	峰强度/cps	峰面积/(cps. eV)	含量/%
575.6　(+3)	973.35	3549.77	21.10
578.1　(+6)	1470.7	5363.57	48.08
579.0　(+6)	2990.94	5230.75	30.82

表 5－19　$LiNi_{0.78}Co_{0.1}Mn_{0.1}Cr_{0.02}O_2$中 Cr $2p_{3/2}$峰的拟合结果

峰位置	峰强度/cps	峰面积/(cps. eV)	含量/%
575.7　(+3)	650.76	2372.9	28.25
578.2　(+6)	1033.56	3769.35	44.89
579.4　(+6)	669.97	783.22	9.33
580.0　(+6)	777.49	1472.12	17.53

表 5－20　$LiNi_{0.77}Co_{0.1}Mn_{0.1}Cr_{0.03}O_2$中 Cr $2p_{3/2}$峰的拟合结果

峰位置	峰强度/cps	峰面积/(cps. eV)	含量/%
575.3　(+3)	1372.48	5005.35	37.67
576.4　(+3)	912.36	1448.78	10.87
578.7　(+6)	2809.89	6894.53	51.46

5.4.5　离子状态对元素分布及晶体结构的影响规律

目前，虽然 XPS 定量分析还是属于半定量水平，但是通过软件拟合和定量分析，可以清楚地反映各元素离子状态随掺 Cr 量的变化规律，为理解 Cr 掺杂对 $LiNi_{0.8}Co_{0.1}Mn_{0.1}O_2$材料元素分布和晶体结构的影响提供帮助。

表 5-21 $LiNi_{0.8-x}Co_{0.1}Mn_{0.1}Cr_xO_2$ 中 Ni^{3+}、Mn^{4+} 和 Cr^{6+} 的拟合结果

元素/%	Cr = 0.00	Cr = 0.01	Cr = 0.02	Cr = 0.03
Ni^{3+}	67.15	37.36	40.89	49.68
Mn^{4+}	100	79.15	68.16	30.68
Cr^{6+}	——	78.91	71.75	51.46

表 5-21 为 $LiNi_{0.8-x}Co_{0.1}Mn_{0.1}Cr_xO_2$($x = 0, 0.01, 0.02, 0.03$)中 Ni^{3+}、Mn^{4+} 和 Cr^{6+} 的拟合结果。由表 5-21 可知，微量的 Cr 掺杂引起材料中主元 Ni 和 Mn 价态的巨大变化，看似与电荷平衡的理念矛盾，其实不然。这是因为 XPS 分析是一种研究物质表层元素组成和离子状态的表面分析技术，表 5-21 的结果为材料表层元素的价态分布，而第 3 章的研究发现 Cr 与 Al、Ni、Mg 和 Ca 相比，更倾向于存在晶粒的表层。因此，我们认为 Cr 在 $LiNi_{0.8}Co_{0.1}Mn_{0.1}O_2$ 颗粒表层大量富集，引起表层 Ni 和 Mn 的价态发生较大变化。

由表 5-21 还可知，随着掺 Cr 量的增加，三种离子分别表现出三种不同的变化规律：Ni^{3+} 的含量先减少后微量增加；Mn^{4+} 的含量则不断减少，且减少的速度逐渐变快；Cr^{6+} 在 Cr 元素中所占比例则逐渐降低，但考虑到总的 Cr 含量增加，样品中 Cr^{6+} 的含量也不断增加，且增加的速度逐渐变慢。当掺 Cr 量为 0.01 时，样品表层 Ni^{3+} 和 Mn^{4+} 含量的减少，其原因可能是材料中部分 Ni^{3+} 和 Mn^{4+} 一起被还原，以对掺入的高价 Cr 离子进行电荷补偿。随着掺 Cr 量的增加，表层 Cr^{6+} 含量也随之增加，Ni^{3+} 含量微量增加（考虑 XPS 分析为半定量水平，可以认为 Ni^{3+} 含量维持不变），Mn^{4+} 含量则大量减少，其原因可能是 Mn^{4+} 优先被还原以进行电荷补偿，这与前面有关晶格常数的分析是一致的。

Dahn 等[98, 99]发现，当充电至高脱锂状态下，$LiNiO_2$ 中部分 Ni^{3+} 转化成氧化性很高的 Ni^{4+}，容易在表层氧化分解电解质，放出热量和气体，生成不导电的 NiO，恶化材料的循环性能和热稳定性，其他研究者在 $LiNi_{0.8}Co_{0.15}Al_{0.05}O_2$ 材料的研究中也发现了类似现象[220-222]。Goodenough 等报道了三元材料中不可逆的相变与 $Ni^{3+} \rightarrow Ni^{4+}$ 反应有关[223]，Hwang 等发现 Ni^{3+} 和 Mn^{3+} 离子都是引起 Jahn - Teller 效应的主要因素[224]。由表 5-21 可知，随着掺 Cr 量的增加，样品表层 Ni^{3+} 的含量先减少后微量增加，最终值仍低于未掺杂样品 Ni^{3+} 的含量；Mn^{3+} 含量则逐渐增加。这说明 Cr 掺杂可以降低材料表层 Ni^{3+} 的含量，从而抑制 Ni^{3+} 转化成氧化性很高的 Ni^{4+} 与电解质反应，并抑制潜在的不可逆相变，提高材料的首次充放电效率以及循环性能。然而，Cr 掺杂量的增加也会导致材料中 Mn^{3+} 含量的增加，破坏材料的结构，因此，Cr 掺杂不能过量。由 XPS 的分析可知，样品 Cr = 0.01 的 Ni^{3+} 含量最低，且 Mn^{3+} 含量相对较低，故它的结构是最稳定的。

5.4.6 电化学性能与晶体结构及离子状态的相互关系

在室温下进行电化学性能测试：采用18 mAh/g(1C = 180 mAh/g)的电流对电池进行充放电，循环电压范围为2.7 ~4.3 V。图5 - 24为$LiNi_{0.8-x}Co_{0.1}Mn_{0.1}Cr_xO_2$ (x = 0, 0.01, 0.02, 0.03)的首次充放电曲线图。由图5 - 24可知，随着掺Cr量从0增加至0.01、0.02和0.03，各样品的首次充电容量分别为254.9 mAh/g、238.08 mAh/g、228.0 mAh/g和212.7 mAh/g；首次放电容量分别为192.4 mAh/g、210.0 mAh/g、198.1 mAh/g和163.2 mAh/g；首次充放电效率为75.5%、88.2%、86.9%和76.7%。

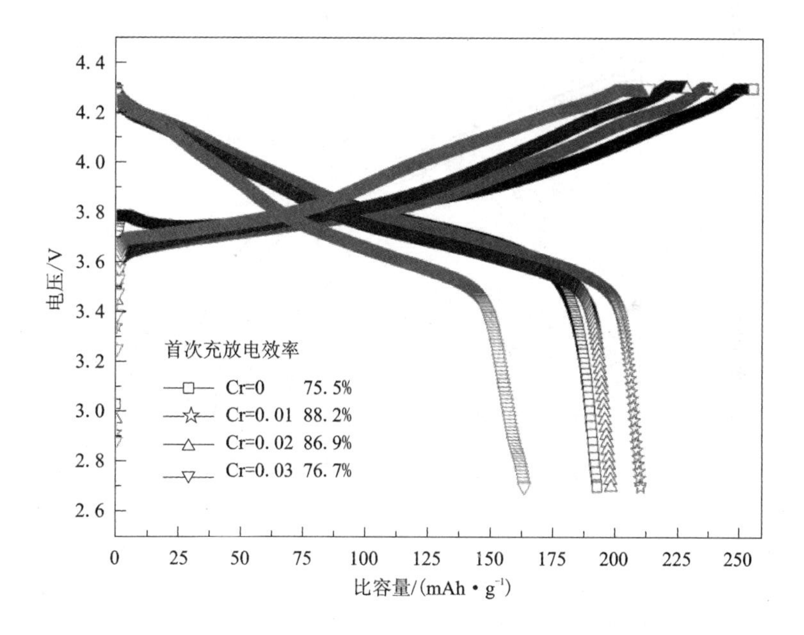

图5 - 24 $LiNi_{0.8-x}Co_{0.1}Mn_{0.1}Cr_xO_2$的首次充放电曲线图

结果表明，充电容量随掺Cr量的增加逐渐降低，其原因是材料中没有电化学活性的Cr^{6+}离子取代了$Ni^{2+/3+}$离子，且含量逐渐增加(参见表5 - 21的分析)，造成充电过程容量的损失。随着掺Cr量的增加，各样品首次放电容量和充放电效率均先增加后降低，其中，掺Cr量为0.01和0.02的样品放电容量和充放电效率均远高于未掺杂的样品。其原因有三点：第一点是适量的Cr掺杂可以有效降低阳离子混排程度(参见XRD分析)；第二点是适量的Cr掺杂降低$LiNi_{0.8}Co_{0.1}Mn_{0.1}O_2$颗粒表层的$Ni^{3+}$的含量，抑制具有强氧化性的$Ni^{4+}$的生成及潜在的不可逆相变(参见XPS分析)；第三点是材料中存在Cr^{3+}离子具有电化学活性，也能提供一定的容量。以上三点协同作用，提高了材料的首次放电容量和充放电效率。然而，当掺 Cr 量从 0.01 增加至 0.02 和 0.03 时，样品的电化学性能逐渐变差，其主要原因是掺入过量的 Cr 会引起材料中 Mn^{3+} 含量的迅速增加，而 Mn^{3+} 离子是引起 Jahn - Teller 效应的主要因素，导致电化学性能恶化；此外，阳离子混排的增加也是一个不利因素。综上所述，掺 Cr 能显著提高材料的首次放电容量和充放电效率，其中掺 Cr 量为 0.01 的样品性能最佳。

在实际应用中，特别是用作动力电池时，要求材料能快速、大功率充放电。图 5 - 25 为 $LiNi_{0.8-x}Co_{0.1}Mn_{0.1}Cr_xO_2$ ($x = 0$, 0.01, 0.02, 0.03) 在 1C、3C、5C 和 10C (1C = 180 mAh/g) 倍率下的首次放电曲线图。

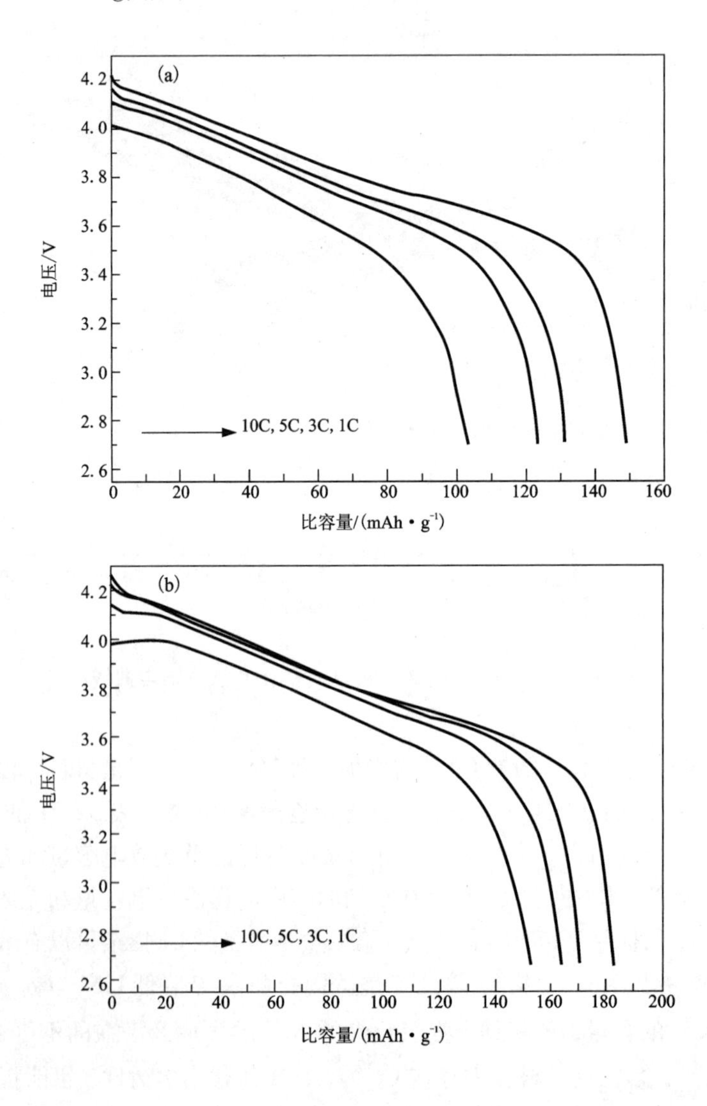

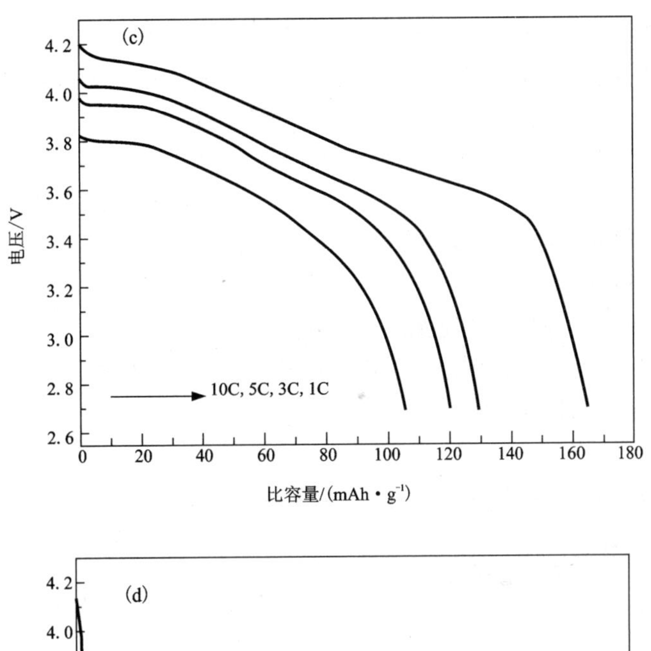

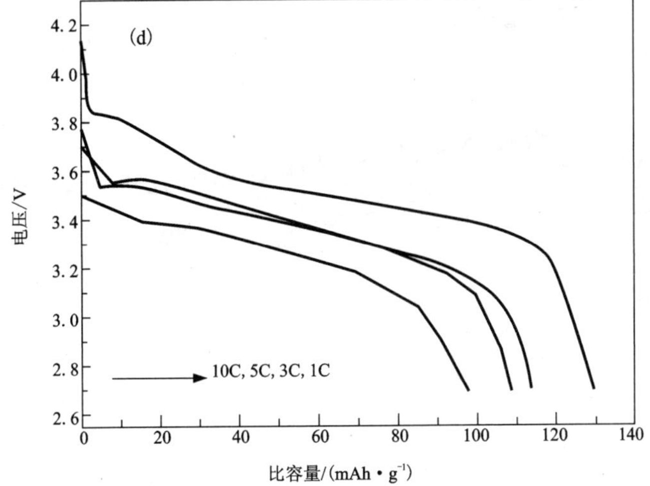

图 5 - 25　$LiNi_{0.8-x}Co_{0.1}Mn_{0.1}Cr_xO_2$不同倍率下放电曲线图：

(a) Cr = 0，(b) Cr = 0.01，(c) Cr = 0.02，(d) Cr = 0.03

由图 5 - 25 可知，随着放电电流增大，放电曲线的电压平台也逐渐降低，说明电池极化增大，同时样品容量也明显变小。随着掺 Cr 量的增加，各样品在 1C 时首次放电容量分别为 148.9 mAh/g、183 mAh/g、165.3 mAh/g 和 129.4 mAh/g；而在 3C 时放电容量分别为 131.3 mAh/g、171.4 mAh/g、130.0 mAh/g 和 113.8 mAh/g；在 5C 时放电容量分别下降为 123.1 mAh/g、164.2 mAh/g、121.0 mAh/g和 108.5 mAh/g；在 10C 时放电容量仍分别保持为 103.7 mAh/g、152.8 mAh/g、106.3 mAh/g 和 97.7 mAh/g。结果表明，掺 Cr 对材料大电流放电

影响明显，适量的 Cr 掺杂能够抑制阳离子混排，降低材料中 Ni^{3+} 的含量，缩小电池极化，提高容量；而过量的 Cr 掺杂不但增大了电池的极化，容量也有所衰减。从改善材料的倍率性能来看，掺 Cr 量为 0.01 的样品最佳。

图 5－26 为 $LiNi_{0.8-x}Co_{0.1}Mn_{0.1}Cr_xO_2$（$x=0$，0.01，0.02，0.03）在 5C 倍率下的循环曲线图。从图 5－26 可以看出，随着掺 Cr 量的增加，各样品在 5C 倍率下经 50 次循环后放电容量分别为 93.6 mAh/g、146.0 mAh/g、97.3 mAh/g 和 73.4 mAh/g，相应容量保持率分别为 76.1%、89.02%、80.44% 和 67.56%。显然，高倍率充放电时，适量的 Cr 掺杂能稳定结构，提高材料的循环性能；而过量的 Cr 掺杂则会引起 Jahn－Teller 效应，恶化循环性能。从改善材料的循环性能来看，掺 Cr 量为 0.01 的样品最佳。

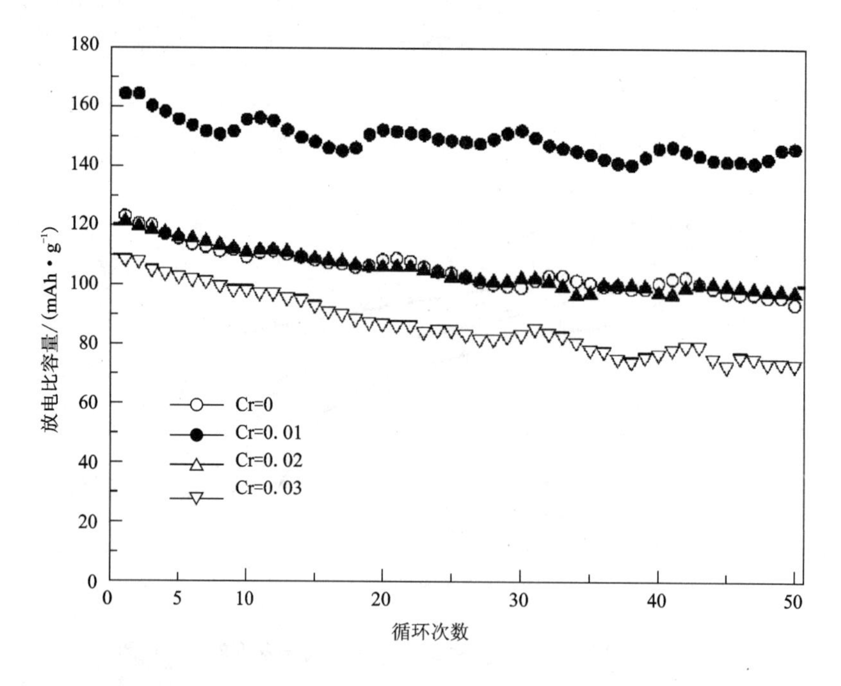

图 5－26　$LiNi_{0.8-x}Co_{0.1}Mn_{0.1}Cr_xO_2$ 在 5C 倍率下循环曲线图

5.4.7　循环伏安及交流阻抗分析

循环伏安法是表征电极过程可逆性的电化学研究方法。图 5－27 为正极材料 $LiNi_{0.8-x}Co_{0.1}Mn_{0.1}Cr_xO_2$（$x=0$，0.01，0.02，0.03）前两个循环的循环伏安曲线，实线是第一次循环，虚线是第二次循环，扫描范围 2.7～4.5 V，扫描速度：0.1 mV/S。所有样品的 CV 曲线在 3.7～4.0 V 电压区间都出现了较尖锐的氧化峰，应与 $Ni^{2+/4+}$ 的氧化有关，且首次循环和第二次循环的氧化峰并没有完全重叠，这是因为 $LiNi_{0.8}Co_{0.1}Mn_{0.1}O_2$材料首次充放电存在不可逆的容量损失。与之对应，在 3.6 ~3.8 V 出现了有关 $Ni^{4+/2+}$ 的还原峰。在高电位区间 4.0 ~4.1 V 和 4.1 ~4.3 V分别出现了两个较微弱的氧化峰，可能与 $Ni^{3+/4+}$ 和 $Co^{3+/4+}$ 的氧化有关，与之对应，在 3.9 ~4.1 V 和 4.1 ~4.3 V 出现了分别与 $Ni^{4+/3+}$ 和 $Co^{4+/3+}$ 有关的还原峰。

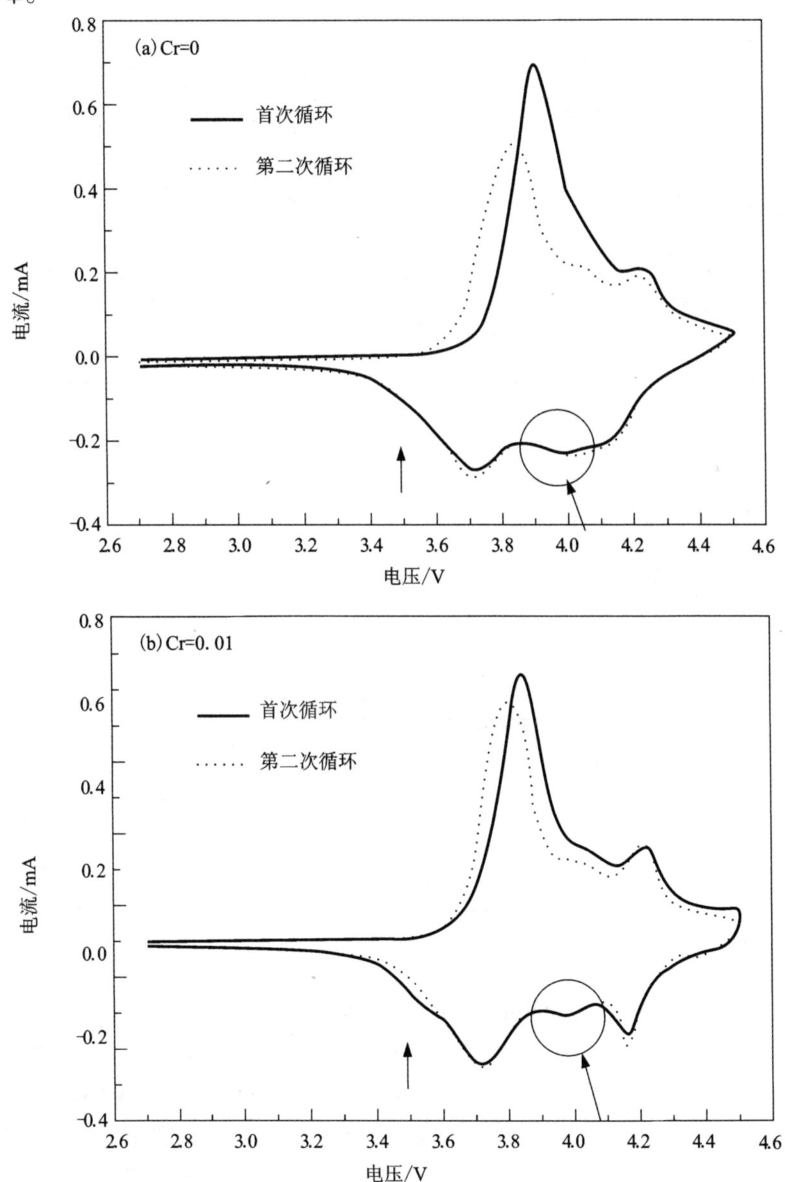

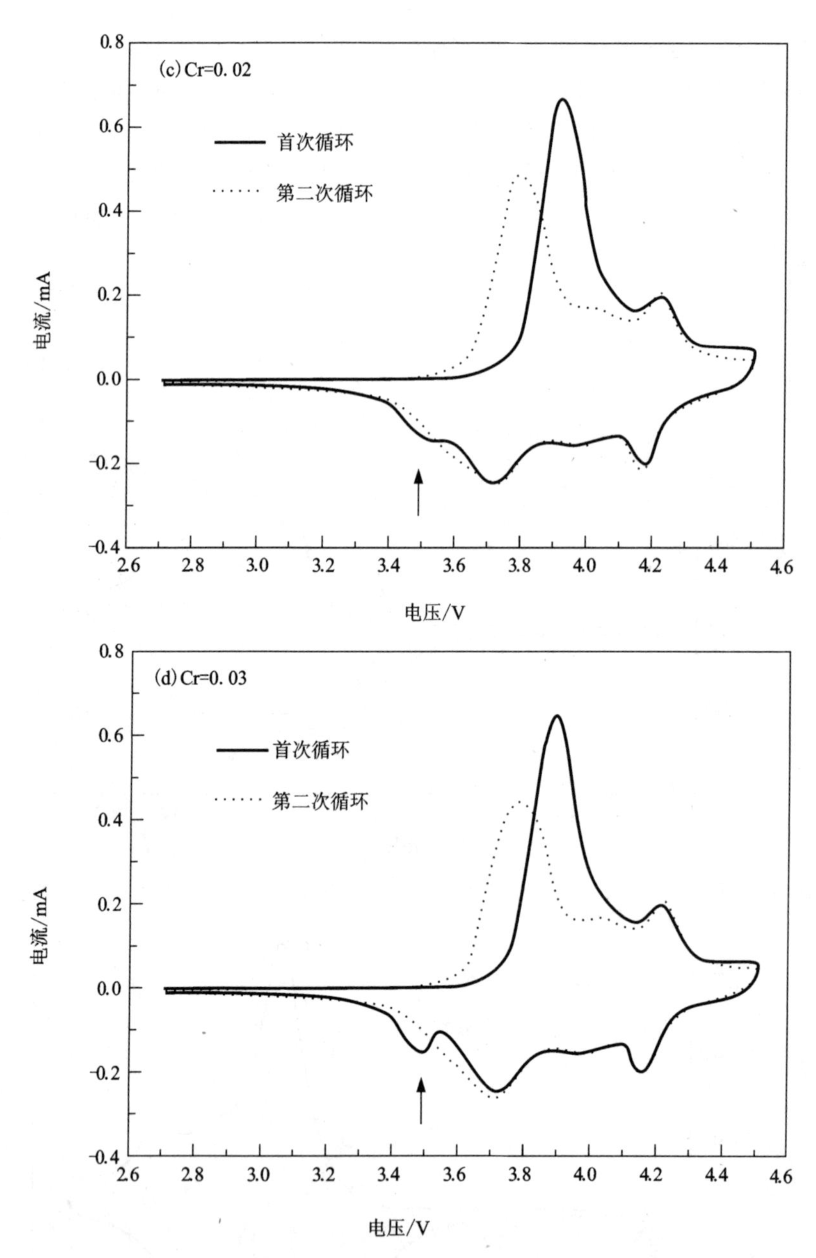

图 5 – 27　$LiNi_{0.8-x}Co_{0.1}Mn_{0.1}Cr_xO_2$循环伏安曲线图

由图 5 – 27 可知，掺 Cr 样品的 CV 曲线与未掺杂样品的曲线相比存在三个方面的差别。第一个方面是，与未掺 Cr 样品相比，掺 Cr 样品的首次循环的氧化峰面积和电位与第二次循环氧化峰面积和电位相比变化不大，其中，以掺 Cr 量为

0.01 的样品的可逆性最好，说明 Cr 掺杂减少了不可逆容量损失，与前面材料首次充放电效率提高的结论是一致的。第二个方面是与未掺 Cr 样品相比，掺 Cr 样品在 3.9 ~4.1 V 区间的还原峰面积严重削弱了(如图 5 －27 圈中所示)，说明 $Ni^{4+/3+}$ 的还原反应得到了抑制，其原因可能是材料中 Ni^{3+} 的含量降低了，这与 XPS 分析得出 Cr 掺杂能抑制材料中 Ni^{3+} 含量的结论是一致的。第三个方面是与未掺 Cr 样品相比，掺 Cr 样品在 3.4 ~3.6 V 区间出现了一个不可逆的还原峰，其电位比文献报道 $Li_{2/3}Ni_{1/3}Mn_{2/3}O_2$材料中 $Mn^{4+/3+}$ 的电位要高一些[225]，然而，还原峰的峰面积随掺 Cr 量的增加逐渐变大，在 XPS 分析中我们发现随掺 Cr 量的增加，样子中 Mn^{3+} 含量逐渐增多，因此，我们推测这个还原峰可能与 $Mn^{4+/3+}$ 反应有关，不利于结构的稳定。综上所述，从循环伏安曲线来看，掺 Cr 量0.01 的样品在 3.7 ~4.0 V电压区间氧化峰可逆性最好，$Ni^{4+/3+}$ 的还原反应得到抑制，且在 3.4 ~3.6 V区间出现的还原峰较小，具有最稳定的结构和循环性能。

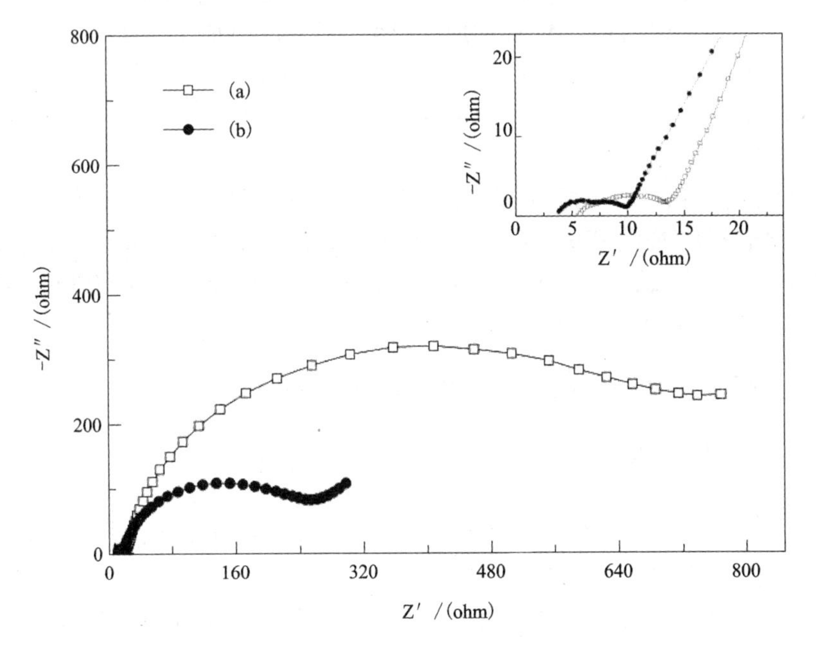

图 5 －28　$LiNi_{0.8-x}Co_{0.1}Mn_{0.1}Cr_xO_2$交流阻抗图谱

(a) Cr＝0；(b) Cr＝0.01；右上为局部放大图

图 5 －28 是 $LiNi_{0.8-x}Co_{0.1}Mn_{0.1}Cr_xO_2$($x$＝0，0.01)在 5C 倍率下循环 50 次后测试的交流阻抗图谱。所有样品的交流阻抗曲线都由高频区的半圆、中频区的半圆及低频区的直线三部分组成，分别代表膜阻抗 R_f、反应阻抗 R_{ct}和 Warburg 阻抗。由图 5 －28 可知，通过计算半圆的直径，未掺 Cr 样品的 R_f和 R_{ct}分别是 7.7 Ω

和734.5 Ω；掺 Cr 量为0.01 的样品，其 R_f和 R_{ct}分别是6.1 Ω 和243.7 Ω。两种样品的 Rsei 很接近，然而，掺 Cr 样品的 R_{ct}远低于未掺 Cr 样品的 R_{ct}。由于 R_{ct}表征 Li^+在活性物质表面和界面膜之间的电荷迁移电阻，R_{ct}较小表明经 50 次循环后掺 Cr 样品表面受电解质侵蚀较小，不导电 NiO 膜尚未形成，这与 XPS 的分析是一致的。因此，Cr 掺杂能有效抑制电荷传输过程中的反应阻抗，使得脱锂/嵌锂程度得到提高。

5.5 Cr、Mg 共掺杂 $LiNi_{0.8}Co_{0.1}Mn_{0.1}O_2$的研究

前面的研究发现，Fe、Ca、Al 掺杂将破坏 $LiNi_{0.8}Co_{0.1}Mn_{0.1}O_2$材料的结构，对其电化学性能有不利影响。Mg 掺杂能抑制锂镍混排的程度，提高材料的首次充放电效率，但由于 Mg^{2+}没有电化学活性，导致材料比容量下降。适量的 Cr 掺杂不但能抑制锂镍混排，还能降低材料中 Ni^{3+}比例，从而抑制潜在的不可逆相变，提高材料的电化学性能。考虑到 Cr、Mg 都能抑制锂镍混排；Cr 倾向于占据过渡金属位，而 Mg 则倾向于占据 Li 位，在结构上能形成互补；且 Cr 和 Mg 均为红土镍矿中主要杂质，含量相对较高；本节研究了 Cr、Mg 共掺杂对$LiNi_{0.8}Co_{0.1}Mn_{0.1}O_2$材料结构、形貌和电化学性能的影响。

实验控制前驱体反应时间 1 min、pH 11.5、掺锂量 1.05、在氧气气氛下 480℃预烧 5 h 后升温至 750℃烧结 15 h，考察 Cr、Mg 共掺杂对 $LiNi_{0.78}Co_{0.1}Mn_{0.1}Cr_xMg_yO_2$的影响，各样品分别标记为(A)$x=y=0$、(B) $x=0.005$，$y=0.015$、(C)$x=0.01$，$y=0.01$、(D)$x=0.015$，$y=0.005$、(E) $x=0.2$，$y=0$。

5.5.1 $LiNi_{0.78}Co_{0.1}Mn_{0.1}Cr_xMg_yO_2$的晶体结构

图 5－29 为 $LiNi_{0.78}Co_{0.1}Mn_{0.1}Cr_xMg_yO_2$材料(A)$x=y=0$、(B) $x=0.005$，$y=0.015$、(C)$x=0.01$，$y=0.01$、(D)$x=0.015$，$y=0.005$、(E) $x=0.2$，$y=0$ 的 XRD 图谱。如图 5－29 所示，各样品都是空间群为 $R\bar{3}M$ 的 $\alpha-NaFeO_2$型层状岩盐单相产物，掺杂后样品 XRD 图未发现其他杂质峰，说明 Cr 和 Mg 已经完全进入晶格中。各衍射峰比较尖锐，(006)/(102)、(108)/(110)两组特征峰都分裂明显，层状结构发育良好。

表 5－22 列出了各样品的晶格常数及 $I_{(003)}/I_{(104)}$值。由表 5－22 可知，随着掺 Cr 量的增加(即掺 Mg 量的减小)，晶格常数和晶胞体积 V 先减小后增加，样品 C 的各项晶格常数最小，这与 Cr 和 Mg 单掺杂时的研究结果一致。各样品 c/a 值均大于理想的立方密堆积结构的 c/a 值 4.9，其中样品 C 最高，表明其层状结构发育最佳。

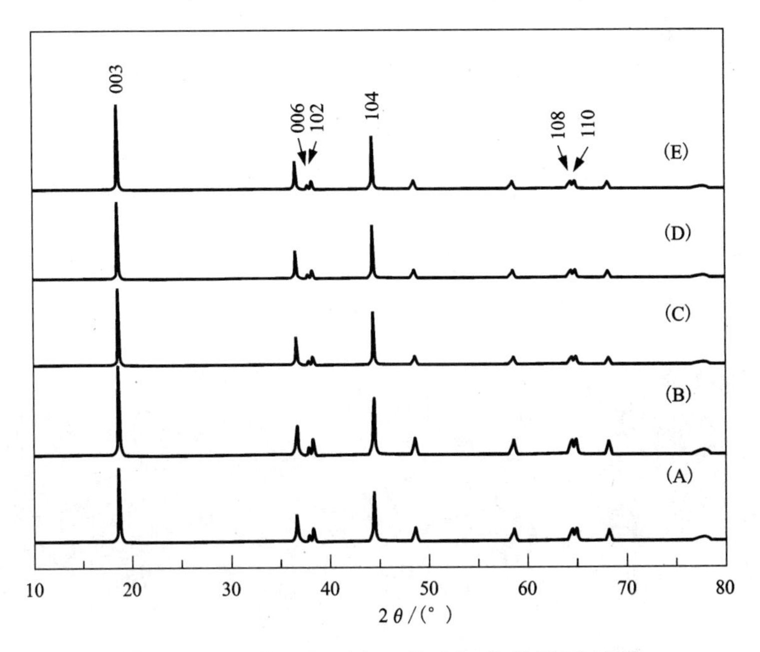

图 5-29　$LiNi_{0.78}Co_{0.1}Mn_{0.1}Cr_xMg_yO_2$的 XRD 图谱

(A)$x=y=0$，(B)$x=0.005$，$y=0.015$，(C) $x=0.01$，$y=0.01$，
(D) $x=0.015$，$y=0.005$，(E) $x=0.2$，$y=0$

表 5-22　$LiNi_{0.78}Co_{0.1}Mn_{0.1}Cr_xMg_yO_2$的晶格常数和 I_{003}/I_{104} 值

样品	a/Å	c/Å	$V_{hex.}$/Å^3	c/a	I_{003}/I_{104}
A	2.8720	14.1979	101.42	4.94356	1.5237
B	2.8701	14.1920	101.24	4.94478	1.6575
C	2.8680	14.1831	101.06	4.94530	1.5029
D	2.8696	14.1863	101.15	4.94365	1.4714
E	2.8698	14.1867	101.18	4.94344	1.5707

由表 5-22 还可知，随着掺 Cr 量的增加(即掺 Mg 量的减小)，各样品 A、B、C、D 和 E 的 $I_{(003)}/I_{(104)}$ 值分别为 1.5237、1.6575、1.5029、1.4714 和 1.5707，这也与 Cr 和 Mg 单掺杂时的研究结果基本一致。因此，从结构方面考虑，Cr、Mg 共掺杂符合它们单掺杂时显示出的结构变化规律。

5.5.2 $LiNi_{0.78}Co_{0.1}Mn_{0.1}Cr_xMg_yO_2$的表面形貌

图 5-30 为 $LiNi_{0.78}Co_{0.1}Mn_{0.1}Cr_xMg_yO_2$ 材料(A) $x=y=0$、(B) $x=0.005$, $y=0.015$、(C) $x=0.01$, $y=0.01$、(D) $x=0.015$, $y=0.005$ 的 SEM 图像。由图 5-30可以看出，各样品一次颗粒大小变化不明显，平均直径在 100~400 nm；各样品的颗粒的形状都不是很规则，颗粒间有轻微团聚现象。这说明掺 Cr-Mg 共掺杂对 $Li(Ni_{0.8}Co_{0.1}Mn_{0.1})O_2$材料的形貌影响不大。

图 5-30 $LiNi_{0.78}Co_{0.1}Mn_{0.1}Cr_xMg_yO_2$的 SEM 图像

(a)(A) $x=y=0$, (b)(B) $x=0.005$, $y=0.015$,
(c)(C) $x=0.01$, $y=0.01$, (d)(D) $x=0.015$, $y=0.005$

5.5.3 $LiNi_{0.78}Co_{0.1}Mn_{0.1}Cr_xMg_yO_2$的电化学性能

在室温下进行电化学性能测试：采用 18 mA/g(1C=180 mAh/g)的电流对电池进行充放电，循环电压范围为2.7~4.3 V。图5-31 为 $LiNi_{0.78}Co_{0.1}Mn_{0.1}Cr_xMg_yO_2$材料(A) $x=y=0$、(B) $x=0.005$, $y=0.015$、(C) $x=0.01$, $y=0.01$、(D) $x=0.015$, $y=0.005$、(E) $x=0.2$, $y=0$ 的首次充放电曲线图。由图 5-31 可知，随着掺 Cr 量的增加(即掺 Mg 量的减小)，各样品 A、B、C、D 和 E 的首次充电容量分别为 254.9 mAh/g、228.4 mAh/g、231.0 mAh/g、235.55 mAh/g和 228.0 mAh/g；首次放

电容量分别为 192.4 mAh/g、182.8 mAh/g、202.5 mAh/g、190.9 mAh/g 和 198.1 mAh/g；首次充放电效率为75.5%、80.04%、87.7%、81.05%和86.9%。结果表明，充电容量随掺 Cr 量的增加(即掺 Mg 量的减小)变化不大。样品 B 的放电容量最低，这是因为 Mg 掺杂所引起的电化学活性物质的损失，大于 Cr 掺杂所引起的活性物质的增加。样品 C 的放电容量和充放电效率最高，甚至略高于掺 Cr 量为 0.02 的样品 E，可能是因为 Cr、Mg 共掺杂产生了一种协同效应，共同抑制锂镍混排，提高材料电化学性能的作用，大于 Mg 单掺杂引起的容量损失。

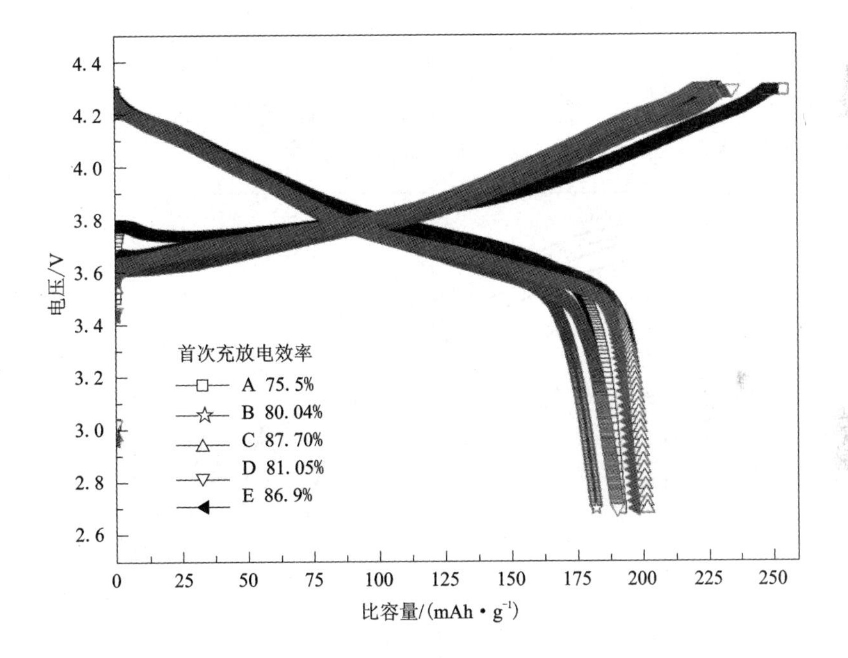

图 5-31　$LiNi_{0.78}Co_{0.1}Mn_{0.1}Cr_xMg_yO_2$的首次充放电曲线图：

(A)$x=y=0$，(B) $x=0.005$，$y=0.015$，(C) $x=0.01$，$y=0.01$，

(D) $x=0.015$，$y=0.005$，(E) $x=0.2$，$y=0$

图 5-32 为 $LiNi_{0.78}Co_{0.1}Mn_{0.1}Cr_xMg_yO_2$ 材料(A)$x=y=0$、(B) $x=0.005$，$y=0.015$、(C)$x=0.01$，$y=0.01$、(D)$x=0.015$，$y=0.005$、(E) $x=0.2$，$y=0$ 在 1C、3C、5C 和 10C (1C = 180 mAh/g)倍率下的首次放电曲线图。由图 5-32 可知，随着放电电流增大，放电曲线的电压平台也逐渐降低，说明电池极化增大，同时样品容量也明显变小。随着掺 Cr 量的增加(即掺 Mg 量的减小)，各样品 A、B、C、D 和 E 在 1C 时首次放电容量分别为 148.9 mAh/g、143.6 mAh/g、165.7 mAh/g、154.3 mAh/g 和 165.3 mAh/g；而在 3C 时放电容量分别为 131.3 mAh/g、127.1 mAh/g、152.9 mAh/g、138.4 mAh/g 和130.0 mAh/g；在 5C

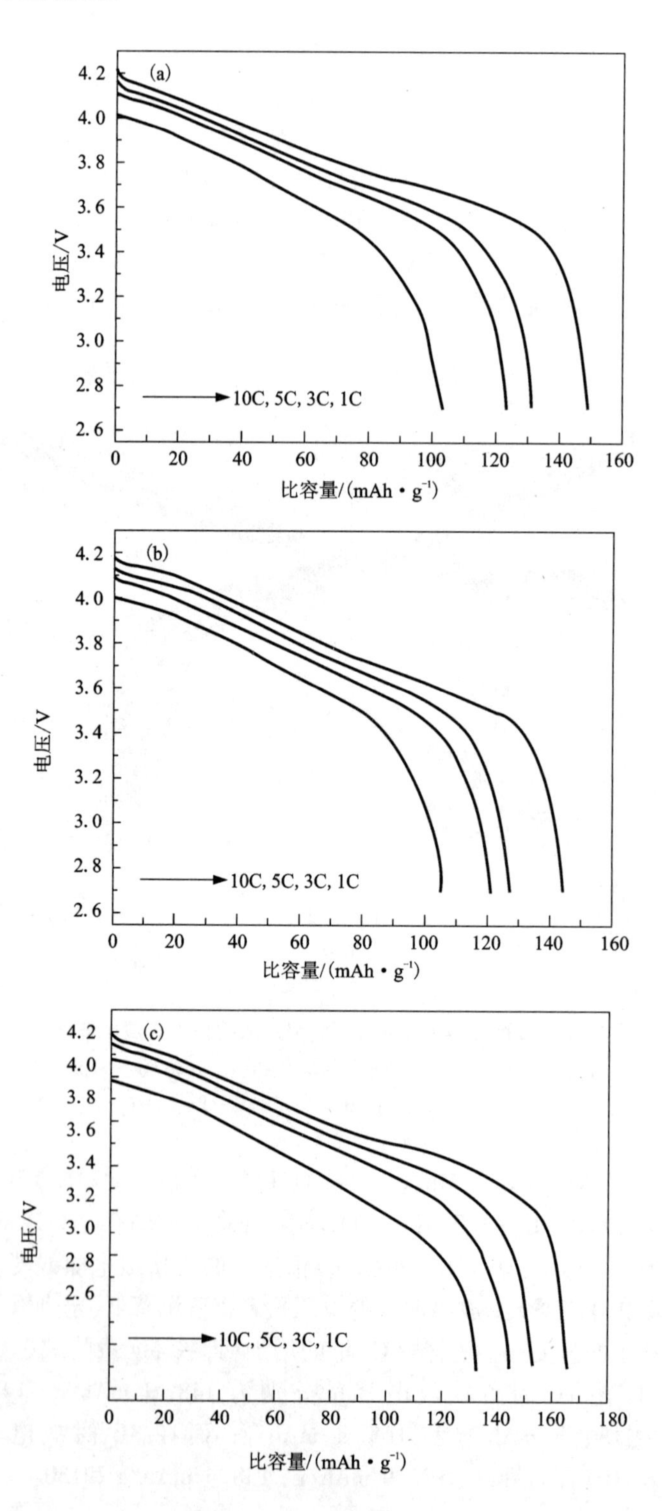
(a)
10C, 5C, 3C, 1C
电压/V
比容量/(mAh · g⁻¹)
(b)
10C, 5C, 3C, 1C
电压/V
比容量/(mAh · g⁻¹)
(c)
10C, 5C, 3C, 1C
电压/V
比容量/(mAh · g⁻¹)

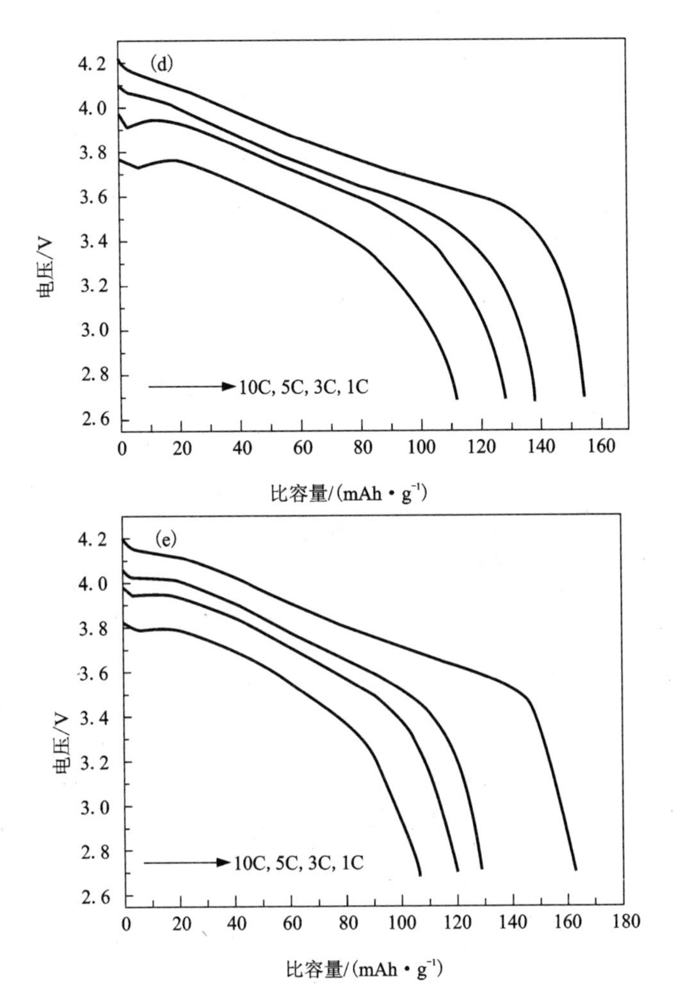

图5-32 $LiNi_{0.78}Co_{0.1}Mn_{0.1}Cr_xMg_yO_2$不同倍率下放电曲线图

(a)(A)$x=y=0$，(b)(B)$x=0.005$，$y=0.015$，(c)(C)$x=0.01$，$y=0.01$，
(d)(D)$x=0.015$，$y=0.005$，(e)(E)$x=0.2$，$y=0$

时放电容量分别下降为123.1 mAh/g、121.1 mAh/g、144.4 mAh/g、128.3 mAh/g和121.0 mAh/g；在10C时放电容量仍分别保持为103.7 mAh/g、105.81 mAh/g、132.6 mAh/g、112.4 mAh/g和106.3 mAh/g。结果表明，Cr、Mg共掺杂对材料大电流放电影响明显，B、C和D三个样品的倍率性能都明显优于未掺杂样品，并略好于样品E。这可能是因为Cr、Mg共掺杂在大电流充放电时能更好地抑制锂镍混排和电解质对材料表面的侵蚀。从改善材料的倍率性能来看，掺Cr和Mg量分别为0.01的样品最佳。

图5-33为$LiNi_{0.78}Co_{0.1}Mn_{0.1}Cr_xMg_yO_2$材料(A)$x=y=0$、(B)$x=0.005$，

$y=0.015$、(C)$x=0.01$，$y=0.01$、(D)$x=0.015$，$y=0.005$、(E) $x=0.2$，$y=0$在5C倍率下的循环曲线图。从图5-33可以看出，随着掺Cr量的增加(即掺Mg量的减小)，各样品A、B、C、D和E在5C倍率下经50次循环后放电容量分别为93.6 mAh/g、94.45 mAh/g、122.5 mAh/g、106.18 mAh/g和97.3 mAh/g，相应容量保持率分别为76.1%、78%、84.85%、82.75%和80.44%。显然，高倍率充放电时，适量的Cr、Mg共掺杂能稳定结构，提高材料的循环性能。综上所述，当总掺杂量固定为0.02时，Cr、Mg共掺杂的电化学效果要高于单掺杂所产生的效果。

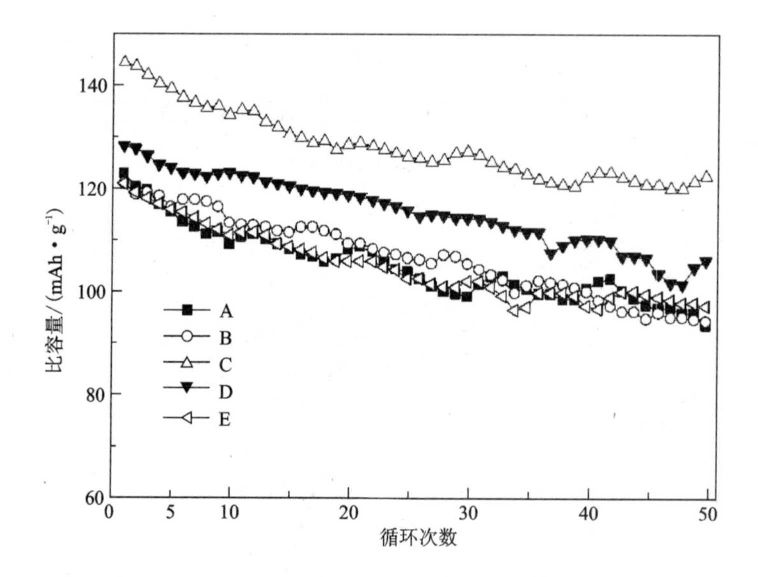

图5-33 $LiNi_{0.78}Co_{0.1}Mn_{0.1}Cr_xMg_yO_2$在5C倍率下循环曲线图

(A)$x=y=0$，(B)$x=0.005$，$y=0.015$，(C) $x=0.01$，$y=0.01$，(D) $x=0.015$，$y=0.005$，(E) $x=0.2$，$y=0$

5.6 本章小结

(1)系统研究了Fe、Ca、Mg和Al单元素掺杂对$LiNi_{0.8}Co_{0.1}Mn_{0.1}O_2$晶体结构、表面形貌和电化学性能的影响。结果表明：

随掺Fe量的增加，晶格常数a、c和V增大，阳离子混排现象加剧，一次颗粒的团聚现象更严重。扣式电池测试结果表明，随掺Fe量的增加，材料的电化学性能迅速恶化。

随掺Ca量的增加，晶格参数a、c和V变化不大，阳离子混排现象得到抑制，一次颗粒的团聚有所减弱。扣式电池测试结果表明，随掺Ca量的增加，材料的首次放电容量降低明显，分别为 192.4 mAh/g、163.6 mAh/g、160.6 mAh/g 和 150.1 mAh/g；首次充放电效率先增加后减少，掺 Ca 量为 0.01 时达到最高 76.1%；各样品循环性能也随掺 Ca 量增加逐渐恶化。

随掺 Mg 量的增加，晶格常数 a、c 和 V 先减小后增大，阳离子混排现象得到抑制，表面形貌变化不大。扣式电池测试结果表明，随掺 Mg 量的增加，材料的容量逐渐衰减，分别为 192.4 mAh/g、182.0 mAh/g、175.3 mAh/g 和166.5 mAh/g；首次充放电效率则逐渐提高，掺 Mg 量为 0.02 时达到最高78.1%，各样品循环性能随掺 Mg 量增加变化不大。

随掺 Al 量的增加，晶格常数 a 和 V 减小，c 增大，阳离子混排现象加剧，一次颗粒的团聚现象逐渐严重。扣式电池测试表明，随掺 Al 量的增加，材料的容量逐渐衰减，分别为 192.4 mAh/g、181.8 mAh/g、165.4 mAh/g 和 155.0 mAh/g，首次充放电效率也减小，各样品循环性能随掺 Al 量增加逐渐恶化。

研究发现 Fe、Ca、Al 掺杂将破坏 $LiNi_{0.8}Co_{0.1}Mn_{0.1}O_2$ 材料的结构，对其电化学性能有不利影响。Mg 掺杂能抑制锂镍混排的程度，提高材料的首次充放电效率，但由于 Mg^{2+} 没有电化学活性，导致材料比容量下降。

(2)系统研究了 Cr 掺杂对 $LiNi_{0.8}Co_{0.1}Mn_{0.1}O_2$元素分布、晶体结构、表面形貌和电化学性能的影响。TEM 和 EDS 分析表明元素 Cr 已经完全融入到 $LiNi_{0.8}Co_{0.1}Mn_{0.1}O_2$的晶格之中，且各元素在晶粒中分布均匀。随掺 Cr 量的增加，晶格常数 a、c 和 V 先减小后增大，当掺 Cr 量小于 0.03 时，阳离子混排现象得到抑制，反之则严重，各样品表面形貌变化不大。扣式电池测试结果表明，随掺 Cr 量的增加，材料的容量先增加后减少，分别为 192.4 mAh/g、210.0 mAh/g、198.1 mAh/g和 163.2 mAh/g；首次充放电效率为 75.5%、88.2%、86.9% 和 76.7%。掺 Cr 量为 0.01 的样品电化学性能最佳，10C 倍率下放电容量为 152.8 mAh/g，在 5C 倍率经 50 次循环后放电容量为 146.0 mAh/g，相应容量保持率为 89.02%。

(3)研究了 Cr 掺杂改性的机理，主要有三点：

①Rietveld 精修表明，Cr 倾向占据过渡金属层，适量的 Cr 掺杂可以有效降低锂镍混排程度，提高材料的首次充放电效率；

②XPS 测试及拟合分析发现，各样品中 Co 的价态均为 +3，Ni 的价态为 +2 和 +3，Mn 的价态为 +3 和 +4，Cr 的价态为 +3 和 +6，Cr 具有电化学活性，能够提供一定的容量；

③XPS 测试及拟合分析发现，Cr 在 $LiNi_{0.8}Co_{0.1}Mn_{0.1}O_2$颗粒表层富集，Cr 掺杂一方面可以优化材料颗粒表层的离子状态，降低表层 Ni^{3+} 的含量，抑制电解质对材料表层的侵蚀和潜在的不可逆相变，另一方面会引起材料中 Mn^{3+} 含量的增加，破坏材料的结构，因此，Cr 掺杂不能过量。

循环伏安测试结果与前面分析一致，掺 Cr 量 0.01 的样品在 3.7～4.0 V 电压区间氧化峰可逆性最好，$Ni^{4+/3+}$ 的还原反应得到抑制，且在 3.4～3.6 V 区间出现的还原峰较小，具有最稳定的结构和循环性能。交流阻抗测试表明经 50 次循环后掺 Cr 样品反应阻抗 R_{ct} 更小，说明其表层受电解质侵蚀较小，不导电 NiO 膜尚未形成，与 XPS 的分析一致。

(4)研究了 Cr－Mg 共掺杂对 $LiNi_{0.8}Co_{0.1}Mn_{0.1}O_2$ 晶体结构、表面形貌和电化学性能的影响。固定总掺杂量为 0.02，随着掺 Cr 量的增加(即掺 Mg 量的减小)，晶格常数和晶胞体积 V 先减小后增加，样品 C 的各项晶格常数最小，各样品表面形貌变化不大，与 Cr 和 Mg 单掺杂时的研究结果一致。扣式电池测试结果表明，随着掺 Cr 量的增加各样品的首次放电容量分别为 192.4 mAh/g、182.8 mAh/g、202.5 mAh/g、190.9 mAh/g 和 198.1 mAh/g；首次充放电效率为 75.5%、80.04%、87.7%、81.05% 和 86.9%。样品 C 的电化学性能最佳，略高于掺 Cr 量为 0.02 的样品 E，其原因是 Cr、Mg 共掺杂产生了一种协同效应，共同抑制锂镍混排，提高了材料电化学性能，大于 Mg 单掺杂引起的容量损失。

第 6 章　红土镍精矿制备多金属共掺杂 $LiNi_{0.8}Co_{0.1}Mn_{0.1}O_2$ 的研究

6.1　引言

第 5 章的研究表明，微量的 Cr、Mg 等阳离子掺杂是改善 $LiNi_{0.8}Co_{0.1}Mn_{0.1}O_2$ 结构、优化材料表层离子状态、提高其电化学性能最有效的方法。红土镍精矿中 Ni 含量较高，且一般都伴生有 Co、Mn 及多种对 $LiNi_{0.8}Co_{0.1}Mn_{0.1}O_2$ 有益的掺杂元素。

研究以 Ni 含量接近 14% 的红土镍精矿为原料，通过浸出和定向除杂得到 Ni 含量较高的富 Ni、Co 和 Mn 净化液，采用快速沉淀—热处理法的方法合成锂离子电池正极材料 $LiNi_{0.8}Co_{0.1}Mn_{0.1}O_2$。由于金属掺杂元素（Cr、Mg、Al 等）分别以氢氧化物的形式均匀地分布在前驱体颗粒中，因此合成 $LiNi_{0.8}Co_{0.1}Mn_{0.1}O_2$ 时无须再掺杂，这些掺杂元素能显著降低 $LiNi_{0.8}Co_{0.1}Mn_{0.1}O_2$ 的锂镍混排，提高材料结构的稳定性，改善其电化学性能。

6.2　实验

6.2.1　实验原料

实验所用矿石，来自湖南海纳新材料有限公司，通过对传统的低品位红土镍矿经氯化离析—磁选等工序，得到红土镍精矿，经干磨混合均匀后过筛进行研究。主要矿石粒度分布见图 6 – 1。

矿石肉眼下呈现灰黑色。经 XRD 分析表明（见图 6 – 2），该红土镍精矿中主要矿相有 Ni、Fe 合金、Fe_3O_4、$CaMgSi_2O_4$、$Mg_{1.627}Fe_{0.373}SiO_4$ 等。对矿料进行了元素化学分析，结果列于表 6 – 1。可以看出，与低品位红土镍原矿相比，精矿中的镍含量明显增加，约 14%，为直接制备 $LiNi_{0.8}Co_{0.1}Mn_{0.1}O_2$ 材料提供了条件。

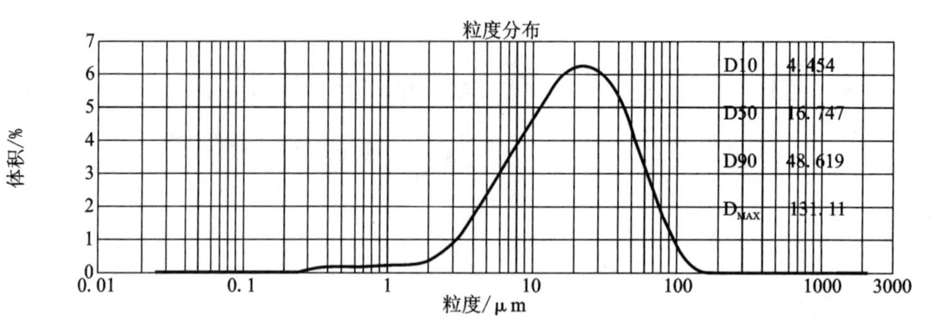

图 6－1 红土镍精矿粉料粒度分布图

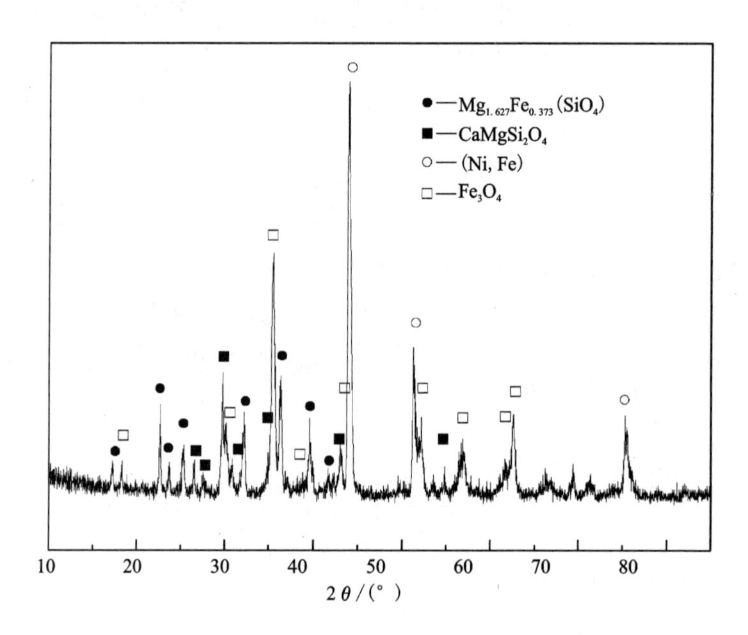

图 6－2 红土镍精矿 XRD 图谱

表 6－1 红土镍矿样品化学成分分析

元素	Fe	Ni	Co	Mn	Mg	Ca	Cr	Al	SiO_2
含量/%	32.07	13.98	0.42	0.5	7.22	4.87	0.495	0.91	18.26

实验用化学试剂表 6－2 所示。

表 6-2　实验用化学试剂

名称	化学式	纯度
盐酸	HCl	工业级
磷酸	H_3PO_4	分析纯
双氧水	H_2O_2	分析纯
氨水	$NH_3 \cdot H_2O$	分析纯
氟化钠	NaF	分析纯
氢氧化钠	NaOH	工业级
氯化钴	$CoCl_2 \cdot 6H_2O$	分析纯
氯化锰	$MnCl_2 \cdot 4H_2O$	分析纯
氢氧化锂	$LiOH \cdot H_2O$	分析纯
聚偏二氟乙烯	PVDF	电池级
电解液	$LiPF_6$/EC + DMC	电池级
国产炭黑	C_6	分析纯
N—甲基吡咯烷酮	NMP	99.9%

6.2.2　实验设备

实验用仪器如表 6-3 所示。

表 6-3　实验用仪器

仪器	型号	厂家
定时电动搅拌器	DJ-1	江苏大地自动化仪器厂
磁力搅拌器	DF-101S	上海精密科学仪器有限公司
真空抽滤机	204VF	郑州杜甫仪器厂
精密 pH 计	PHS-2F	杭州雷磁分析仪器厂
精密电子恒温水浴槽	HHS-11-4	上海金桥科析仪器厂
三口圆底烧瓶		泰州博美玻璃仪器厂
蛇形回流管		泰州博美玻璃仪器厂
瓷坩埚		泰州博美玻璃仪器厂
电热恒温鼓风干燥箱	DHG-9076	上海精宏实验设备有限公司
管式电阻炉	KSW-4D-10	长沙实验电炉厂
真空干燥箱	DZF-6051	上海益恒实验仪器有限公司
鼓风干燥箱	DHG-9023A	上海精宏实验设备有限公司
真空厌水厌氧手套箱	ZKX-4B	南京大学设备厂
电化学工作站	CHI660A	上海辰华公司
电池测试系统	BTS-51	新威尔电子设备有限公司

6.2.3 实验方法

在常压低温的条件下以盐酸作为浸出剂浸出红土镍精矿中的有价金属，浓缩浸出液，通过磷酸沉淀分离浸出液中的主要杂质元素铁，并得到副产品 $FePO_4 \cdot xH_2O$，通过氟化沉淀对除铁滤液中的钙、镁及部分铬定向除杂，得到红土镍精矿净化液，浓缩净化液(该步骤在实际应用中可省去)，添加适量的 $MnCl_2$ 和 $CoCl_2$，采用快速沉淀—热处理法制备多金属掺杂 $LiNi_{0.8}Co_{0.1}Mn_{0.1}O_2$ 材料。实验流程见图 6-3。

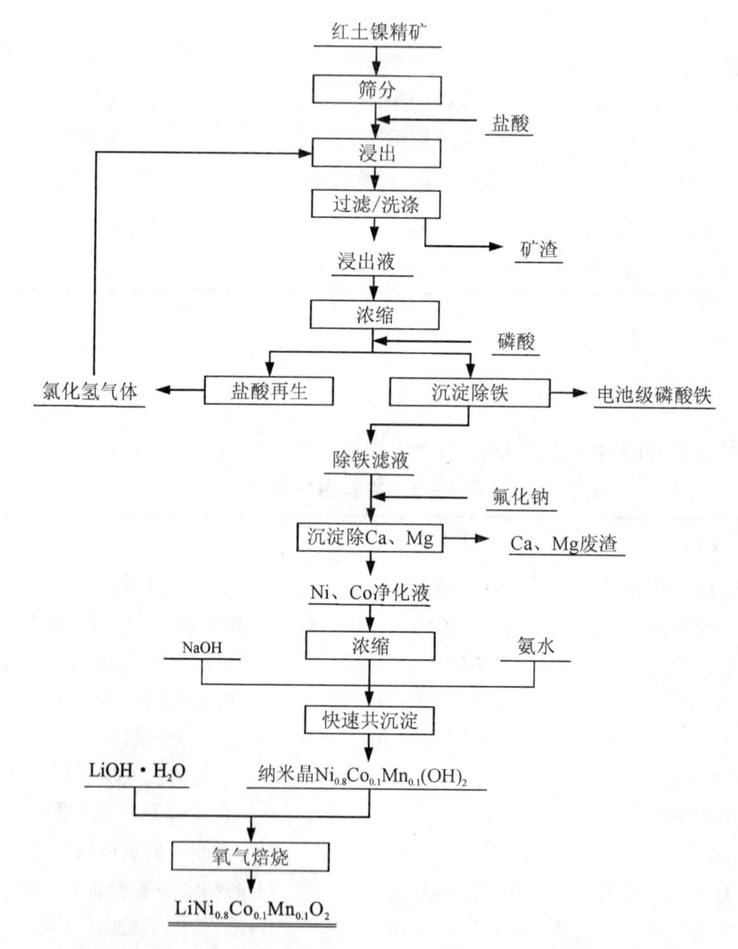

图 6-3 红土镍精矿制备 $LiNi_{0.8}Co_{0.1}Mn_{0.1}O_2$ 工艺流程图

1. 红土镍精矿的浸出

在常压条件下以盐酸作为浸出剂浸出红土镍精矿中的有价金属。浸出方法同2.2.3。

2. 红土镍精矿浸出液除铁

根据第二章的研究结果，沉淀除铁过程浸出液中铁的最佳浓度为0.5 mol/L，浓缩浸出液，采用磷酸沉淀除铁，方法同2.2.3。

3. 红土镍精矿净化液的制备

将一定量的NaF加入装有红土镍精矿除铁滤液的聚四氟乙烯杯中，水浴加热，控制搅拌速度300 r/min，调节pH，反应一段时间后，有灰色沉淀出现，抽滤，所得滤液采用原子吸收光谱仪来测试溶液中杂质离子的含量。根据第五章研究结果，滤液中Ni与杂质元素摩尔数为78∶2，所得滤液即为红土镍精矿净化液。

4. 红土镍精矿净化液制备 $LiNi_{0.8}Co_{0.1}Mn_{0.1}O_2$

根据第4章的研究结果，制备 $Ni_{0.8}Co_{0.1}Mn_{0.1}(OH)_2$ 前驱体的最佳浓度为2 mol/L，浓缩红土镍精矿净化液，补充化学计量比的 $MnCl_2$ 和 $CoCl_2$，以调节净化液中各元素摩尔比(Ni+杂质元素)∶Co∶Mn为8∶1∶1，采用快速沉淀—热处理法方法合成 $LiNi_{0.8}Co_{0.1}Mn_{0.1}O_2$ 材料，合成方法同4.2.3。

6.2.4 元素分析

实验所有元素分析方法同2.2.4。

6.2.5 材料物理性能的表征

1. XRD 衍射分析

样品的物相分析测试方法同2.2.4。

2. SEM 形貌分析

样品的表面形貌分析测试方法同3.2.5。

3. TEM 形貌分析

样品的TEM分析测试方法同3.2.5。

4. EDS 分析

样品的EDS分析测试方法同3.2.5。

5. XPS 分析

样品的XPS测试方法同5.2.4。

6.2.6 电化学性能测试

样品的电化学性能分析测试方法同3.2.6。

6.3 红土镍精矿常温浸出工艺试验研究

6.3.1 酸矿比对红土镍精矿浸出率的影响

李金辉[188]在盐酸浸出红土镍矿的过程中已探讨了矿料粒度、浸出温度、液固比、搅拌速度、浸出时间对矿料中各主元浸出率的影响。通过对红土镍矿氯化离析—磁选，得到红土镍精矿，两种矿石的元素种类是相同的。因此，本章研究采用盐酸浸出红土镍精矿，以第2章浸出红土镍矿的条件为基础，重点研究盐酸质量和矿物质量比、浸出时间和液固比对红土镍精矿中8种元素浸出率的影响。

盐酸质量和矿物质量比对各元素浸出率影响最大。这是因为在浸出过程中盐酸有2个作用：一是维持溶液的pH，防止Ni、Co、Mn、Fe、Mg的水解，提供氯离子，增大金属离子的活度；另一个是作为浸出剂浸出红土镍矿中的有价金属。实验称取红土精矿矿料50 g，液固比为8∶1，搅拌速度300 r/min，浸出时间3 h，浸出温度353 K，考察不同盐酸质量和矿物质量比(3、4、5和6)对Al、Co、Mn、Ni、Fe、Mg、Cr、Ca的影响，结果见图6-4。

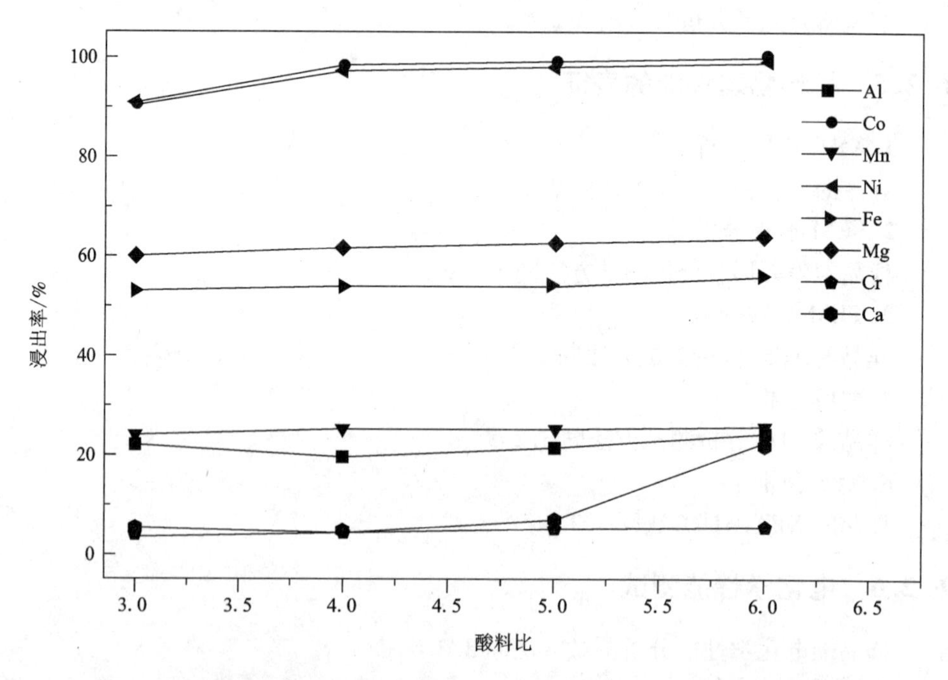

图6-4 不同酸矿比对Al、Co、Mn、Ni、Fe、Mg、Cr、Ca浸出率的影响

由图 6 - 4 可知，随着酸矿比的增加，Fe、Mg、Mn、Al 和 Cr 的浸出率变化不大，Ni、Co 和 Ca 浸出率逐渐增加，酸矿比为 6 时达到最大值。酸矿比由 3 上升到 4 时，Ni 和 Co 的浸出率增加明显，其他元素的浸出率变化不大。酸矿比由 4 上升到 5 时，各元素的浸出率均变化不大。酸矿比继续增加至 6 时，Ca 的浸出率有较大提高，但是其他元素的浸出率保持不变。因此，综合考虑后续的浸出液净化以及盐酸的成本，实验酸矿比以 4 为宜。

6.3.2　浸出时间对红土镍精矿浸出率的影响

浸出时间对浸出率有着较为明显的影响，浸出时间越长可以确保矿料与浸出剂之间有效接触，提高浸出率；而在一定浸出率的前提下，缩短浸出时间有利于提高生产率，因此浸出时间不宜过长。实验称取红土精矿矿料 50 g，液固比为 8∶1，搅拌速度 300 r/min，酸料比为 4，浸出温度 353 K，考察不同浸出时间（1 h、2 h、3 h 和 4 h）对 Al、Co、Mn、Ni、Fe、Mg、Cr、Ca 的影响，结果见图 6 - 5。

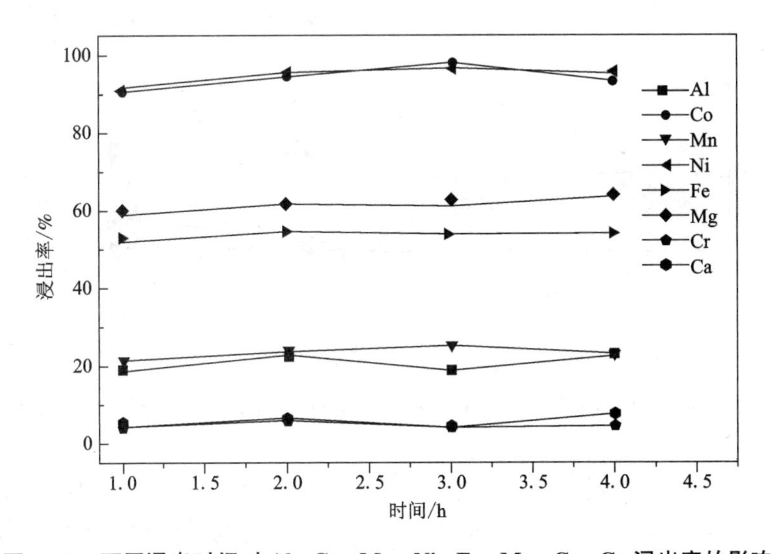

图 6 - 5　不同浸出时间对 Al、Co、Mn、Ni、Fe、Mg、Cr、Ca 浸出率的影响

由图 6 - 5 可知，随着浸出时间的增加，各元素的浸出率都有提高。当浸出时间为 1 h 时，Ni 和 Co 的浸出率最高为 90% 左右，Fe 和 Mg 的浸出率较高为 60% 左右，Mn 和 Al 的浸出率都较低为 20% 左右，Cr 和 Ca 的浸出率最低。浸出时间由 1 h 提高到 3 h 时，Ni 和 Co 的浸出率提高明显，其中 Al、Mn、Fe、Mg、Cr 和 Ca 的浸出率变化不大，受浸出时间影响较小。当浸出时间由 3 h 延长至 4 h 时，Ni、Co 的浸出率又稍有下降。因此，浸出时间选取 3 h 为宜。

6.3.3 液固比对红土镍精矿浸出率的影响

液固比对浸出率有着较为显著的影响，固液比太大，矿浆的黏度大，矿浆团聚程度严重，导致离子外扩散速度下降，不利于浸出剂与矿物表面有效接触，导致浸出率较低[226, 227]。实验称取红土镍精矿 50 g，浸出时间为 3 h，搅拌速度 300 r/min，酸料比为 4，浸出温度 353 K，考察不同液固比(7、8、9 和 10)对 Al、Co、Mn、Ni、Fe、Mg、Cr、Ca 的影响，结果见图 6-6。

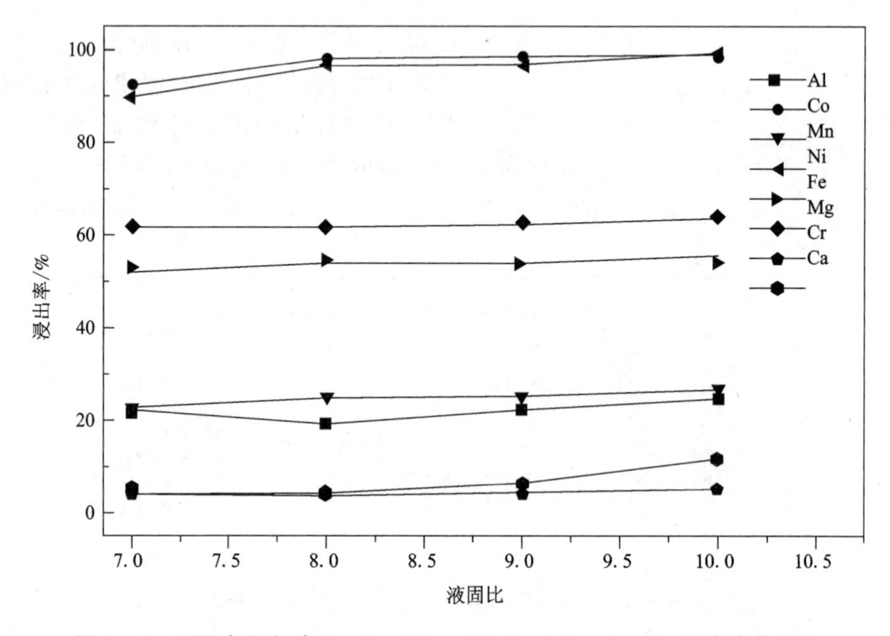

图 6-6 不同液固比对 Al、Co、Mn、Ni、Fe、Mg、Cr、Ca 浸出率的影响

由图 6-6 可知，随着液固比的增加，Mg、Fe、Mn、Al 和 Cr 的浸出率变化不大，Ni、Co 和 Ca 浸出率逐渐增加，液固比为 10 时达到最大值。液固比由 7 上升到 8 时，Ni 和 Co 的浸出率增加明显，其他元素的浸出率变化不大。液固比由 8 上升到 9 时，各元素的浸出率均变化不大。酸矿比继续增加至 10 时，Ca 的浸出率有较大提高，但是其他元素的浸出率保持不变。因此，综合考虑后续的浸出液净化以及 $LiNi_{0.8}Co_{0.1}Mn_{0.1}O_2$ 合成，实验液固比以 8 为宜。

综上所述，最优浸出条件为：浸出时间 3 h，液固比 8，酸料比 4，浸出温度 353 K，搅拌速度 300 r/min，该条件下 Al、Co、Mn、Ni、Fe、Mg、Cr、Ca 的浸出率分别为 19.39%，98.23%，25.03%，97.23%，53.9%，61.6%，4.16%，4.12%。

6.3.4 浸出渣的矿相

图6-7为最优浸出条件下所得红土镍精矿浸出渣的XRD图谱。与精矿XRD图谱(图6-2)比较可知,浸出前精矿中主要矿相为镍铁合金,特征峰角度为44°、52°和76°,浸出后矿渣中主要矿相为 SiO_2 和Mg、Fe、Al、Ca的氧化物,镍铁合金的特征峰消失了。在前面的研究中,最优浸出条件下Ni和Fe的浸出率分别为97.23%和53.9%。因此,综合上述结果,精矿中的Ni应全部存在于镍铁合金矿相中,且被完全溶解进入浸出液,而Fe在镍铁合金及氧化铁两种矿相中共存。

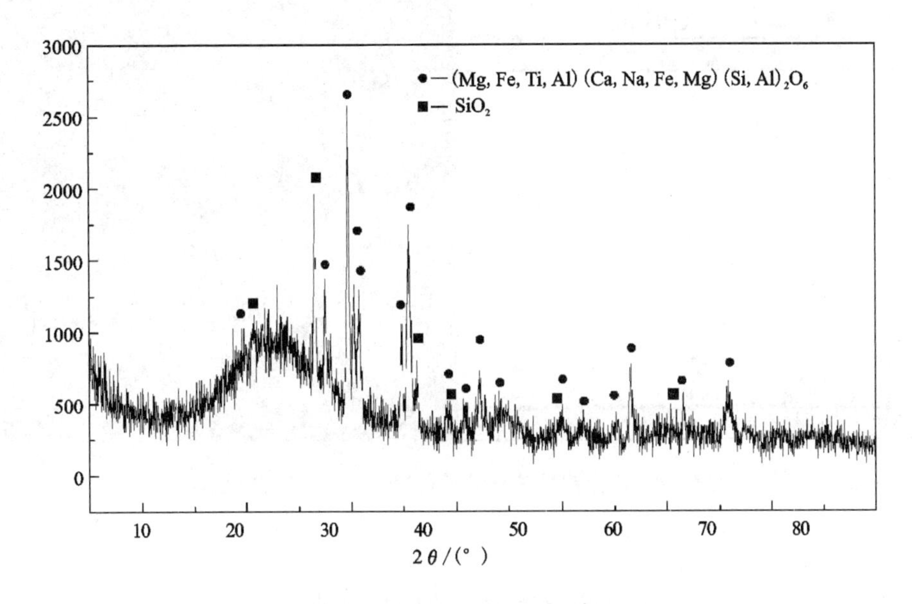

图6-7 最优浸出条件红土镍精矿浸出渣XRD图谱

6.3.5 红土镍精矿和浸出渣EDS分析

图6-8为红土镍精矿和浸出渣的SEM和对应的EDS-面扫描图谱。由图6-8上方两图可知,浸出前,精矿颜色为灰黑色,附有大量银色金属颗粒(镍铁合金),EDS分析表明精矿中含有多种金属元素,其组成与表6-1的结果基本一致。由图6-8下方两图可知,浸出后,矿渣为灰白色,EDS分析表明其主元为Si,而其他金属元素的特征峰强度明显减弱,Ni和Co的峰则完全消失了,说明Ni和Co几乎完全进入浸出液中,与前面ICP和XRD的分析结果一致。

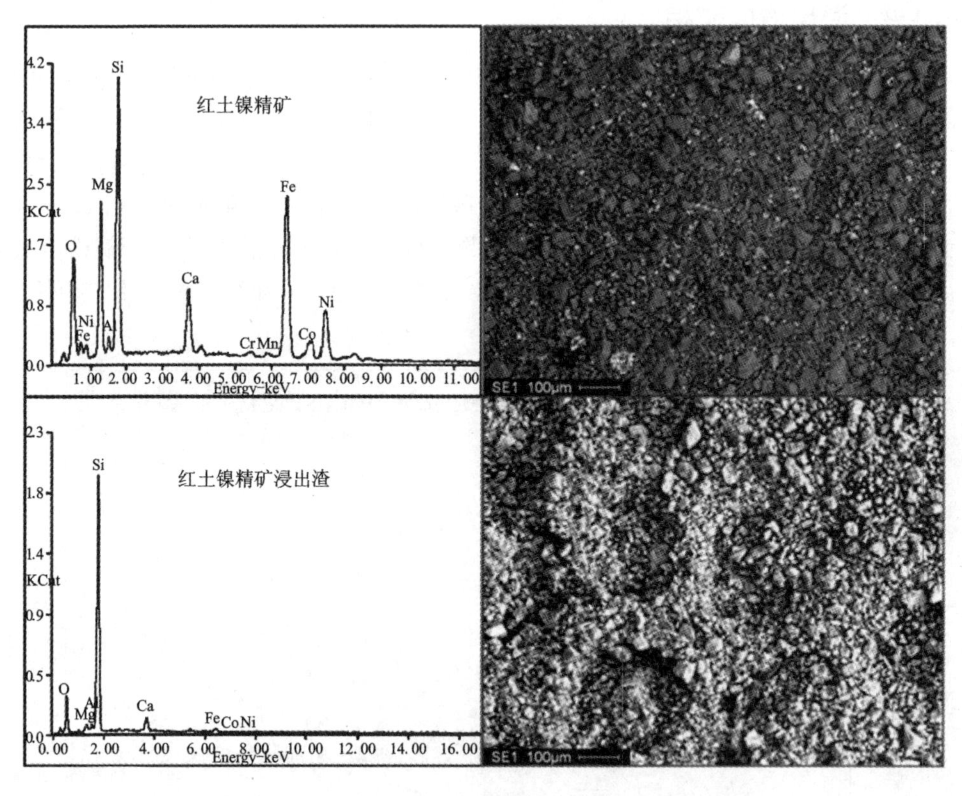

图 6-8　红土镍精矿及浸出渣 SEM 图像和 EDS 图谱

6.4　红土镍精矿浸出液定向除铁的研究

6.4.1　溶度积计算和分析

根据文献报道[192]和第 2 章、第 3 章研究结果，磷酸沉淀除铁过程，浸出液中铁的最佳浓度为 0.5 mol/L，将前面条件实验所得浸出液混合，并浓缩 4 倍(滤液成分见表 6-4)后进行除铁。根据溶度积公式计算浓缩液中各元素磷酸盐的初始沉淀 pH，如表 6-4 所示。第 2 章、第 3 章研究结果表明液相共沉淀制备 $FePO_4$ 前驱体的 pH 应控制在 2.0，由表 6-4 可知，红土镍精矿浸出浓缩液中 Fe 的初始沉淀 pH 为 0.106，远低于 2，而 Ni、CO、Mn、Mg、Cr 和 Ca 的初始沉淀 pH 均大于 2，只有 Al 的初始沉淀 pH 为 1.89，略低于 2。因此，在保持溶液的 pH 2.0 的条件下，Fe 将完全沉淀，Al 部分进入沉淀，而其他元素将保留在溶液中。

表 6－4　红土镍精矿浸出浓缩液的成分及初始沉淀 pH

元素	Al	Ca	Co	Cr	Fe	Mg	Mn	Ni
含量/($g \cdot L^{-1}$)	0.341	0.287	0.805	0.805	33.03	8.373	0.234	30.62
pK_{sp}	18.24	28.70	34.7	22.62	21.89	23	12	30.3
初始沉淀 pH	1.89	3.62	3.47	2.26	0.106	3.057	5.62	2.42

磷酸盐：$FePO_4$，$AlPO_4$，$Mg_3(PO_4)_2$，$Ni_3(PO_4)_2$，$Co_3(PO_4)_2$，$MnNH_4PO_4$，$Cu_3(PO_4)_2$，$Ca_3(PO_4)_2$，$CrPO_4 \cdot 4H_2O$.

6.4.2　除铁过程元素分布规律

实验中，由于浓缩液中 Ni 浓度较高，第一次过滤后尚有大量 $NiCl_2$ 吸附在 $FePO_4 \cdot xH_2O$ 沉淀上，严重影响除铁滤液中 Ni 的回收率。因此，将沉淀置于烧杯中用去离子水洗涤，并强烈搅拌一段时间后过滤，把前后两次滤液混合，用 ICP 检测混合滤液中各元素含量并计算综合的回收率，结果分别列于表 6－5 和表 6－6。

表 6－5　红土镍精矿除铁滤液中各元素含量

元素	Al	Ca	Co	Cr	Fe	Mg	Mn	Ni
含量/($g \cdot L^{-1}$)	0.0121	0.073	0.2305	0.1635	约 0	2.0213	0.065	8.24

表 6－6　红土镍精矿除铁滤液中各元素回收率

元素	Al	Ca	Co	Cr	Fe	Mg	Mn	Ni
回收率/%	12.38	88.65	99.78	70.79	约 0	84.11	96.83	93.76

由表 6－5 和表 6－6 可知，红土镍精矿除铁滤液中未检测到 Fe 的存在，而主元 Ni、Co、Mn 的回收率都很高，分别为 93.76%、99.78% 和 96.83%。除铁滤液中 Al 和 Cr 的回收率则相对较低，分别为 12.38% 和 70.78%，其原因是 Al 和 Cr 在表 6－4 的理论初始沉淀 pH 接近磷酸除铁过程中反应体系的 pH（2.0），Al 和 Cr 回收率的降低一方面有利于降低后续除杂的成本，另一方面 Al 和 Cr 进入沉淀，有利于提高 $LiFePO_4$ 的电化学性能（参见第 3 章）。结果表明，利用溶度积理论指导磷酸除铁的方法是可行的。

表 6－7 为除铁产物 $FePO_4 \cdot xH_2O$ 中各元素摩尔比。由表 6－7 可以看出，沉淀中主元为 Fe，微量的 Ca、Ni 和 Mg 进入沉淀。这可能是由于在滴加氨水调 pH 的过程中，局部区域内 pH 过高引起的。此外，Mn 没有进入沉淀，这是因为磷酸

锰的理论初始沉淀 pH 5.62，远高于磷酸除铁过程中反应体系的pH 2.0。沉淀中主要杂质元素为 Cr 和 Al，这与表 6－4 中各元素理论计算的结果一致。

表 6－7　除铁产物 $FePO_4 \cdot xH_2O$ 中各元素摩尔数

元素	Al	Ca	Co	Cr	Fe	Mg	Mn	Ni
摩尔比	0.81	0.17	0.01	0.97	100	0.41	0	0.11

6.5　红土镍精矿净化液的制备

由表6－5 可知，除铁滤液中主要的杂质元素有 Mg、Ca、Cr 和微量的 Al，第 5 章的研究结果表明，Ca 掺杂会恶化 $LiNi_{0.8}Co_{0.1}Mn_{0.1}O_2$的电化学性能；Mg 掺杂在提高材料的充放电效率同时，牺牲了材料的容量；Cr 掺杂效果最好，但也不宜过多；微量的 Al 掺杂对 $LiNi_{0.8}Co_{0.1}Mn_{0.1}O_2$的影响较小；此外，各掺杂元素总摩尔数以 $LiNi_{0.8-x}Co_{0.1}Mn_{0.1}M_xO_2$ 的 2% 为宜。因此，为了制备电化学性能优良的 $LiNi_{0.8-x}Co_{0.1}Mn_{0.1}M_xO_2$材料，必须对除铁滤液进一步净化，除去或降低 Mg、Ca、Cr 等杂质元素的含量。

6.5.1　溶度积计算和分析

目前，传统的除 Mg、Ca、Cr 的方法有离子交换[66]、超滤[67]等，但效果均不是很理想。彭长宏等人报道了一种硫酸盐体系氟化沉淀除杂的方法，Mg^{2+} 和 Ca^{2+} 平均去除率高达 90% 左右[68]，然而，有关红土镍矿氟化沉淀除 Mg、Ca、Cr 的研究还鲜有报道。因此，本小节，通过研究计算红土镍精矿除铁滤液中各元素氟化物的初始沉淀 pH，分析了氟化沉淀除 Mg、Ca、Cr 的可行性及主要工艺条件范围。

选用 NaF 作为沉淀剂，溶于水后完全电离成 Na^+ 和 F^-，在酸性条件下，F^- 生成 HF，而 HF 是弱电解质，电离不完全，存在如下平衡：

$$HF = H^+ + F^-$$

电离常数 $K_1 = [H^+][F^-]/[HF] = 6.8 \times 10^{-4}$

对于二价金属离子的氟化沉淀反应，

$$[M^{2+}] + 2[F^-] = MF_2$$

平衡时

$$[M^{2+}][F^-]^2 = K_{sp}(MF_2)$$

故有：

$$[F^-] = (K_{sp(MF)}/[M^{2+}])^{0.5}$$

因此，存在下式：

$$[H^+] = K_1[HF]/(K_{sp(MF)}/[M^{2+}])^{0.5} \quad (6-1)$$

由式(6－1)和各元素的含量可计算出其氟化物的理论 pH。表6－8为除铁滤液中各元素含量及各元素氟化物的 pH。由表6－8可知，MgF_2、CaF_2 和 CrF_3 的 pH 分别为0.31，0.59和1.22，pH 都较低，因此，在除杂过程中不需要考虑各元素氢氧化物沉淀的可能。由表6－8还可以看出，其他各元素与 F 离子不会生成沉淀。综上所述，在理论上可以一步实现 Mg、Ca 和部分 Cr 的除去，并得到 Ni、Co、Mn 富集的净化液。

表6－8　除铁滤液中各元素含量及其氟化物的理论初始沉淀 pH

元素	Al	Ca	Co	Cr	Fe	Mg	Mn	Ni
含量/(g·L^{-1})	0.0121	0.073	0.2305	0.1635	~0.00	2.0213	0.065	8.24
pK_{sp}		10.57		10.18		8.19		
初始沉淀 pH		0.59		1.22		0.31		

注：1. pK_{sp} 为溶度积的负对数；2. 空白为相应元素的氟化物溶于水，不会沉淀

根据上述实验结果及理论分析，确定氟化沉淀除 Mg、Ca、Cr 的主要工艺条件范围为：

(1)氟化剂(NaF)量。在 pH 一定的情况下，氟化剂量过低会影响 Mg、Ca、Cr 的除杂效果。氟化剂过高则有可能引起残留 F^- 过高，导致成本升高，同时不利于后续制备 $LiNi_{0.8}Co_{0.1}Mn_{0.1}O_2$。本实验中氟化剂量是指沉淀体系中氟化剂(NaF)摩尔数与除铁滤液中 Mg、Ca、Cr 摩尔总量之比，范围确定100%、102%、104%、106%、108%和110%。

(2)pH。根据表6－8可知，在氟化剂用量一定的情况下，如果溶液的 pH 过低，则达不到除杂的效果；如果 pH 过高，则其他元素有可能以氢氧化物的形式沉淀，对主元的富集效果不利。由于表6－8中 Cr 的初始沉淀 pH 为1.22，本实验考察 pH 1.3、1.8、2.3和2.8。

(3)反应时间。反应时间越长可以保证 Mg、Ca、Cr 与氟化剂之间有效充分接触，富集效果越好；在保证一定富集率的前提下，缩短反应时间有利于提高生产率，因此反应时间不宜过长。本实验考察浸出时间为10 min、20 min、30 min、40 min、50 min 和60 min。

(4)反应温度。理论上，温度的升高有利于沉淀的析出，会使反应速度加速。本实验中反应温度选定为20℃、40℃、60℃和80℃。

6.5.2 氟化剂量对沉淀过程除杂效果的影响

实验量取除铁滤液 200 mL，pH 控制为 2.3，温度保持 80℃，搅拌速度 450 r/min，反应时间 30 min，考察不同氟化剂量(100%、102%、104%、106%、108%和110%)对沉淀过程 Mg、Ca、Cr 除杂率的影响，结果见图 6-9。

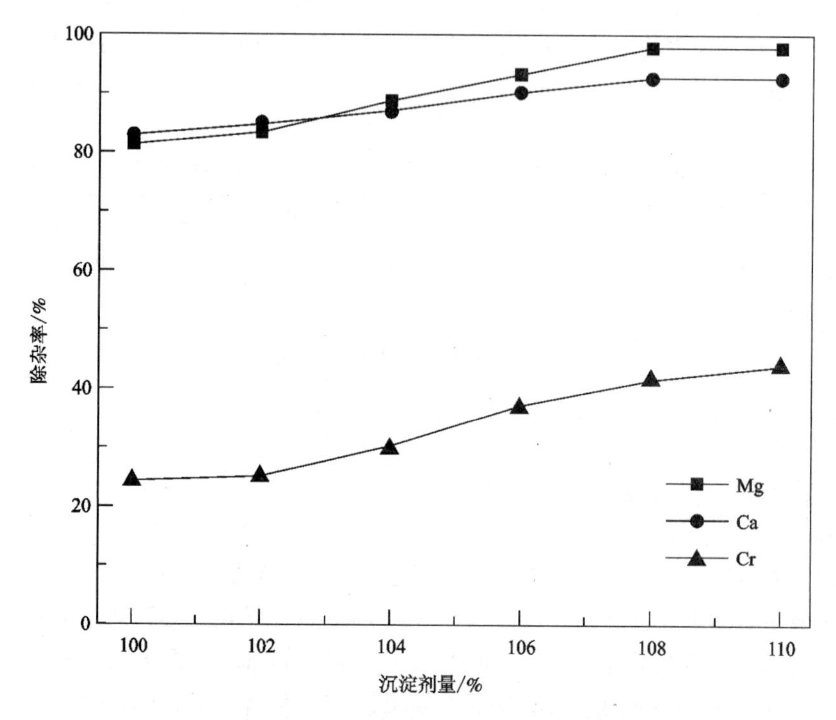

图 6-9 氟化剂量对沉淀过程 Mg、Ca、Cr 除杂率的影响

由图 6-9 可以看出，Mg、Ca、Cr 的除杂率都随氟化剂量的增加而增大，这是因为氟化剂量的增加能够促进沉淀反应的正向进行。当氟化剂量为 108% 时，Mg 和 Ca 的除杂率接近平衡，分别达到 97.9% 和 92.83%，Cr 的除杂率逐渐增大，为 41.23%，然而，其增长的速率有所减慢。Mg 的除杂率略高于 Ca，远高于 Cr，其原因是除铁滤液中 MgF_2 的初始沉淀 pH 高于 CaF_2，并远高于 CrF_3(参见表 6-7)。由图 6-9 还可知，氟化剂量为 108% 增加至 110% 时，Mg 和 Ca 的除杂率变化不大，Cr 的除杂率少量提升。综合考虑到氟化剂成本及少量 Cr 掺杂可以显著提升 $LiNi_{0.8}Co_{0.1}Mn_{0.1}O_2$ 材料电化学性能，氟化剂量采用 108% 为宜。

6.5.3　pH 对沉淀过程除杂效果的影响

实验量取除铁滤液 200 mL，氟化剂量为 108%，温度保持 80℃，搅拌速度 450 r/min，反应时间 30 min，考察不同 pH(1.3、1.8、2.3 和 2.8)对沉淀过程 Mg、Ca、Cr 除杂率的影响，结果见图 6－10。

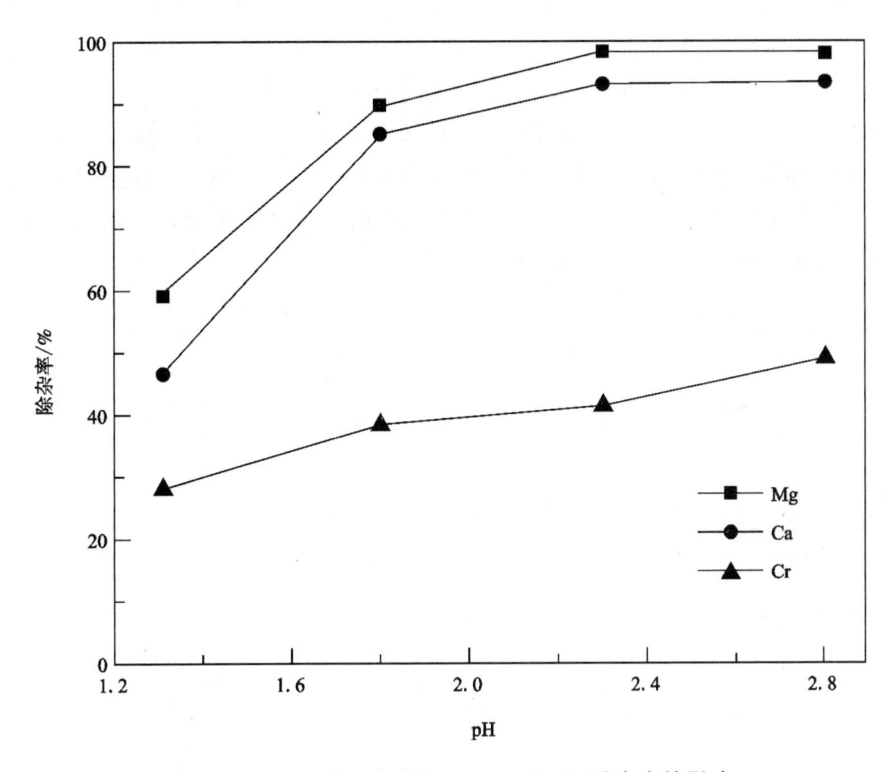

图 6－10　pH 对沉淀过程 Mg、Ca 和 Cr 除杂率的影响

由图 6－10 可知，Mg、Ca、Cr 的除杂率都随 pH 的升高而增大。当溶液的 pH 1.3 时，Mg、Ca、Cr 的除杂率均较低，这是因为 HF 的弱酸性，pH 越小，越不利于 F^-的生成，导致各元素除杂率降低。随着溶液的 pH 的升高，Mg 和 Ca 的除杂率增加很快，并在 pH 2.3 时达到最高。当 pH 2.8 时，Mg 和 Ca 的除杂率变化不大，Cr 的除杂率继续增加。Mg、Ca、Cr 的除杂率随 pH 增加的变化规律与表 6－7 中 Mg、Ca、Cr 的溶度积规则是一致的。综合考虑少量 Cr 掺杂可以显著提升 $LiNi_{0.8}Co_{0.1}Mn_{0.1}O_2$材料电化学性能，采用 pH 2.3 为宜。

6.5.4 反应时间对沉淀过程除杂效果的影响

实验量取除铁滤液 200 mL，氟化剂量为 108%，控制 pH 2.3，温度保持 80℃，搅拌速度 450 r/min，考察不同反应时间(10 min、20 min、30 min、40 min、50 min 和 60 min)对沉淀过程 Mg、Ca、Cr 除杂率的影响，结果见图 6－11。

由图 6－11 可知，Mg、Ca、Cr 的除杂率都随反应时间的增加先升高后迅速降低，40 min 是转折点，Mg、Ca、Cr 的除杂率都达到最大值。当反应时间小于 40 min时，Mg、Ca、Cr 的除杂率较低，其原因可能是，氟化沉淀反应受扩散的影响较大，反应时间越长可以保证各元素与氟化剂之间有效充分接触。当反应时间大于 40 min 时，Mg、Ca、Cr 的除杂率迅速降低，其原因可能是 MgF_2 和 CaF_2 形成 $[MF_n]^{2-n}$ 配合离子[228]，使 MgF_2 和 CaF_2 重新溶解，导致其除杂率下降。显然，反应时间为 40 min 时，除杂效果最好。

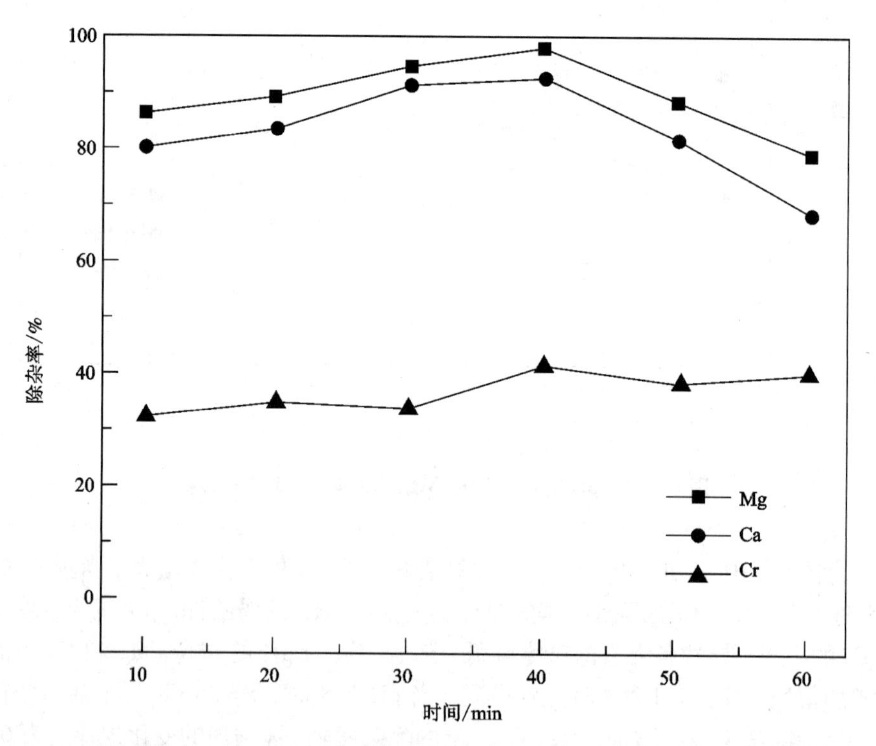

图 6－11 反应时间对沉淀过程 Mg、Ca 和 Cr 除杂率的影响

6.5.5　反应温度对沉淀过程除杂效果的影响

实验量取除铁滤液 200 mL，氟化剂量为 108%，控制 pH 2.3，搅拌速度 450 r/min，反应时间 30 min，考察不同反应温度(20℃、40℃、60℃和 80℃)对沉淀过程 Mg、Ca、Cr 除杂率的影响，结果见图 6-12。

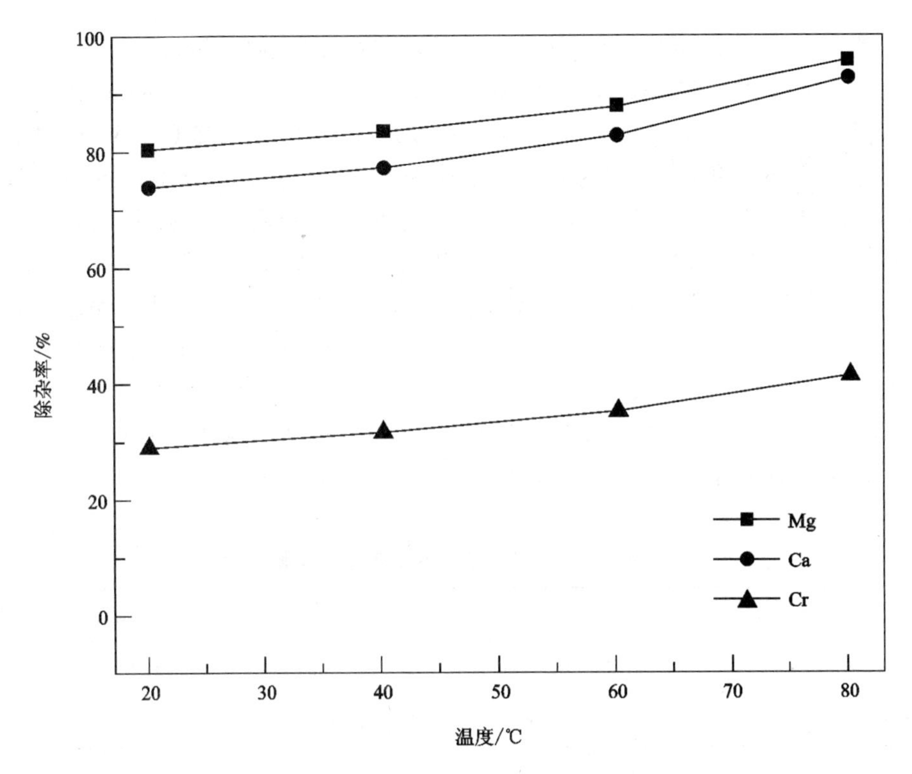

图 6-12　反应温度对沉淀过程 Mg、Ca 和 Cr 除杂率的影响

由图 6-12 可以看出，Mg、Ca、Cr 的除杂率随反应温度的升高而增加，且增加的趋势逐渐加快。当反应温度从 20℃升高至 60℃时，各元素的除杂率增加较缓慢，当温度从 60℃上升至 80℃时，各元素的除杂率迅速增加。其原因可能是较高温度，有利于离子间的扩散和聚合，易形成沉淀。考虑综合成本，未进行 90℃的温度实验。因此，反应温度采用 80℃为宜。综上所述，氟化沉淀除 Mg、Ca、Cr 的最优条件为：氟化剂量 108%，控制 pH 2.3，反应时间 30 min，反应温度 80℃，搅拌速度 450 r/min。在此条件下 Mg、Ca、Cr 的除杂率分别为 97.9%、92.83% 和 41.23%。

6.6 精矿净化液合成多金属共掺杂 $LiNi_{0.8}Co_{0.1}Mn_{0.1}O_2$ 的研究

6.6.1 元素分析

表6-9为最优除杂条件下所得红土镍精矿净化液的各元素含量。由表6-9可知，净化液中主元为Ni，含有少量Co、Mn、Cr和Mg，以及微量的Al和Ca。杂质元素Cr、Mg、Al和Ca的总摩尔数与Ni摩尔数之比为0.023∶0.776，且主要杂质元素Cr和Mg的摩尔比约为1∶1。即净化液中Ni和各杂质元素配比接近第5章Cr-Mg共掺杂研究的最佳配比，通过添加适量的Co盐和Mn盐，可以直接用于合成多金属共掺杂 $LiNi_{0.8}Co_{0.1}Mn_{0.1}O_2$ 材料。由表6-9还可以看出，净化液中各元素浓度低于第4章中合成 $LiNi_{0.8}Co_{0.1}Mn_{0.1}O_2$ 材料的原液浓度，为了保证实验条件与第4、5章的研究保持一致，通过蒸馏的方法浓缩净化液，使得Ni的摩尔浓度为2 mol/L(该步骤在实际应用或产业化时可以省略)；同时补充化学计量比的 $MnCl_2$ 和 $CoCl_2$，以调节净化液中各元素摩尔比(Ni+杂质元素)∶Co∶Mn为8∶1∶1，采用快速沉淀—热处理法方法合成 $LiNi_{0.8}Co_{0.1}Mn_{0.1}O_2$ 材料。

表6-9　精矿净化液中各元素含量

元素	Al	Ca	Co	Cr	Mg	Mn	Ni
含量/($g \cdot L^{-1}$)	0.0093	0.0043	0.192	0.0807	0.0355	0.0527	6.68
摩尔浓度/($mol \cdot L^{-1}$)	0.00038	0.00011	0.0033	0.00155	0.00146	0.001	0.1138

表6-10　纯样与矿样中各元素摩尔比

样品	各元素摩尔比						
	Ni	Co	Mn	Cr	Mg	Al	Ca
纯样	0.802	0.099	0.099	0.000	0.000	0.000	0.000
矿样	0.7756	0.101	0.100	0.0105	0.0099	0.0025	0.0005

在本章研究中，以精矿净化液为原料合成的多金属共掺杂 $LiNi_{0.7756}Co_{0.101}Mn_{0.1}M_{0.0234}O_2$(M为Cr、Mg、Al、Ca)材料称为矿样，而以化学试剂为原料合成的 $LiNi_{0.8}Co_{0.1}Mn_{0.1}O_2$ 材料称为纯样，两种样品的合成方法是一样的。

表 6－10 为纯样与矿样中各元素的摩尔比。由表 6－10 可知，矿样中实际测得的各元素摩尔比与精矿净化液中各元素摩尔比非常吻合，说明各杂质元素完全进入材料。

6.6.2　SEM 和 EDS 分析

图 6－13 为矿样 $LiNi_{0.7756}Co_{0.101}Mn_{0.1}M_{0.0234}O_2$的 SEM 图像和 EDS 图谱，其中因矿样中 Al 和 Ca 的含量太少，未做 EDS 分析。由图 6－13 可以看出，样品颗粒较小，且粒径分布较均匀，一次颗粒平均直径在 100 ~ 400 nm。由 EDS 能谱可以看出 Ni、Co、Mn、Cr 和 Mg 的元素分布，从图中可看出，这 5 种元素分布均匀，说明各掺杂元素完美进入 $LiNi_{0.8-x}Co_{0.1}Mn_{0.1}M_xO_2$材料中。

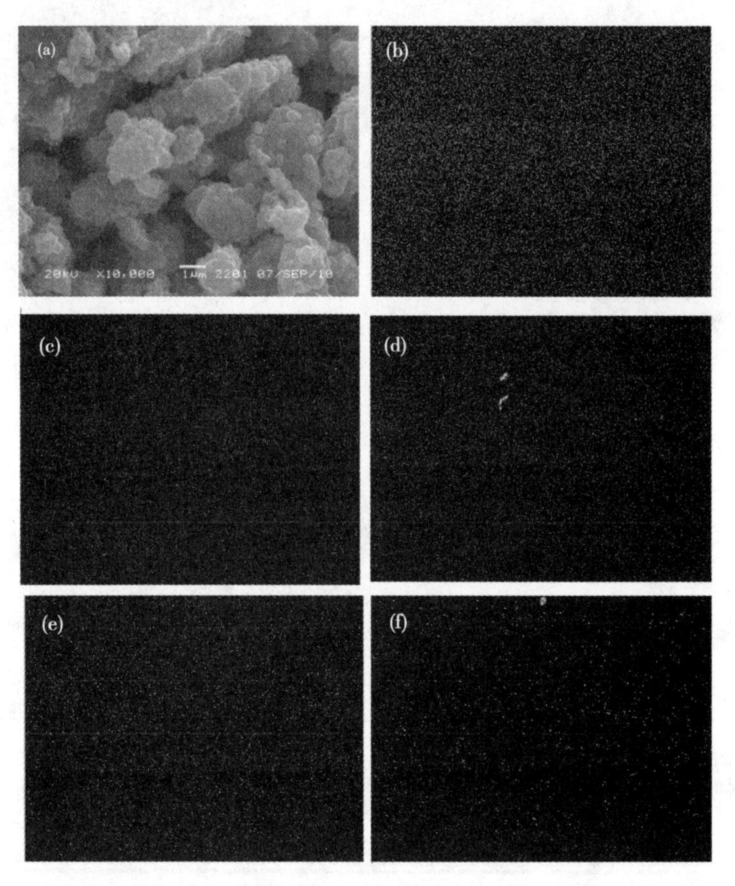

图 6－13　矿样 $LiNi_{0.7756}Co_{0.101}Mn_{0.1}M_{0.0234}O_2$的 SEM 图(a)
及材料 Ni、Co、Mn、Cr 和 Mg 的 EDS 面扫描图像(b) ~ (f)

6.6.3 TEM 与元素分布

图 6 - 14 为矿样 $LiNi_{0.7756}Co_{0.101}Mn_{0.1}M_{0.0234}O_2$ 的 TEM 图像和 EDS 图谱。由图 6 - 14(a)图可以看出，图中有多个完整的晶粒，尺寸为 150 ~ 400 nm，形貌不是很规则，且晶粒间由某种网状的包覆物相连，由于仪器不能进行电子探针分析，无法判断包覆物的物相，推测可能是某种杂质金属的氧化物。图 6 - 14(b)为图 6 - 14(a)中区域 2 的高倍率放大图，由图 b 可以清楚看到晶粒的晶格，晶粒的位向已用虚线标出，可知两侧晶粒的位向并不平行，因此区域 2 为两个晶粒的晶界。

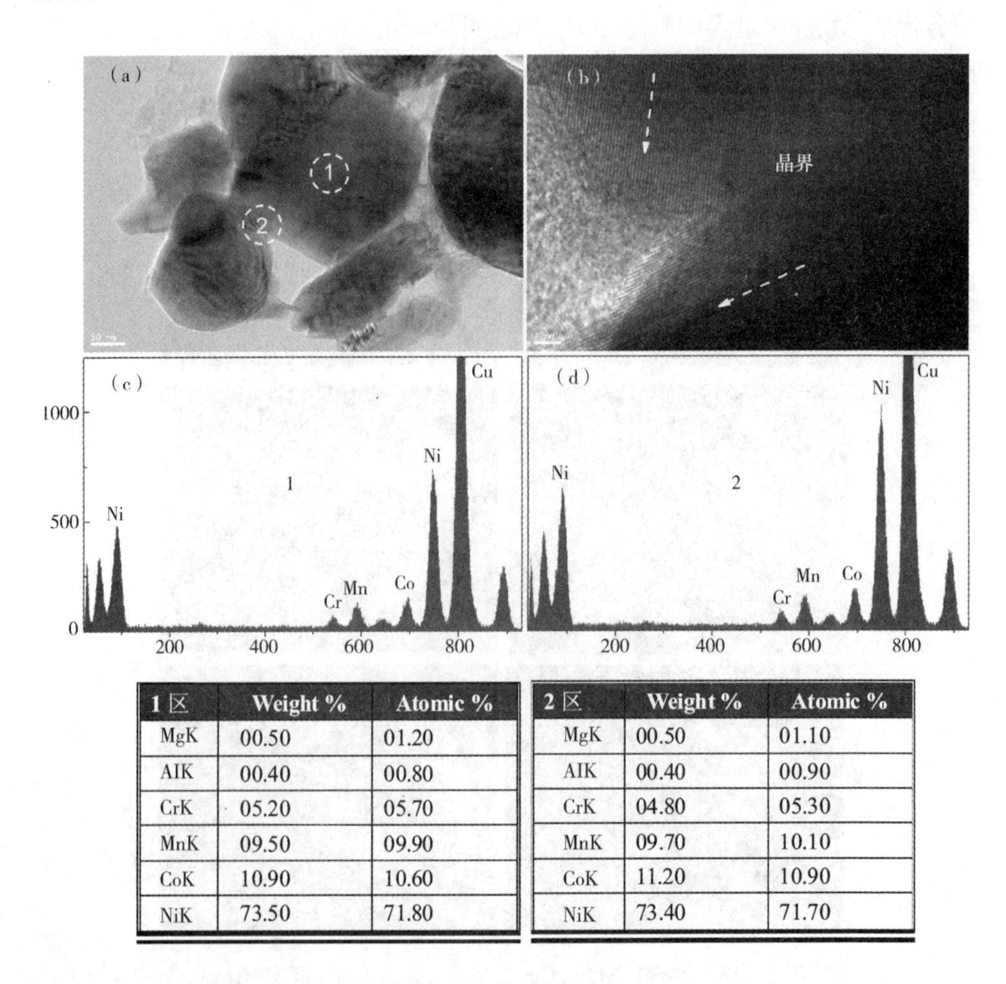

1 区	Weight %	Atomic %
MgK	00.50	01.20
AIK	00.40	00.80
CrK	05.20	05.70
MnK	09.50	09.90
CoK	10.90	10.60
NiK	73.50	71.80

2 区	Weight %	Atomic %
MgK	00.50	01.10
AIK	00.40	00.90
CrK	04.80	05.30
MnK	09.70	10.10
CoK	11.20	10.90
NiK	73.40	71.70

图 6 - 14 矿样 $LiNi_{0.7756}Co_{0.101}Mn_{0.1}M_{0.0234}O_2$ 的 TEM 图像（a）和（b）、EDS 图谱（c）和（d）及 1 区和 2 区的 EDS 测试结果

为了进一步研究晶粒中心和晶界上主元及杂质元素的分布情况，我们对图 6 - 14(a)中区域 1 和区域 2 分别进行了 EDS 分析，图 6 - 14(c)和图 6 - 14(d)分别为 1 区和 2 区的 EDS 测试图谱。可以看出这两个区域都含有 Ni、Co、Mn 和 Cr，且均没有 Al、Mg 和 Ca 的特征峰出现，其原因可能是 EDS 分析是材料表层元素分析，而 Al、Mg 和 Ca 在晶粒表层含量较少。从 EDS 的测试结果可知，Cr 在晶粒表层含量为 5% ~6%，远高于 ICP 的测试结果，这证明 Cr 更倾向于富集在晶粒的表层，与第三章和第五章的分析一致。从 EDS 的测试结果还可以看出 1 区和 2 区所含 Ni、Co、Mn、Cr、Mg 和的比例相差不大，说明元素 Cr 已经完全融入到 $LiNi_{0.8}Co_{0.1}Mn_{0.1}O_2$ 的晶格之中，且主元和 Cr 在晶粒与晶界处是均匀分布的，也说明以红土镍精矿为原料合成的 $LiNi_{0.8}Co_{0.1}Mn_{0.1}O_2$ 产物组成和分布的一致性非常好。

6.6.4　晶体结构与原子占位

为了考察矿样和纯样的晶体结构，对合成的 $LiNi_{0.7756}Co_{0.101}Mn_{0.1}M_{0.0234}O_2$ 材料进行了 XRD 分析，结果如图 6 - 15 所示。从图中谱线的峰值特征可以看出，所有样品都是空间群为 $R\bar{3}M$ 的 $\alpha - NaFeO_2$ 型层状岩盐单相产物，各衍射峰比较尖锐，(006)/(102)、(108)/(110)两组特征峰都分裂明显，层状结构发育良好。矿样的 XRD 谱线未发现杂质峰，说明各杂质元素已经完全进入晶格中。

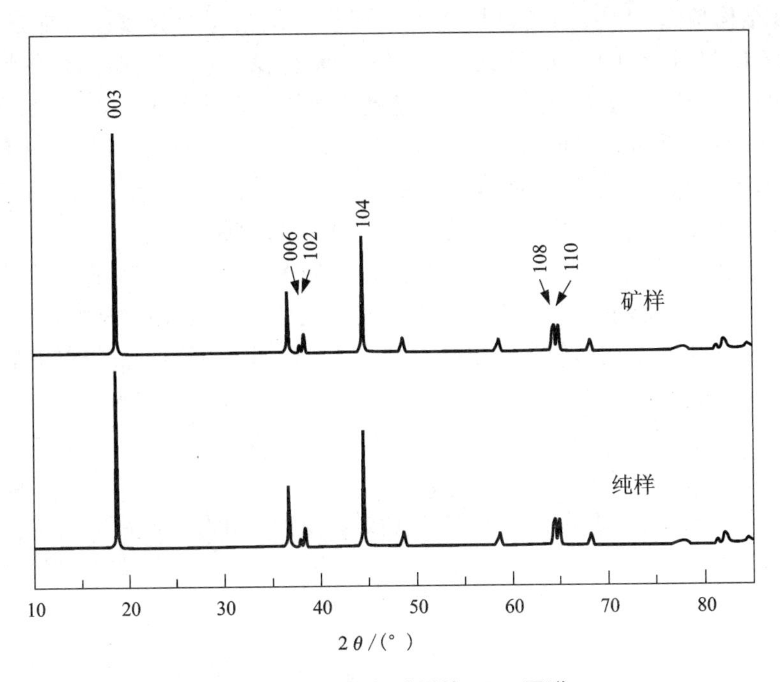

图 6 - 15　纯样与矿样的 XRD 图谱

表6-11列出了纯样和矿样的晶格常数及$I_{(003)}/I_{(104)}$值。由表6-11可知，与纯样相比，矿样的晶格参数a、c和晶胞体积V较小，与第5章Cr-Mg共掺杂研究结果一致(参见表5-21)。纯样与矿样的c/a值分别为4.94356和4.9652，均大于理想的立方密堆积结构的c/a值4.9，表明矿样的层状结构发育更好。

表6-11　纯样与矿样的晶格常数和I_{003}/I_{104}值

样品	晶格常数和I_{003}/I_{104}值				
	a/Å	c/Å	c/a	$V_{hex.}$/Å^3	I_{003}/I_{104}
纯样	2.8720	14.1979	4.94356	101.42	1.5237
矿样	2.8685	14.1891	4.94652	101.11	1.9477

由表6-11还可知，纯样与矿样的$I_{(003)}/I_{(104)}$值分别为1.5237和1.9477，说明矿样的阳离子混排现象得到抑制，这一结果比先前第5章Cr-Mg共掺杂的研究结果还要高，其原因可能是微量的Ca和Al掺杂能提高材料的$I_{(003)}/I_{(104)}$值，与第5章Ca和Al单掺杂研究结果一致。

为了进一步分析矿样中Li、Ni、Cr、Mg和Al的原子占位情况，对矿样进行Rietveld结构精修。所有的精修均认为阳离子占位被完全充满，Ni能进入到Li层，忽略Li过量及氧占位的情况，因为Ca含量很少，也忽略Ca占位的情况。根据前面的研究成果，我们认为Cr进入过渡金属层，假设了Mg和Al全部进入Li层；Mg和Al全部进入过渡金属层；Mg在过渡金属层，Al在Li层；或Mg在Li层，而Al在过渡金属层等四种情况。在这四种结构模式下进行精修，从精修结果来看，第四种情况的偏差因子R_{wp}最小，为10.3，其原因是Mg^{2+}离子半径与Li^+接近，容易占据Li位。图6-16为纯样和矿样的XRD观察图谱、按照第四种情况精修拟合的图谱和差谱。从图6-16中观察曲线和拟合曲线较好吻合，以及图中平稳的差谱，说明结构精修的结果是可靠的。表6-12为纯样与矿样的精修结果。从表6-12中可以清楚地看出，纯样与矿样的Li^+占位率分别为0.932和0.970，Ni^{2+}在3b位的占位率分别为0.068和0.021，即矿样中锂镍混排的程度更低，这是因为一方面Cr掺杂能抑制锂镍混排，另一方面，Mg^{2+}掺在Li位，也能够抑制Ni^{2+}进入3a位，与文献报道一致。综上所述，与纯样相比，矿样的层状结构发育更好，锂镍混排程度更低。

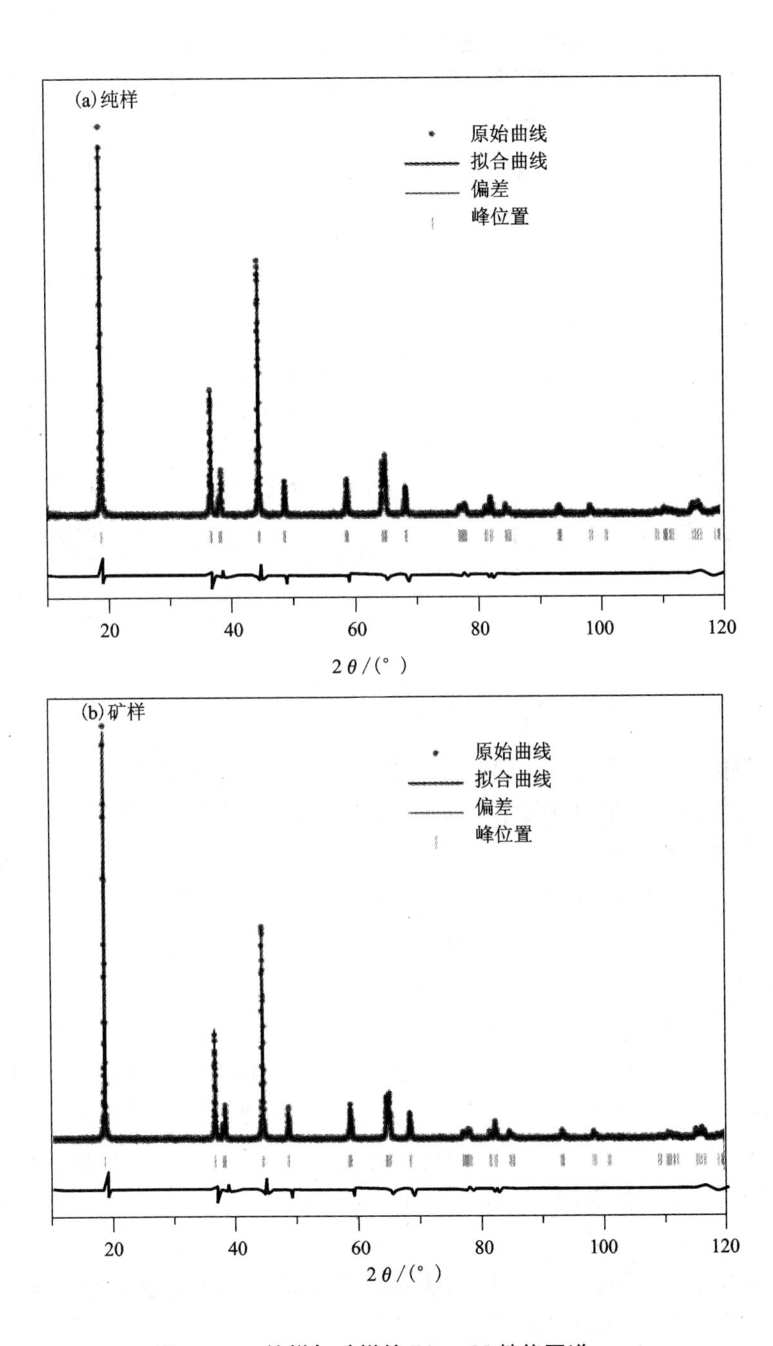

图 6-16　纯样与矿样的 Rietveld 精修图谱：

表 6 - 12　纯样与矿样的 Rietveld 精修结果

原子	位置	占位率	
		纯样	矿样
Li_1	3a	0.932 (4)	0.970 (2)
Ni_2	3a	0.068 (4)	0.021 (2)
Mg_1	3a	—	0.009 (2)
Ni_1	3b	0.802 (5)	0.786 (3)
Co_1	3b	0.099	0.101
Mn_1	3b	0.099	0.100
Cr_1	3b	0.000	0.011 (3)
Al_1	3b	—	0.002 (3)
O	6c	2.000	2.000

6.6.5　矿样中 Ni、Mn、Cr 的离子状态

对矿样 $LiNi_{0.7756}Co_{0.101}Mn_{0.1}M_{0.0234}O_2$ 进行 XPS 分析，结果表明 Co、Mg 和 Al 的价态分别为 +3、+2 和 +3，没有变化；而 Ni、Mn 和 Cr 的价态构成比较复杂，分小节讨论。

1. Ni 价态的确定

图 6 - 17(a) 和图 6 - 17(b) 分别是纯样与矿样中 Ni 的 XPS 谱图及 Ni $2p_{3/2}$ 峰的拟合图。所有数据均以 C1s = 284.6 eV 为基准进行结合能校正，并通过 Thermo Avantage 软件进行峰位拟合，图中光滑曲线为各拟合峰的曲线，虚线为拟合得到 XPS 谱线，实线为原始谱线，拟合的曲线与原始谱线重合的很好，说明拟合的结果是准确的。由图 6 - 17(b) 可知，主峰 Ni $2p_{3/2}$ 是由峰值为 854.0 eV、854.7 eV、855.9 eV、856.2 eV 和 861.5 eV 的五个分峰所构成。其中前三个是 Ni^{2+} 的特征峰，后两个是 Ni^{3+} 的特征峰[216]，说明矿样中 Ni 是以 +2，+3 价形式存在的。

通过软件拟合测算图 6 - 17 中各个拟合峰的面积，结果分别列于表 6 - 13 和表 6 - 14。如表 6 - 13 和 6 - 14 所示，矿样的 Ni^{2+} 含量比纯样有所提高，说明材料中一部分 Ni^{3+} 被还原为 Ni^{2+}，以对掺入的高价阳离子进行电荷补偿，矿样中 Ni^{2+} 和 Ni^{3+} 的含量分别为 65.42% 和 34.58%。

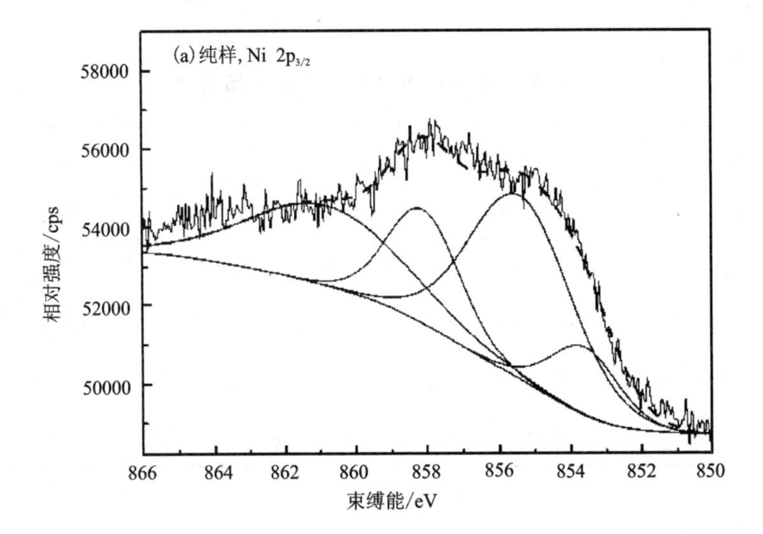

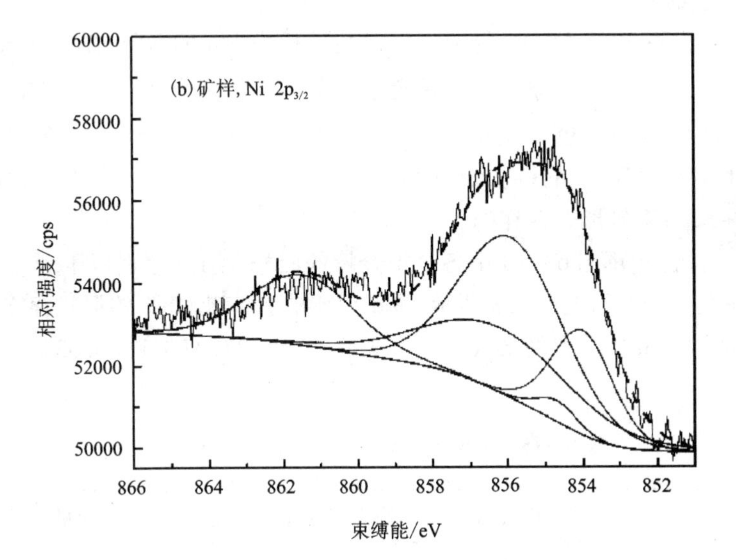

图 6－17　纯样与矿样 Ni 的 Ni $2p_{3/2}$ 峰的拟合图

表 6－13　纯样中 Ni $2p_{3/2}$ 峰的拟合结果

峰位置	峰强度/cps	峰面积/(cps. eV)	含量/%
853.6　(+2)	1745.59	4278.86	15.32
855.4　(+3)	4686.5	17091.4	40.1
858.1　(+2)	2910.15	7530.43	17.52
860.8　(+3)	2046.37	11727.61	27.06

表 6 – 14　矿样中 Ni $2p_{3/2}$峰的拟合结果

峰位置	峰强度/cps	峰面积/(cps. eV)	含量/%
854.0(+2)	2538.94	5301.59	12.94
854.7(+2)	520.62	708.43	1.72
855.9(+2)	3893.69	13785.34	50.76
856.2(+3)	1561.36	8133.36	19.71
861.5(+3)	1710.1	6236.66	14.87

2. Mn 价态的确定

图 6 – 18(a)和图 6 – 18(b)分别是纯样与矿样中 Mn 的 XPS 谱图及 Mn $2p_{3/2}$峰的拟合图，拟合的曲线与原始谱线重合的很好，说明拟合的结果是准确的。由图 6 – 18(b)可知，主峰 Mn $2p_{3/2}$是由峰值为 641.2eV 和 642.1eV 的三个分峰所构成。其中 641.2eV 是 Mn^{4+}的特征峰，642.1eV 是 Mn^{4+}的特征峰[217, 218]，说明矿样中 Mn 是以 +3，+4 价形式存在的。

通过软件拟合测算图 6 – 18 中各个拟合峰的面积，结果分别列于表 6 – 15 和表 6 – 16。如表 6 – 15 和表 6 – 16 所示，Mn 在纯样中是以 Mn^{4+}的形式存在，在矿样中是以 Mn^{3+}和 Mn^{4+}共存的形式存在，含量分别为 23.97% 和 76.03%。

表 6 – 15　纯样中 Mn $2p_{3/2}$峰的拟合结果

峰位置	峰强度/cps	峰面积/(cps. eV)	含量/%
641.8　(+4)	4020.2	38872.7	100.00

表 6 – 16　矿样中 Mn $2p_{3/2}$峰的拟合结果

峰位置	峰强度/cps	峰面积/(cps. eV)	含量/%
641.2　(+3)	1404.02	5120.39	23.97
642.1　(+4)	2197.85	16281.26	76.03

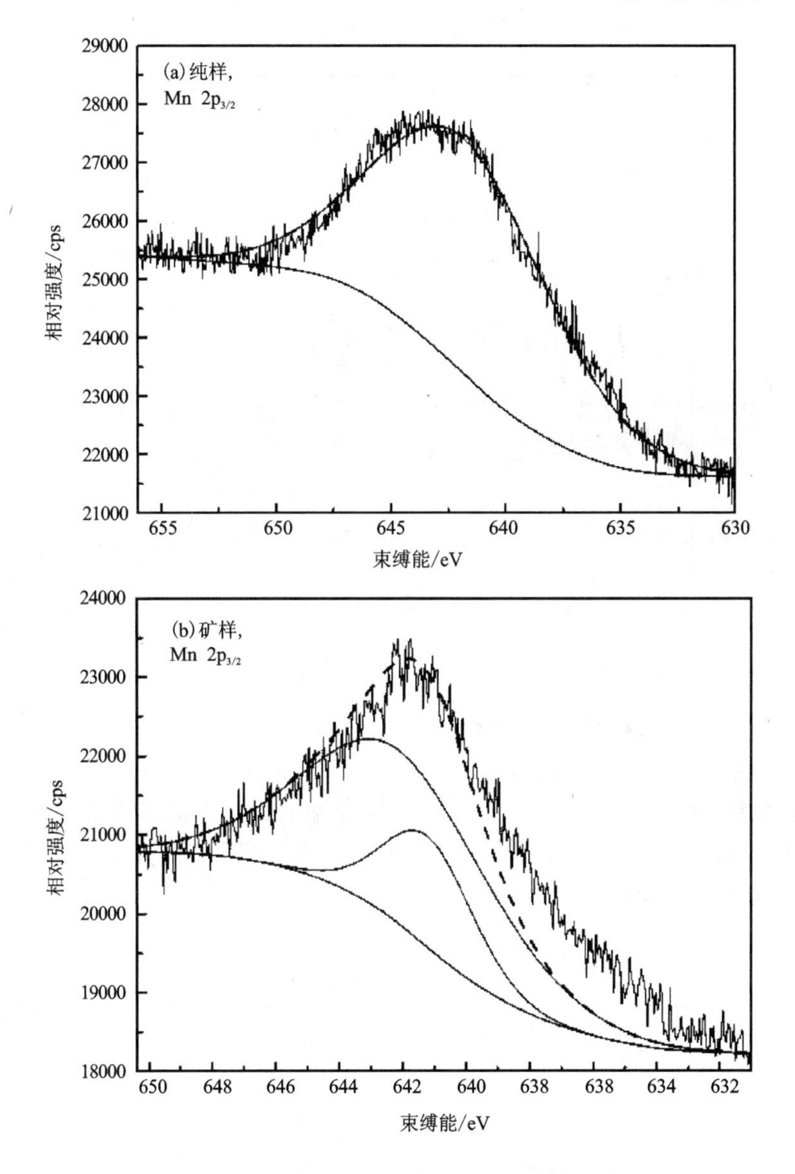

图 6-18　纯样与矿样 Mn 的 Mn $2p_{3/2}$ 峰的拟合图

3. Cr 价态的确定

图 6-19 是矿样中 Cr 的 XPS 谱图及 Cr $2p_{3/2}$ 峰的拟合图，拟合的曲线与原始谱线重合的很好，说明拟合的结果是准确的。由图 6-19 可知，主峰 Cr $2p_{3/2}$ 是由峰值为 575.7 eV、578.2 eV 和 579.1 eV 的三个分峰所构成。其中 575.7 eV 是 Cr^{3+} 的特征峰，578.2 eV 和 579.1 eV 是 Cr^{6+} 的特征峰[260]，说明矿样中 Cr 是以 +3，+6 价形式存在的。

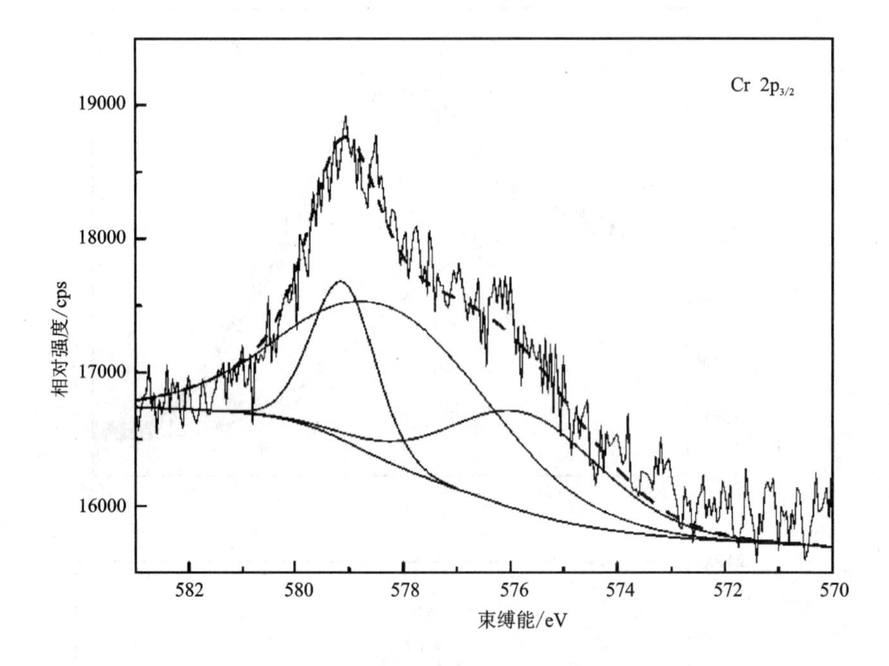

图 6-19 矿样中 Cr 的 Cr $2p_{3/2}$ 峰的拟合图

通过软件拟合测算图 5-22 中各个拟合峰的面积，结果列于表 6-17。如表 6-17所示，Cr 在矿样中是以 Cr^{3+} 和 Cr^{6+} 共存的形式存在的，含量分别为 27.29% 和 72.71%。

表 6-17 矿样中 Cr $2p_{3/2}$ 峰的拟合结果

峰位置	峰强度/cps	峰面积/(cps. eV)	含量/%
575.7 (+3)	738.11	2691.84	27.29
578.2 (+6)	1164.59	5460.67	55.03
579.1 (+6)	1184.37	1758.29	17.68

4. 矿样中各元素离子状态的变化规律

表 6-18 为纯样、矿样及掺 Cr 量为 0.01 样品中 Ni^{2+}、Mn^{4+} 和 Cr^{6+} 的含量。由表 6-18 可知，矿样中 Ni^{2+}、Mn^{4+} 和 Cr^{6+} 的含量与纯样相比差异很大，与掺 Cr 量为 0.01 样品较为接近。这一方面是因为矿样中 Cr 含量接近 0.01，且在 $LiNi_{0.8}Co_{0.1}Mn_{0.1}O_2$ 颗粒表层富集，导致 Ni 和 Mn 的离子状态变化较大；另一方面是因为 Mg 占据 Li 位，对 Ni、Mn 和 Cr 的价态变化影响不大，而 Al 和 Ca 因含量

较低，影响也比较小。因此，由 XPS 分析可知，矿样中 Ni^{2+} 含量最高，且 Mn^{3+} 含量相对较低，与掺 Cr 量为 0.01 样品类似，结构比较稳定。

表 6－18　纯样、矿样及掺 Cr 为 0.01 样品中 Ni^{2+}、Mn^{4+} 和 Cr^{6+} 的含量

元素	纯样	矿样	Cr＝0.01
Ni^{2+}(%)	32.85	65.42	62.64
Mn^{4+}(%)	100	76.03	79.15
Cr^{6+}(%)	—	72.71	78.91

6.6.6　电化学性能与循环伏安分析

在室温下进行电化学性能测试：采用 18 mA/g(1C＝180 mAh/g)的电流对电池进行充放电，循环电压范围为 2.7～4.3 V。图 6－20 为纯样和矿样的首次充放电曲线图。由图 6－20 可知，纯样和矿样的首次充电容量分别为 254.9 mAh/g 和 217.3 mAh/g；首次放电容量分别为 192.4 mAh/g 和 186.9 mAh/g；首次充放电效率为 75.5% 和 86%。结果表明，矿样的首次放电容量和充放电效率都明显高于纯样，与第 5 章 Cr－Mg 共掺杂的研究结果一致。

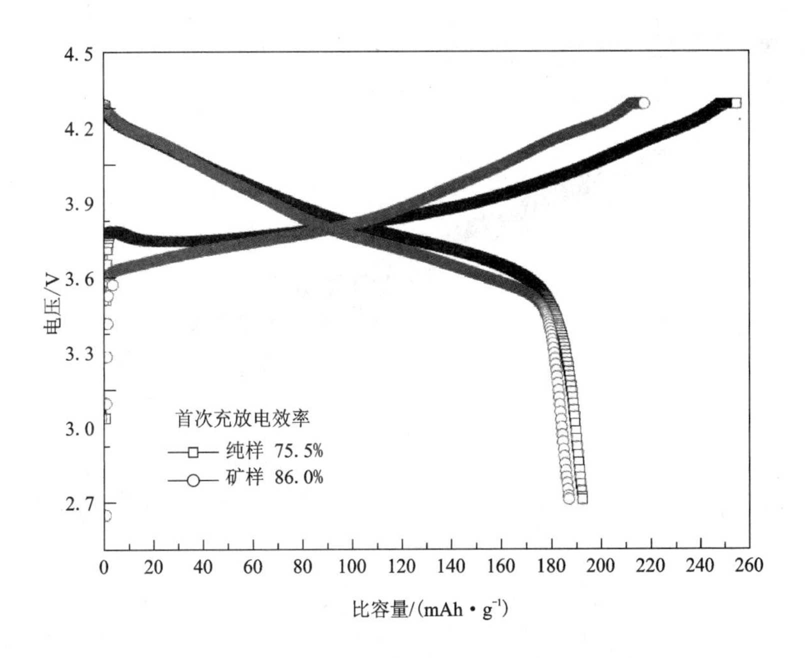

图 6－20　纯样与矿样的首次充放电曲线图

图6-21为纯样和矿样在1C、3C、5C和10C(1C=180 mAh/g)倍率下的首次放电曲线图。由图6-21可知，随着倍率增加，放电曲线的电压平台逐渐降低，说明电池极化增大，同时样品容量也明显变小。与纯样相比，矿样的极化较小，放电容量则有所增加。矿样在1C、3C、5C和10C时首次放电容量分别为158.68 mAh/g、148.5 mAh/g、140.7 mAh/g和133.6 mAh/g。结果表明，矿样的倍率性能明显优于纯样，其原因是矿样中自带有适量的Cr、Mg等杂质离子，能够有效抑制阳离子混排，降低材料中Ni^{3+}的含量，最终提高材料的倍率性能。

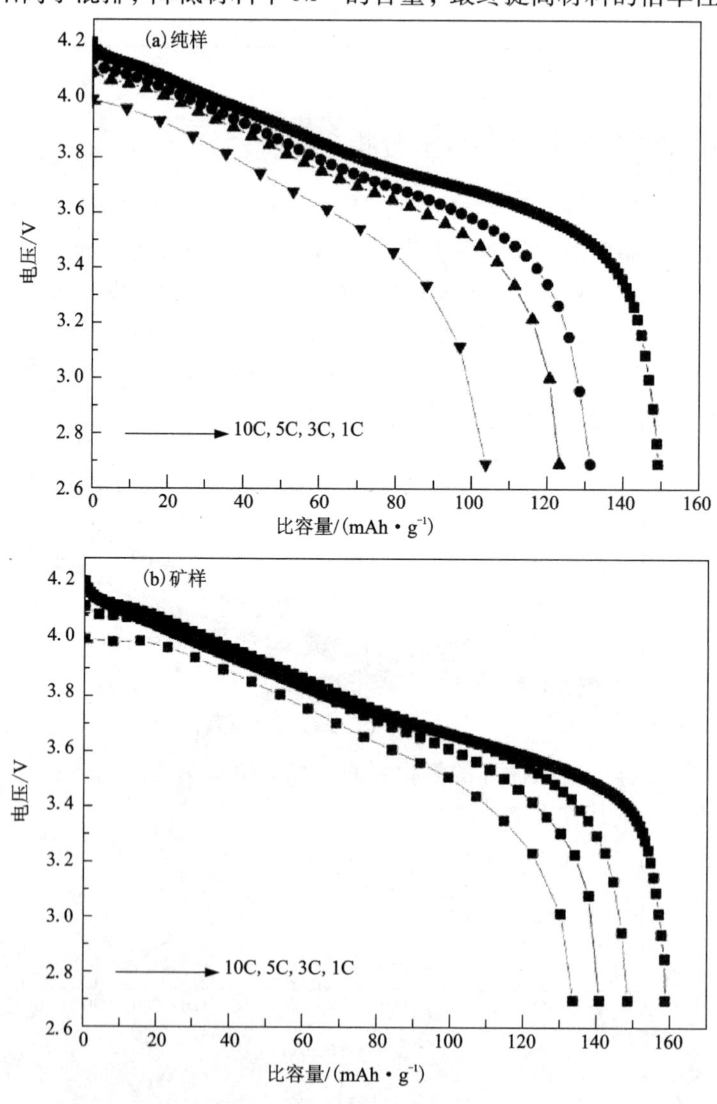

图6-21　纯样与矿样不同倍率下放电曲线图

图6－22为纯样和矿样在5C倍率下的循环曲线图。从图6－22可以看出，纯样和矿样在5C倍率下经50次循环后放电容量分别为93.6 mAh/g和113.9 mAh/g，相应容量保持率分别为76.1%和80.95%。显然，高倍率充放电时，矿样的循环性能更好，这是因为Cr－Mg掺杂稳定结构的效应大于Ca掺杂堵塞Li^+扩散路径的效果，提高材料的循环性能。

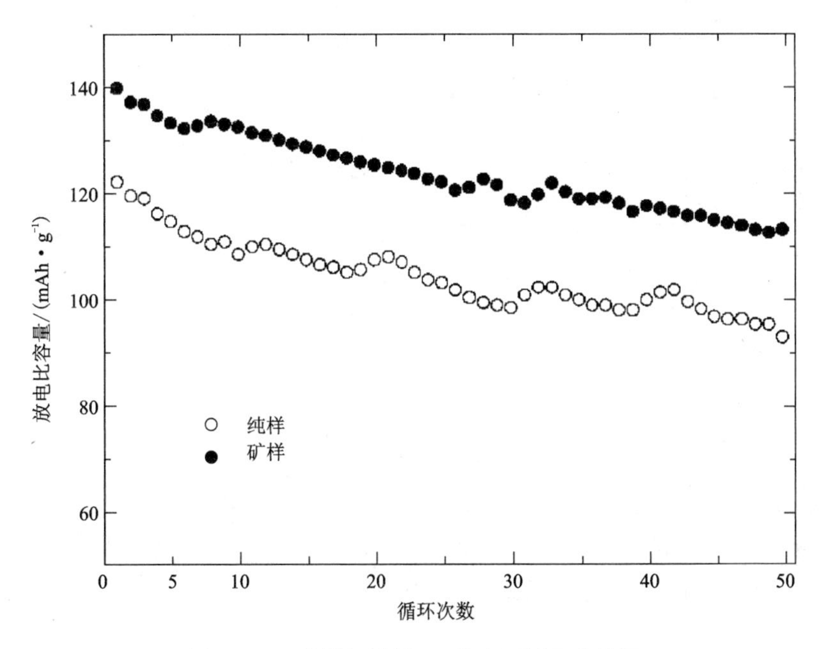

图6－22 纯样与矿样5C倍率下循环曲线图

图6－23为纯样和矿样前两个循环的循环伏安曲线，实线是第一次循环，虚线是第二次循环，扫描范围2.7～4.5 V，扫描速度：0.1 mV/s。由图6－23可知，与纯样相比，矿样的首次循环的氧化峰面积和电位与第二次循环氧化峰面积和电位变化不大，说明其首次充放电效率高；此外，矿样在3.9～4.1 V区间的还原峰面积严重削弱了，说明$Ni^{4+/3+}$的还原反应得到了抑制。综合考虑，从循环伏安曲线来看，矿样在3.7～4.0 V电压区间氧化峰可逆性最好，$Ni^{4+/3+}$的还原反应得到抑制，具有更稳定的结构和循环性能。

综上所述，虽然矿样的首次放电容量略低于纯样，但是其首次充放电效率、倍率性能以及循环性能均明显优于纯样，其原因是矿样自带有适量的Cr、Mg、Al等杂质离子，能够显著降低锂镍混排，减少材料中Ni^{3+}含量，抑制不可逆相变，稳定结构，最终实现材料电化学性能的提高。

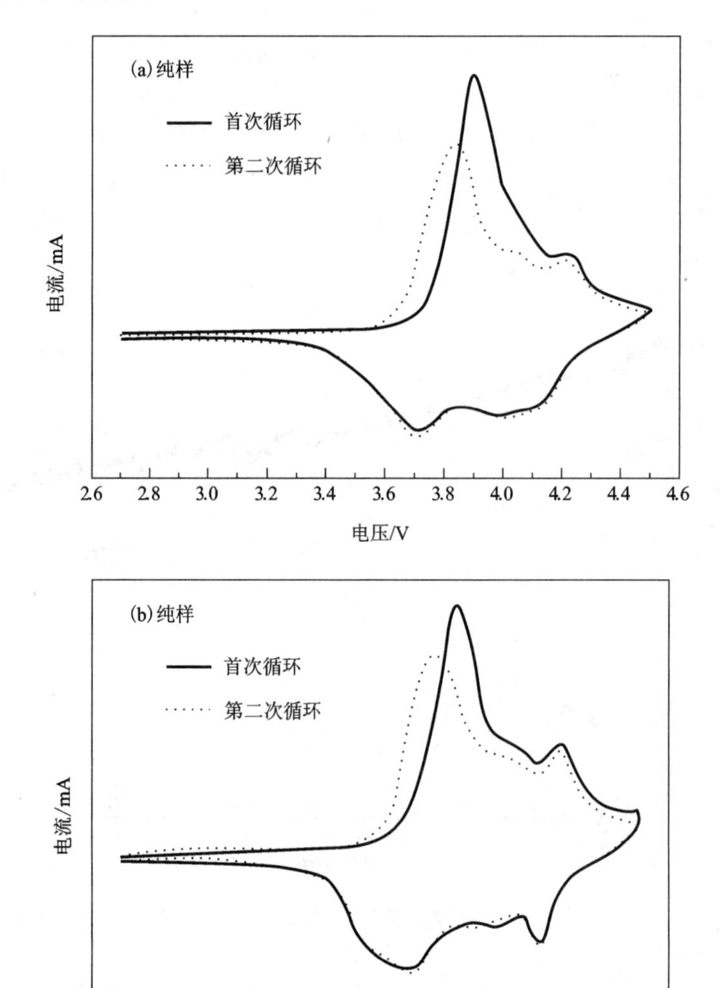

图 6-23 纯样与矿样的循环伏安曲线图

6.7 本章小结

(1)通过单因素实验，综合考虑生产成本及操作条件，确定了常压盐酸浸出处理红土镍精矿的最优工艺条件是：浸出时间为 3 h，液固比为 8，酸料比为 4，浸出温度 353 K，搅拌速度 300 r/min，该条件下 Ni、Co、Mn、Al、Fe、Cr、Ca 和 Mg 的浸出率分别为 97.23%、98.23%、25.03%、19.39%、53.9%、4.16%、4.12%

和61.6%。综合矿石和尾矿的矿相及成分分析，几乎所有的Ni存在镍铁合金矿相中，而Fe在镍铁合金及氧化铁两种矿相中共存。

(2)以浸出液为原料，浓缩4倍，以 H_3PO_4 为沉淀剂，经沉淀除铁得到 $FePO_4 \cdot xH_2O$ 前驱体和除铁滤液。ICP表明 $FePO_4 \cdot xH_2O$ 前驱体中主要杂质元素为Al和Cr，总含量在2 mol%左右，适合用于制备锂离子电池正极材料 $LiFePO_4$；除铁滤液中Ni、Co、Mn、Al、Cr、Ca和Mg的回收率分别为93.76%、99.78%、96.83%、12.38%、70.78%、88.65%和84.11%，未检测出Fe。

(3)以除铁滤液为原料，通过单因素实验，确定常压氟化沉淀制备精矿净化液的最优工艺条件是：氟化剂量108%，控制pH 2.3，反应时间30 min，反应温度80℃，搅拌速度450 r/min，该条件下Mg、Ca、Cr的除杂率分别为97.9%、92.83%和41.23%。对比实验结果与溶度积计算结果发现，Mg、Ca、Cr的除杂效果与热力学计算较为符合。

(4)以精矿净化液为原料，补充化学计量比的 $MnCl_2$ 和 $CoCl_2$，经快速沉淀—热处理法制备出了 $LiNi_{0.7756}Co_{0.101}Mn_{0.1}M_{0.0234}O_2$ (M为Cr、Mg、Al、Ca)材料，简称矿样。系统研究了 $LiNi_{0.7756}Co_{0.101}Mn_{0.1}M_{0.0234}O_2$ 的元素分布、晶体结构、表面形貌和电化学性能。TEM和EDS分析表明杂质元素M已经完全融入到 $LiNi_{0.8}Co_{0.1}Mn_{0.1}O_2$ 的晶格之中，Cr在晶粒表层富集，且Cr和主元在晶粒与晶界处是均匀分布的。与纯样相比，矿样的晶格参数 a、c 和 V 较小，c/a 和 $I_{(003)}/I_{(104)}$ 值较高，表明其层状结构发育更好。扣式电池测试结果表明，虽然矿样的首次放电容量为186.9 mAh/g略低于纯样的192.4 mAh/g，然而矿样表现出了更优越的首次充放电效率、倍率性能和循环性能，其首次充放电效率为86%；在1C、3C、5C和10C时首次放电容量分别为158.68 mAh/g、148.5 mAh/g、140.7 mAh/g和133.6 mAh/g；5C循环50次后放电容量为113.9 mAh/g；电池容量保持率高达80.95%。循环伏安测试也表明矿样反应的可逆性较优越。

(5)对纯样和矿样进行Rietveld结构精修，结果表明矿样的锂镍混排较小，其原因是Mg占据Li位，Cr进入过渡金属族位，抑制了Ni的混排。用XPS检测了矿样中各元素价态分布，并用Thermo Avantage软件进行峰位拟合，研究发现，矿样中 Ni^{2+}、Mn^{4+} 和 Cr^{6+} 的含量与第五章中掺Cr量为0.01样品中各元素离子含量很接近，有利于抑制电解质对材料表层的侵蚀和潜在的不可逆相变。结果表明，矿样自带有适量的Cr、Mg、Al等杂质离子，能够显著降低锂镍混排，减少材料中 Ni^{3+} 含量，抑制不可逆相变，稳定结构，最终实现材料电化学性能的提高。

(6)提供了一种简单易行综合利用红土镍矿的方法，值得进一步深入研究。

第7章　结论

本书在对红土镍矿冶金及锂离子电池正极材料的研究进展进行详细总结的基础上，对综合利用红土镍矿制备多金属掺杂正极材料 $LiNi_{0.8}Co_{0.1}Mn_{0.1}O_2$ 和 $LiFePO_4$ 的新工艺，及掺杂改性机理进行了较详细的研究。以天然红土镍矿浸出液为原料，通过磷酸除铁一步实现主要杂质元素 Fe 的分离及多金属掺杂 $FePO_4 \cdot xH_2O$ 前驱体的制备；以该前驱体为原料制备出了性能优良的 $LiFePO_4$，对其掺杂机理及相关电化学性能进行了研究；采用硫化沉淀富集除铁滤液中的 Ni、Co、Mn，在溶度积基础上考察了各因素对金属离子沉淀状态的影响规律；以快速沉淀—热处理法制备出了结晶良好、锂镍混排少、电化学性能优良的 $LiNi_{0.8}Co_{0.1}Mn_{0.1}O_2$ 材料；详细研究了红土镍矿中杂质 Cr、Mg、Al、Ca 和 Fe 单元素掺杂及 Cr－Mg 共掺杂对 $LiNi_{0.8}Co_{0.1}Mn_{0.1}O_2$ 晶体结构和电化学性能的影响，并利用现代分析手段揭示了 Cr 掺杂改性的机理；最后以红土镍精矿为原料，经浸出和定向除杂直接制备多金属掺杂 $LiNi_{0.8}Co_{0.1}Mn_{0.1}O_2$ 材料。通过对上述内容的深入研究，得到如下结论：

(1)针对传统红土镍矿冶金中存在的铁元素分离与利用困难，利用不同金属元素磷酸盐溶度积的差异，以天然红土镍矿浸出液为原料，经磷酸共沉淀法实现主要杂质元素 Fe 的分离，并同步合成锂离子电池正极材料 $LiFePO_4$ 的多金属掺杂前驱体 $FePO_4 \cdot xH_2O$。在溶度积基础上，通过单因素实验确定最佳除铁条件，此条件下滤液中除铁率达到100%，Ni、Co、Mn 的回收率分别为88.83%、92.66%、93.48%，$FePO_4 \cdot xH_2O$ 前驱体中杂质摩尔含量为2 mol%左右。以除铁滤液为原料，进行了硫化沉淀富集 Ni、Co、Mn 的相关条件实验，最优条件下，硫化物沉淀中 Ni、Co、Mn 的含量分别为33.79%、0.95%和5.28%，相对原矿分别提高了约34倍、15倍和21倍，综合回收率分别为80.27%、45.6%和54.5%，实现了红土镍矿中主元的高效富集。此方法与其他富集主元的方法相比，工艺简单，杂质元素得到充分利用，综合回收率和产物中镍含量更高，所得产物适合作为硫化镍精矿进入传统冶金体系。

(2) 分别以分析纯 $FePO_4 \cdot xH_2O$ 及不同酸矿比条件下(2.5、2.7、2.9 和3.1)所得的 $FePO_4 \cdot xH_2O$ 为原料，经常温还原—热处理法制备出了 $LiFePO_4$ 样品 a、b、c、d 和 e。ICP 分析表明以红土镍矿为原料合成的材料存在 Al、Mg、Cr、Ni 等杂质，随酸矿比的增加，样品中的杂质含量逐渐提高。SEM、TEM 和 EDS 测试发现样品被碳网包覆，晶面上有很多缺陷，主元和杂质元素分布均匀，Cr 倾向于在颗粒表层富集。XRD 表明合成的材料是橄榄石型 $LiFePO_4$，没有杂质峰出现，说明各杂质元素完全进入晶格。电化学性能测试表明以红土镍矿为原料合成的 $LiFePO_4$材料的放电容量，倍率和循环性能均优于纯相 $LiFePO_4$。样品 c 的电化学性能最佳，在 5C 倍率下放电 109.3 mAh/g，循环 100 次后无衰减。对样品 c 进行循环伏安研究，发现其具有很好的反应可逆性。对各样品进行 Rietveld 结构精修，结果发现随掺杂量的增加，样品的 Li^+空位逐渐增加，为锂离子提供更多的迁移通道，有利于 Li 的嵌入和脱出。以红土镍矿为原料制备 $LiFePO_4$具有经济、环保、节能、产物性能好等优点。

(3)采用快速沉淀—爆炸成核合成 $Ni_{0.8}Co_{0.1}Mn_{0.1}(OH)_2$前驱体。TEM、电子衍射及 XRD 分析发现，反应 1 min 合成的样品颗粒分布均匀，一次粒径为 70 nm 左右，属纯相纳米晶结构。将前驱体与锂盐混合，经热处理合成 $LiNi_{0.8}Co_{0.1}Mn_{0.1}O_2$材料。并系统考察了 pH、焙烧温度和掺锂量对制备 $LiNi_{0.8}Co_{0.1}Mn_{0.1}O_2$的晶体结构、表面形貌及电化学性能的影响。确定了最佳合成条件是：反应时间 1 min，pH 11.5，温度 750℃，掺锂量为 105%，该条件下合成样品在 0.1C 首次放电容量分别为 192.4 mAh/g，循环 40 次后，容量保持率为 91.56%，CV 测试表明该样品的锂离子在嵌入/脱出过程具有较好的可逆性。该方法反应时间超快，有利于合成纯相纳米晶型 $Ni_{0.8}Co_{0.1}Mn_{0.1}(OH)_2$前驱体，并利用纳米晶良好的导热性及扩散能力，经热处理进一步制备出高性能 $Li(Ni_{0.8}Co_{0.1}Mn_{0.1})O_2$材料。

(4)系统研究了红土镍矿中杂质 Fe、Ca、Mg 和 Al 单元素掺杂对 $LiNi_{0.8}Co_{0.1}Mn_{0.1}O_2$晶体结构、表面形貌和电化学性能的影响。结果表明：Fe、Ca、Al 掺杂将破坏 $LiNi_{0.8}Co_{0.1}Mn_{0.1}O_2$材料的结构，对其电化学性能有不利影响。Mg 掺杂能抑制锂镍混排的程度，提高材料的首次充放电效率，但由于 Mg^{2+}没有电化学活性，导致材料比容量下降。

详细研究了 Cr 掺杂对 $LiNi_{0.8}Co_{0.1}Mn_{0.1}O_2$的影响。TEM 和 EDS 分析表明元素 Cr 已经完全融入到 $LiNi_{0.8}Co_{0.1}Mn_{0.1}O_2$的晶格之中，且 Cr 与主元在晶粒表层分布均匀。扣式电池测试结果表明，随掺 Cr 量的增加，材料的容量先增加后减少。掺 Cr 量为 0.01 的样品电化学性能最佳，10C 倍率下放电容量为 152.8 mAh/g，在 5C 倍率经 50 次循环后放电容量为 146.0 mAh/g，相应容量保持率为 89.02%。

揭示了 Cr 掺杂改性的机理：①Rietveld 精修表明，Cr 倾向占据过渡金属层，适量的 Cr 掺杂可以有效降低锂镍混排程度，提高材料的首次充放电效率；②XPS 测试及拟合分析发现，各样品中 Co 的价态均为 +3，Ni 的价态为 +2 和 +3，Mn 的价态为 +3 和 +4，Cr 的价态为 +3 和 +6，Cr 具有电化学活性，能够提供一定的容量；③XPS 测试及拟合分析发现，Cr 在颗粒表层富集，Cr 掺杂一方面可以降低表层 Ni^{3+}的含量，优化表层的离子状态，抑制电解质对颗粒表层的侵蚀和潜在的不可逆相变，另一方面会引起材料中 Mn^{3+}含量的增加，破坏材料的结构，因此，Cr 掺杂不能过量。

CV 测试结果表明，掺 Cr 量 0.01 的样品具有最稳定的结构和反应可逆性。EIS 测试表明，5C 循环 50 次后时，掺 Cr 样品反应阻抗更小，说明其表层受电解质侵蚀较小。

研究了 Cr－Mg 共掺杂对 $LiNi_{0.8}Co_{0.1}Mn_{0.1}O_2$晶体结构、表面形貌和电化学性能的影响。结果表明，样品 $LiNi_{0.78}Co_{0.1}Mn_{0.1}Cr_{0.01}Mg_{0.01}O_2$的电化学性能最佳，其原因是 Cr－Mg 共掺杂产生了一种协同效应，共同抑制锂镍混排，提高材料电化学性能的作用，大于 Mg 掺杂引起的容量损失。

(5)确定了常压盐酸浸出处理红土镍精矿的最优条件，该条件下 Ni、Co、Mn、Al、Fe、Cr、Ca 和 Mg 的浸出率分别为 97.23%、98.23%、25.03%、19.39%、53.9%、4.16%、4.12%和61.6%。综合矿石和矿渣的矿相及成分分析，几乎所有的 Ni 存在镍铁合金矿相中，而 Fe 在镍铁合金及氧化铁两种矿相中共存。

以浸出液为原料，经磷酸除铁得到 $FePO_4 \cdot xH_2O$ 前驱体和除铁滤液。以除铁滤液为原料，经常压氟化沉淀制备精矿净化液。最优工艺条件下 Mg、Ca、Cr 的除杂率分别为97.9%、92.83%和41.23%。

以精矿净化液为原料，补充化学计量比的 $MnCl_2$和 $CoCl_2$，经快速沉淀—热处理法制备出了 $LiNi_{0.7756}Co_{0.101}Mn_{0.1}M_{0.0234}O_2$(M 为 Cr、Mg、Al、Ca)材料，简称矿样。TEM 和 EDS 分析表明杂质元素 M 已经完全融入到 $LiNi_{0.8}Co_{0.1}Mn_{0.1}O_2$的晶格之中，Cr 在晶粒表层富集，且 Cr 和主元在晶粒与晶界处是均匀分布的。与纯样相比，矿样的层状结构发育更好。扣式电池测试结果表明，虽然矿样的首次放电容量为 186.9 mAh/g 略低于纯样的 192.4 mAh/g，然而矿样表现出了更优越的首次充放电效率、倍率性能和循环性能，其首次充放电效率为 86%；在 1C、3C、5C 和 10C 时首次放电容量分别为 158.68 mAh/g、148.5 mAh/g、140.7 mAh/g 和 133.6 mAh/g；5C 循环 50 次后放电容量为 113.9 mAh/g；电池容量保持率高达 80.95%。循环伏安测试也表明矿样反应的可逆性较优越。

对纯样和矿样进行 Rietveld 结构精修，结果表明矿样的锂镍混排较小，其原因是 Mg 占据 Li 位，Cr 进入过渡金属族位，抑制了 Ni 的混排。XPS 测试发现，矿样中 Ni^{2+}、Mn^{4+}和 Cr^{6+}的含量与第 5 章中掺 Cr 量为0.01 样品中各元素离子含量很接近，有利于抑制电解质对材料表层的侵蚀和潜在的不可逆相变。

提供了一种简单易行综合利用红土镍矿的方法，值得进一步深入研究。

参考文献

[1]彭容秋，任鸿九，张训鹏，等. 镍冶金[M]. 长沙：中南大学出版社，2005.

[2]毛麟瑞. 战略储备金属 - 镍[J]. 中国物资再生，1999，10：36 - 37.

[3]何焕华，蔡乔方，查治楷，等. 中国镍钴冶金学[M]. 北京：冶金工业出版社，2000.

[4]赵天丛. 重金属冶金学(上册)[M]. 北京：冶金工业出版社，1981. 270 - 273.

[5]曹异生. 国内外镍工业现状及前景展望[J]. 世界有色金属，2005，(10)：67 - 71.

[6]DALVI A D, BACON W G, OSBORNE R C. The Past and the Future of Nickel Laterites[J]. PDAC 2004 International Convention, 2004, March, 7 - 10.

[7]翟秀静. 镍红土矿的开发与研究进展[J]. 世界有色金属，2008，(8)：36 - 38.

[8]MOSKALYKRR, ALFANTSZIAM. Nickel laterite processing and elect rowinning practice[J]. MinerEng, 2002, 15(20)：593 - 598.

[9]张友平，周渝生，李肇毅，等. 红土矿资源特点和火法冶金工艺分析[J]. 铁合金，2007，(6)：18 - 22.

[10]畅永锋，翟秀静，符岩，等. 还原焙烧红土矿的硫酸浸出动力学[J]. 分子科学学报，2008，24(4)：241 - 245.

[11]李启厚，王娟，刘志宏. 世界红土镍矿资源开发及湿法冶金技术的进展. 湖南有色金属[J]，2009，25(2)：21 - 24，48.

[12]赵昌明，翟玉春. 从红土镍矿中回收镍的工艺研究进展[J]. 材料导报，2009，23(6)：73 - 76.

[13]李建华，程威，肖志海. 红土镍矿处理工艺综述[J]. 湿法冶金，2004，23(4)：191 - 194.

[14]兰兴华. 世界镍市场的现状和展望[J]. 世界有色金属，2003，(6)：42 - 47.

[15]周全雄. 氧化镍矿开发工艺技术现状及发展方向[J]. 云南冶金，2005，36(4)：33 - 36.

[16]朱德庆，邱冠周，潘健，等. 红土镍矿熔融还原制取镍铁合金工艺[J]. CNl01033515A，2007.

[17]郭学益，吴展，李栋. 镍红土矿处理工艺的现状和展望[J]. 金属材料与冶金工程，2009，37(2)：3 - 9.

[18]任鸿九，王立川. 有色金属提取手册(铜镍卷)[M]. 北京：冶金工业出版社，2000. 512 - 514.

[19]黄其兴，王立川，朱鼎之，等. 镍冶金学[M]. 北京：科学技术出版社. 1990. 224 - 225.

[20]CANTERFORDJ H. The extractive metallurgy of nickel[J]. Reviewsof Pure and Applied Chemistry, 1972, 22(8)：13 - 46.

[21]GIRGISB S, MOURADW E. Textural variations of acid-treatedserpentine[J]. Journal of Applied Chemistry and Biotechnology, 1976, (26)：9 - 14.

[22]肖振民. 世界红土型镍矿开发和高压酸浸技术应用[J]. 中国矿业，2002，11(1)：56 - 59.

[23]BEUKESJ W, GIESEKKEE W, ELLIOTW. Nickel retention bygoethite and hematite[J]. Miner-

alsEngineering, 2000, 13(14 - 15): 1573 - 1579.

[24] PRIETOO, VICENTEM A, BAÑARES - MUÑOZM A. Study of theporous solids obtained by acid treatment of a high surface areasaponite[J]. Journal of Porous Materials, 1999, 11(6): 335 - 344.

[25] SUSAN G, JOSEF F, UDO S. Properties of Goethites Prepared under Acidic and Basic Conditions in the Presence of Silicate[J]. Journal of Colloid and Interface Science, 1999, 216(1): 106 - 115.

[26] LOVEDAYBK. Theuseofoxygeninhighpressureacidleaching of nickel laterites[J]. MineralsEngineering, 2008, 21(7): 533 - 538.

[27] JOHNSON J A, MCDONALD RG, MUIR DM, et al. Pressure acid leaching of arid-region nickel laterite ore. Part IV: Effect of acid loading and additives with nontronite ores[J]. Hydrometallurgy, 2005, 78(3): 264 - 270.

[28] DUYVESTEYNW P C, LASTRAM R, LIUH. Method forrecovering nickel from high magnesium-containing Ni-Fe-Mglateritic ore[J]. US Patent, 5, 571, 308, 1996.

[29] CHANDRAD, RUUDC O, SIEMENSR E. Characterization oflaterite nickeloresbyelectron-opticalandX-raytechniques[R]. Report of Investigations No. 8835. US Department of the Interior, Bureau of Mines, Washington DC, 1983. 12.

[30] KIMD J, CHUNG HS. Effect of grinding on the structure and chemical extraction of metals from serpentine[J]. Particle Science and Technology, 2002, 16(20): 159 - 168.

[31] WHITTINGTON BI, JOHNSON JA, QUAN LP, et al. Pressure acid leaching ofarid-region nickel laterite ore. Part II: Effect of ore type[J]. Hydrometallurgy, 2003, 70(1 - 3): 47 - 62.

[32] 翟秀静, 符岩, 畅永锋, 等. 表面活性剂在红土镍矿高压酸浸中的抑垢作用[J]. 化工学报, 2008, 59(10): 2573 - 2576.

[33] AGATZINILS, DIMAKID. Method for the extractionof nickel and/or cobalt from nickel and/or cobalt oxide ores byheap leaching with a dilute sulphuric acid solution prepared fromsea water at ambient temperature[J]. Greek Patent 1, 003, 569, 2001.

[34] WHITTINGTON B I, JOHNSON JA. Pressure acid leaching of arid-region nickel laterite ore. Part Ⅲ: Effect of process water on nickel losses in the residue[J]. Hydrometallurgy, 2005, 78(3 - 4): 256 - 263.

[35] PAUL MB, BARBARA S, PETRA R, et al. Effect of siderophores on the light-induced dissolution of colloidal iron(Ⅲ) (hydr)oxides[J]. Marine Chemistry, 2005, 93(2 - 4): 179 - 193.

[36] DAS GK, ANAND S, ACHARYA S, et al. Characterisation and acid pressure leaching of various nickel-bearing chromite overburden samples[J]. Hydrometallurgy, 1997, 44(1 - 2): 97 - 111.

[37] RUBISOV DH, PAPANGELAKIS VG. Sulphuric acid pressure leaching of laterites- a comprehensive model of a continuous autoclave[J]. Hydrometallurgy, 2000, 58(2): 89 - 101.

[38] STELLA AL, IOANNIS GZ. Beneficiation of a Greek serpentinic nickeliferous ore. Part Ⅱ: Sulphuric acid heap and agitation leaching[J]. Hydrometallurgy, 2004, 74(3 - 4): 267 - 275.

[39] KUMAR R, RAYRK, BISWASAK. Physico-chemical natureand leaching behaviour of goethites containing Ni, Co and Cu in thesorption and coprecipitation mode[J]. Hydrometallurgy, 1990, 25(1): 61 - 83.

[40]LU Z Y, MUIRDM. Dissolution of metal ferrites and ironoxides by HCl under oxidising and reducing conditions[J]. Hydrometallurgy, 1988, 21(1): 9-21.

[41]AALTONEN A, KARPALE K, MALMSTRÖM R. Method for recovering nickeland eventually cobalt by extraction from nickel-containing laterite ore[P]. World Patent 03/004709 A1, 2003.

[42]ZHANG Q, SUGIYAMA K, SAITO F. Enhancement of acid extraction of magnesium and silicon from serpentine by mechan-ochemical treatment [J]. Hydrometallurgy, 1997, 45 (3): 323-331.

[43]SWAMYY V, KARB B, MOHANTYJ K. Physico-chemical characterization and sulphatization roasting of low-grade nickeliferous laterites[J]. Hydrometallurgy, 2003, 69(1-3): 89-98.

[44]KAR B B, SWAMYYV, MURTHY BVR. Design of experimentsto study the extraction of nickel from lateritic ore by sulphatizationusing sulphuric acid[J]. Hydrometallurgy, 2000, 56(3): 387-394.

[45]SuklaL B, KanungoS B, JenaP K. Leaching of nickel and cobalt-bearing lateritic overburden of chrome ore in hydrochloricand sulphuric acids[J]. Transactions of the Indian Institute of Metals, 1989, 42(3-4): 27-35.

[46]KAWAHARA M, MITSUO T, SHIRANeY, et al. Dilutesulphuric-acid leaching of garnierite ore after magnetic-roastingthe ore mixed with iron powder[J]. International Journal of Mineral Processing, 1987, 19(1-4): 285-296.

[47]张仪. 某红土镍矿加温搅拌浸出试验研究[J]. 湿法冶金, 2009, 28(1): 32-33.

[48]周晓文, 张建春, 罗仙平. 从红土镍矿中提取镍的技术研究现状及展望[J]. 四川有色金属, 2008, (1): 38-41.

[49]CHANDER S, SHARMA V N. Reduction roasting/ammonia leaching of nickeliferous laterites [J]. Hydrometallurgy, 1981, 7(4): 315-327.

[50]刘大星. 从镍红土矿中回收镍、钴技术的进展[J]. 有色金属(冶炼部分), 2002, (3): 6-10.

[51]陈家镛, 杨守志, 柯家骏. 湿法冶金的研究与发展[M]. 北京: 冶金工业出版社, 1998. 18-34.

[52]中南矿冶学院冶金研究室. 氯化冶金[M]. 北京: 冶金工业出版社, 1978. 93-98.

[53]KANARI N, GABALLAH I, ALLAIN E, et al. Chlorination of Chalcopyrite Concentrates[J]. Metallurgical and Materials Transactions B, 1999, 38B(8): 567-576.

[54] NAGATA, K, BOLSAITIS, P. Selectiveremovalofironoxidefromlaterite by sulphurization and chlorination[J]. International Journal of Mineral Processing, 1987, 19(5): 157-172.

[55]符剑刚, 王晖, 凌天鹰, 等. 红土镍矿处理工艺研究现状与进展[J]. 铁合金, 2009, (3): 16-22.

[56]陈远强, 林娟. 黄钠铁矾法除铁在钴系统中的应用[J]. 四川有色金属, 2000, (1): 38-39.

[57]RIVEROS P A, DUTRIZACJ E. The Precipitation of Hematite from Ferric Chloride Media[J]. Hydrometallurgy, 1997, (46): 85.

[58]DUTRIZAC J E, RIVEROSP A. The Precipitation of Hematite from Ferric Chloride Media at Atmospheric Pressure[J]. Metallurgical and Materials Transactions B, 1999, (30B): 993.

[59]吴宗龙. 盐酸体系 TBP 萃取除铁[J]. 有色金属(冶炼), 1987, (4): 37-39.

[60]田衡水，唐崇千，苏元复.协同萃取法从湿法磷酸中分离铁[J].华东化工学院学报.1988，14(5)：544-550.

[61]刘三平，王海北等.钴提取分离技术分析与应用[J].有色金属，2004，56(2)：73-76.

[62]吴文伟.钴镍分离研究进展[J].广西冶金，1993，(2)：43-48.

[63]朱屯.钴镍萃取分离的化学及其应用[J].有色金属(冶炼部分)，1986，3S(4)：28-32.

[64]肖楚民.低浓度钴溶液的除铁镁和富集钴的研究[J].广东有色金属学报，1999，9(1)：42-46.

[65]刘淑清.攀枝花硫钴精矿浸出液净化实验研究[J].四川有色金属，2007，3(1)：9-13.

[66]梅光贵.湿法冶金新工艺［M］.长沙：中南工业大学出版社，1994.

[67]华中师范大学.分析化学［M］.北京：高等教育出版社，1986.449.

[68]彭长宏，唐谟堂，黄虹.复杂 $MeSO_4$ 体系初步除杂和深度净化[J].过程工程学报，2006，12(6)：894-898.

[69]吴宇平，万春荣，姜长印，等.锂离子二次电池[M].北京：化学工业出版社，2002.78-140.

[70]雷永泉主编.新能源材料[M].天津：天津大学出版社，2000.1-16.

[71]TARASCON J M, ARMAND M. Issues and challenges facing rechargeable lithium batteries[J]. Nature, 2001, 414: 359-367.

[72]MIZUSHIMA. K, JONES. P. C, WISEMAN. P. J, GOODENOUGH. J. B. Li_xCoO_2 (0 less than x less than equivalent to 1): A new cathode material for batteries of high energy density [J]. Solid State Ionics, 1980, 3/4: 171-174.

[73]THACKERAYMM, DAVIDWIF, BRUCEPG., GOODENOUGHJB, Lithium insertion into manganese spinels[J]. Mat. Res. Bull., 1983, 18(4): 461-472.

[74]THOMAS MGSR, BRUCEPG, GOODENOUGH JB. Lithium mobility in the layered oxide $Li_{1-x}CoO_2$[J]. Solid State Ionics, 1985, 17(1): 13-19.

[75]NAGAURA T, TAZAWA K. Prog[J]. Batteries Sol. Cell, 1990(9): 20.

[76]DAVIDL, THOMASBR, Handbook of Batteries (Third Edition)[R]. R. R. Donnelley & Sons Company, New York, 2002, 35.5.

[77]HUANG W. W, FRECH. Vibartional spectroscopic and electrochemical studies of the low and high temperature phase of $LiCo_{1-x}Mx O_2$ (M = Ni, Ti)[J]. Solid State Ionics, 1996: 395-400.

[78]HOLZAPLE, SECHREINER R, OTT A. Lithium-ion conductors of the system[J]. Electrochimical Acta, 2001, 46: 1063-1070.

[79]MIZUSHIMAK, JONESPC, WISEMANPJ, et al. Li_xCoO_2 ($0 < x < 1$): A new cathode material for batteries of high energy density[J]. Mat. Res. Bull, 1980, 15(6): 783-789.

[80]PAULSEN J M, MULLER-NEHAUS J R, DAHN J R. Layered $LiCoO_2$ with a different oxygen stacking as a cathode material for rechargeable lithium batteries[J]. Electrochimical Soc, 2000, 147(2): 508-516.

[81]AKIMOTO J, GOTOH Y, OOSAWA Y. Synthesis and structure refinement of $LiCoO_2$ single crystals[J]. Solid State Chemistry, 1998, 14: 298-302.

[82]REIMERSJN, DAHNJR. Electrochemical and In situ X-ray diffraction studies of lithium intercalation in Li_xCoO_2[J]. Electrochem Soc., 1992, 139: 2091-2097.

[83]LUNDBLAD A, BERGMAN B. Synthesis of $LiCoO_2$ starting from carbonate precursors: I The reaction mechanisms[J]. Solid State Ionics, 1997, 96: 173 - 181.

[84]LUNDBLAD A, BERGMAN B. Synthesis of $LiCoO_2$ starting from carbonate precursors: II Influence of calcinations conditions and leaching[J]. Solid State Ionics, 1997, 96: 183 - 193.

[85]TUKAOTOH, WEST AR. Electronic conductivity of $LiCoO_2$ and its enhancement by magnesium doping[J]. Electrochem. Soc., 1997, 144 (9): 3164 -3168.

[86]LEE Y, WOO A J, HAN. K S, et al. Solid - state NMR Studies of Al - doped and Al_2O_3 - coated $LiCoO_2$[J]. Electrochim. Acta. 2004. 50(2 -3): 491 -494.

[87]张露露, 游敏. 锂离子电池正极材 $LiCoO_2$ 的研究进展[J]. 云南化工, 2006, 33(6): 64 -67.

[88]ARMSTRONGAR, ROBERTSONAD, ROBERTG, et al. The layered intercalation compounds Li$(Mn_{1-y}Co_y)O_2$: positive electrode materials for lithium-ion batteries[J]. J. Solid State Chemistry, 1999, 145(2): 549 -556.

[89]HOLZAPFELM, SCHREINERR, OTTA. Lithium-ion conductors of the system $LiCo_{1-x}Fe_xO_2$: a first electrochemical inverstigation[J]. Electrochim. Acta, 2001, 46(7): 1063 - 1070.

[90]MADHVIS, SUBBA RGV, CHOWDARIBVR, et al. Effect of Cr dopant on the cathodic behavior of $LiCoO_2$[J]. Electrochim. Acta, 2002, 48(3): 219 -226.

[91]LEVASSEURS, MENETRIERM, DELMASC. On the $Li_xCo_{1-y}Mg_yO_2$ system upon deintercalation: electrochemical, electronic properties and Li MAS NMR studies[J]. J. Power Sources, 2002, 112(2): 419 -427.

[92]CEDER G, CHIANG Y M, SADOWAY D R, et al. Identification of cathode materials for lithium batteries guided by first-principles calculations[J]. Nature, 1998, 392: 694 -696.

[93]周恒辉, 慈云祥, 刘昌炎. 锂离子电池正极材料研究进展[J]. 化学进展, 1998, 10(1): 85 -94.

[94]张胜利, 余仲宝, 韩周详. 锂离子电池的研究与进展[J]. 电池工业, 1999, 4(1): 26 -28.

[95]PERESJP, DELMASC, ROUGIERA, et al. The relationship between the composition of lithium nickel oxide and the loss of reversibility during the first cycle[J]. J. Phys. Chem. Solids, 1996, 57(6 -8): 1057 -1060.

[96]ROUGIER A, DELMAS C, CHOUTEAU G. Magnetism of $Li_{1-z}Ni_{1+z}O_2$: A powerful tool for structure deter mination[J]. Phys. Chem. Solids , 1996, 57(6 -8): 1101 - 1103.

[97]LEE Y S, SUN Y K, NAHM K S. Synthesis and characterization of $LiNiO_2$ cathode material prepared by an adiphic acid-assisted sol-gel method for lithium secondary batteries[J]. Solid State Ionics. 1999, 118(1 -2): 159 - 168.

[98]DAHNJR, SACKEN UV, MICHAEL CA. Structure and Electrochemistry of $Li_{1\pm y}NiO_2$ and a New Li_2NiO_2 Phase with the $Ni(OH)_2$ Structure[J]. Solid State Ionics, 1990, 44(1 -2): 87 - 97.

[99]DAHNJR, VONSACKENU, JUZKOWMW, Rechargeable $LiNiO_2$ Carbon cells[J]. Electrochem. Soc. 1991, 138(8): 2207 -2211.

[100]MIAOJUNW, ALEXANDRAN. Enthalpy of formation of $LiNiO_2$, $LiCoO_2$ and their solid solution, $LiNi_{1-x}Co_xO_2$[J]. Solid State Ionics, 2004, 166(1 -2): 167 - 173.

[101] CHOWDARIBVR, SUBBA RGV, CHOWSY. Cathodic behavior of (Co, Ti, Mg) doped $LiNiO_2$[J]. Solid State Ionics, 2001, 140(1-2): 55-62.

[102] ZHANGLQ, NOGUCHIH, YOSHIOM. Synthesis and electrochemical properties of layered Li-Ni-Mn-O compounds[J]. J. Power Source, 2002, 110: 57-64.

[103] YOSHIOM, TODOROVY, YAMATOK, et al. Preparation of $Li_yMn_xNi_{1-y-x}O_2$ as a cathode for lithium-ion batteries[J]. J. Power Source, 1998, 74: 46-53.

[104] PARK S H, PARK K S, SUN Y K, et al. Structural and electrochemical characterization of lithium excess and Al-doped nickel oxides synthesized by the sol-gel method[J]. Electrochim. Acta, 2001, 46: 1215-1222.

[105] KIMJ, KIMBH, BAIKYH, et al. Effect of (Al, Mg) substitution in $LiNiO_2$ electrode for lithium batteries[J]. J. Power Source, 2006, 158(1): 641-645.

[106] GUILMARDM, ROUGIERA, GRüNEM., et al. Effects of alu minum on the structural and electrochemical properties of $LiNiO_2$[J]. J. Power Source, 2003, 115(2): 305-314.

[107] NAGHASH A R, LEE J Y. Lithium nickel oxyfluoride ($Li_{1-z}Ni_{1-z}F_yO_{2-y}$) and lithium magnesium nickel oxide $Li_{1-z}(Mg_xNi_{1-x})_{1-z}O_2$ cathodes for lithium rechargeable batteriesII[J]. Electrochim. Acta, 2001, 46(15): 2293-2304.

[108] CHO J, KIMTJ, KIMYJ, et al. High-performance ZrO_2-coated $LiNiO_2$ cathode material[J]. Electrochem. Solid-State Lett, 2001, 4(10): A159-161.

[109] 李建刚. 锂离子电池用 $Li_xMn_{2-x}O_4$ 正极材料的应用基础研究[D]. 天津: 天津大学, 2001.

[110] JULIEN A C, HARO-PONIATOWSKI E, CAMACHO-LOPEZ M A. Growth of $LiMn_2O_4$ thin films by pulsed-laser deposition and their electrochemical properties in lithium microbatteries [J]. Mater. Sci. Eng. B, 2000, 72(1): 36-46.

[111] THACKERAY M M. Manganese oxides for lithium batteries[J]. Progress in Solid State Chemistry, 1997, 25(1-2): 1-71.

[112] THACKERAYM M. Structural Considerations of Layered and Spinel Lithiated Oxides for Lithium Ion Batteries[J]. J. Electrochem. Soc., 1995, 142(8): 2558-2563.

[113] GUMMOWRJ., DE KOCKA, THACKERAYMM. Improved Capacity Retention in Rechargeable 4 V Lithium/Lithium-Manganese Oxide(Spinel) Cells[J]. Solid State Ionics, 1994, 69: 59-67.

[114] 万传云, 努丽岩娜, 江志裕. 掺稀土的 $LiM_{0.02}Mn_{1.98}O_4$ 锂离子电池正极材料[J]. 高等学校化学学报, 2002, 23: 126-128.

[115] LEE J H, HONG J K, JANG D H. Degradation mechanisms in doped spinels of $LiM_{0.05}Mn_{1.95}O_4$(M = Li, B, Al, Co, and Ni) for Li secondary batteries[J]. J. Power Sources, 2000, 89: 7-14.

[116] PALACIN M R, AMATUCCI G G, ANNE M. Electrochemical and structural study of the 3.3V reduction step in defective $Li_xMn_2O_4$ and $LiMn_2O_{4-y}F_y$ compounds[J]. J. Power Sources, 1999, 81-82: 627-631.

[117] LEE Y S, KUMABA N, YOSHIO M. Synthesis and Characterization of Lithium Alu minum-doped Spinel($LiAl_xMn_{2-x}O_4$) for Lithium Secondary Battery[J]. J. Power Sources, 2001, 96(2): 376-384.

[118] ROBERTSONAD, ARMSTRONGAR, PATERSONAJ, et al. Nonstoichiometric layered $Li_xMn_yO_2$ intercalation electrodes -a multiple dopant strategy[J]. J. Mater. Chem, 2003, 13: 2367 - 2373.

[119] ROBERTSON A D, ARMSTRONG A R, BRUCE P G. Layered $Li_xMn_{1-y}Co_yO_2$ intercalation electrodes-influence of ion exchange on capacity and structure upon cycling[J]. Chem. Mater, 2001, 13(7): 2380 - 2386.

[120] PAN C J, LEE Y J, AMMUNDSEN B, et al. Li - 6 MAS NMR studies of the local structure and electrochemical properties of Cr-doped lithium manganese and lithium cobalt oxide cathode materials for lithium-ion batteries[J]. Chem. Mater, 2002, 14(5): 2289 - 2299.

[121] LIU. Z, YU. A, LEE. J. Y. Synthesis and characterization of $LiNi_{1-x-y}Co_xMn_yO_2$ as the cathode materials of secondary lithium batteries[J]. J. Power Sources, 1999, 81 - 82: 416 - 419.

[122] KOYAMAY, TANAKAI, ADACHIH. et al. Crystal and electronic structures of superstructural $Li_{1-x}[Co_{1/3}Ni_{1/3}Mn_{1/3}]O_2$ ($0 \leqslant x \leqslant 1$)[J]. J. Power Sources, 2003, 119: 644 - 648.

[123] KOYAMAY, YABUUCHIN, TANAKAI., et al. Solid-State Chemistry and Electrochemistry of $LiCo_{1/3}Ni_{1/3}Mn_{1/3}O_2$ for Advanced Lithium-Ion Batteries[J]. J. Electrochem Soc., 2004, 151 (10): A1545 - A1551.

[124] OhzukuT, MakimuraY. Layered lithium insertion material of $LiCo_{1/3}Ni_{1/3}Mn_{1/3}O_2$ for lithium-ion batteries[J]. Chemistry Letter, 2001, 7: 642 - 643.

[125] LEE M H, KANG Y J, MYUNG S T, et al. Synthetic optimization of $Li[Ni_{1/3}Co_{1/3}Mn_{1/3}]O_2$ via co-precipitation[J]. Electrochim. Acta, 2004, 50(4): 939 - 948.

[126] KIM M H, SHIN H S, SHIN D, SUN Y K. Synthesis and electrochemical properties of $Li[Ni_{0.8}Co_{0.1}Mn_{0.1}]O_2$ and $Li[Ni_{0.8}Co_{0.2}]O_2$ via co-precipitation[J]. J Power Sources. 2006, 159(2): 1328 - 33.

[127] MYUNG S T, LEE M H, KOMABA S, et al. Hydrothermal synthesis of layered $Li[Ni_{1/3}Co_{1/3}Mn_{1/3}]O_2$ as positive electrode material for lithium secondary battery[J]. Electrochim. Acta, 2005, 50(24): 4800 - 4806.

[128] SAMARASINGHA P, TRAN - NGUYEN D H, BEHM M, et al., et al. $LiNi_{1/3}Mn_{1/3}Co_{1/3}O_2$ synthesized by the Pechini method for the positiveelectrode in Li-ion batteries: Material characteristics and electrochemical behaviour[J]. Electrochim. Acta, 2008, 53: 7995 - 8000.

[129] OHZUKU T, UEDA A, KOUGUCHI M. Synthesis and characterization of $LiAl_{1/4}Ni_{3/4}O_2$ (R3m) for lithium-ion (shuttlecock) batteries[J]. J. Electrochem. Soc, 1995, 142: 4033 - 4039.

[130] 刘智敏. 锂离子电池正极材料层状 $LiNi_xCo_{1-2x}Mn_xO_2$ 的合成与改性研究 [D]. 长沙: 中南大学, 2009.

[131] PATOUX S, DOEFF M M. Direct synthesis of $LiNi_{1/3}Co_{1/3}Mn_{1/3}O_2$ from nitrate precursors[J]. Electrochem. Commun., 2004, 6(8): 767 - 772.

[132] SATHIYA M, PRAKASH A S, RAMESHA K, SHUKLA A K. Rapid synthetic routes to prepare $LiNi_{1/3}Mn_{1/3}Co_{1/3}O_2$ as a high voltage, high-capacity Li-ion battery cathode material[J]. Materials Research Bulletin. 2009, 44(10): 1990 - 1994.

[133] XIANG J, CHANG C, ZHANG F, SUN J, Rheological Phase Synthesis and Electrochemical Properties of Mg-Doped $LiNi_{0.8}Co_{0.2}O_2$ Cathode Materials for Lithium-Ion Battery[J]. J. Elec-

troche Soc, 2008, 155(7): A520 – A525.

[134] SUN Y, XIA Y, NOGUCHI H, The improved physical and electrochemical performance of $LiNi_{0.35}Co_{0.3-x}Cr_xMn_{0.35}O_2$ cathode materials by the Cr doping for lithium ion batteries[J]. J. Power Sources, 2006, 159: 1377 – 1382.

[135] LIU D, WANG Z, CHEN L, Comparison of structure and electrochemistry of Al- and Fe-doped $LiNi_{1/3}Co_{1/3}Mn_{1/3}O_2$[J]. Electrochim. Acta, 2006, 51: 4199 – 4203.

[136] WU F, WANG M, SU Y, BAO L, CHEN S. A novel layered material of LiNi0. 32Mn0. 33Co0. 33Al0. 01O2 for advanced lithium-ion batteries[J]. J Power Sources. 2010, 195(9): 2900 – 2904.

[137] LIU J, WANG Q, REEJA – JAYAN B, MANTHIRAM A. Carbon-coated high capacity layered $Li[Li_{0.2}Mn_{0.54}Ni_{0.13}Co_{0.13}]O_2$ cathodes[J]. Electrochem Commun. 2010, 12(6): 750 – 743.

[138] LI J, HE X, ZHAO R, et al. Stannum doping of layered $LiNi_{3/8}Co_{2/8}Mn_{3/8}O_2$ cathode materials with high rate capability for Li – ion batteries [J]. J. Power Sources, 2006, 158 (1): 524 – 528.

[139] KAGEYAMA M, LI D, KOBAYAKAWA K, et al. Structural and electrochemical properties of $LiNi_{1/3}Mn_{1/3}Co_{1/3}O_{2-x}F_x$ prepared by solid state reaction[J]. J. Power Sources, 2006, 157: 494 – 500.

[140] HE. Y. S. , LI. PEI, LIAO. X. Z, et al, Synthesis of $LiNi_{1/3}Co_{1/3}Mn_{1/3}O_{2-z}F_z$ cathode material from oxalate precursors for lithium ion battery[J]. Journal of Fluorine Chemistry, 2007, 128: 139 – 143.

[141] KIM. G. H, MYUNG. S. T, BANG. H. J, et al. Synthesis and electrochemical properties of $Li[Ni_{1/3}Co_{1/3}Mn_{(1/3-x)}Mg_x]O_{2-y}F_y$ via coprecipitation[J]. Electrochem. Solid-State Lett. , 2004, 7(12): A477 – A480.

[142] HUANG. Y, CHEN. J, NI. J, et al. A modified ZrO_2-coating process to improve electrochemical performance of $Li(Ni_{1/3}Co_{1/3}Mn_{1/3})O_2$[J]. J. Power Sources, 2009, 188: 538 – 545.

[143] HU. S. K, CHENG. G. H, CHENG. M. Y, et al. Cycle life improvement of ZrO_2-coated spherical $LiNi_{1/3}Co_{1/3}Mn_{1/3}O_2$ cathode material for lithium ion batteries[J]. J. Power Sources, 2009, 188: 564 – 569.

[144] KIM H S, KONG M, KIM K. Effect of carbon coating on $LiNi_{1/3}Mn_{1/3}Co_{1/3}O_2$ cathode material for lithium secondary batteries[J]. J. Power Sources, 2007, 171: 917 – 921.

[145] KIMH S, KIMY, KIMS, et al. Enhanced electrochemical properties of $LiNi_{1/3}Co_{1/3}Mn_{1/3}O_2$ cathode material by coating with $LiAlO_2$ nanoparticles [J], J. Power Sources, 2006, 161: 623 – 627.

[146] KIMY, KIMHS, MARTINSW. Synthesis and electrochemical characteristics of Al_2O_3-coated $LiNi_{1/3}Co_{1/3}Mn_{1/3}O_2$ cathode materials for lithium ion batteries[J]. Electrochim. Acta , 2006, 52: 1316 – 1322.

[147] MYUNG. S. T, IZUMI. K, KOMABA. S, et al. Role of alu mina coating on Li – Ni – Co – Mn – O particles as positive electrode material for lithium-ion batteries[J]. Chem. Mater. , 2005, 17(14): 3695 – 3704.

[148] SUN. Y. K, MYUNG. S. T, KIM. M. H, KIM. J. H. Microscale core-shell structured Li

[$(Ni_{0.8}Co_{0.1}Mn_{0.1})_{(0.8)}(Ni_{0.5}Mn_{0.5})_{(0.2)}]O_2$ as positive electrode material for lithium batteries[J]. Electrochem Solid St. 2006, 9(3): A171 - A174.

[149]SUN. Y. K, MYUNG. S. T, PARK B. C, PRAKASH. J, BELHAROUAK. I, AMINE. K. High-energy cathode material for long-life and safe lithium batteries[J]. Nat Mater. 2009, 8(4): 320 - 324.

[150]WOO. S. U, PARK. B. C, YOON. C. S, MYUNG. S. T, PRAKASH. J, SUN. Y. K. Improvement of electrochemical performances of $Li[Ni_{0.8}Co_{0.1}Mn_{0.1}]O_2$ cathode materials by fluorine substitution[J]. J Electrochem Soc. 2007, 154(7): A649 - A655.

[151]WOO. S. W, MYUNG. S. T, BANG. H, KIM. D. W, SUN. Y. K. Improvement of electrochemical and thermal properties of $Li[Ni_{0.8}Co_{0.1}Mn_{0.1}]O_2$ positive electrode materials by multiple metal (Al, Mg) substitution[J]. Electrochim Acta. 2009, 54(15): 3851 - 3856.

[152] PADHIAK, NANJUNDASWAMYKS, GOODENOUGHJB. Phospho-olivines as positive-electrode materials for rechargeable lithium batteries [J]. J Electrochem Soc, 1997, 144(4): 1188 - 1194.

[153]NYTENA, THOMASJO. A neutron powder diffraction study of $LiCo_xFe_{1-x}PO_4$ for x = 0, 0.25, 0.40, 0.60 and 0.75[J]. Solid state ionics, 2006, 177: 1327 - 1330.

[154]ANDERSSON A S, THOMAS J O. The source of first-cycle capacity loss in $LiFePO_4$[J]. J Power Sources, 2001, 97 - 98: 498 - 502.

[155]Anderson AS, Thomas JO. The source of first-cycle capacity lose in $LiFePO_4$. J. Power Sources, 2001, (97 - 98): 498 - 502.

[156]OUYANG C, SHI S, WANG Z. First-principles study of Liion diffusion in $LiFePO_4$[J]. Physical Review B, 2004, 69, 104303.

[157]黄学杰. 锂离子电池正极材料磷酸铁锂研究进展[J]. 电池工业, 2004, 9(4): 176 - 180.

[158]YAMADA A, CHUNG S C, HINOKUMA K. Optimized $LiFePO_4$ for lithium battery cathodes [J]. J. Electrochem. Soc., 2001, 148 (3): 224 - 229.

[159]刘立君. 锂离子电池正极材料研究[D]. 北京: 中国科学院物理研究所, 2003.

[160]HOSOYA M, TAKAHASHI K, FUKUSHIMA Y. Method to manufacture activate substance for positive electrode and method of manufacturing non aqueous electrolyte cell: Japan, 250555 [P]. 2001 - 09 - 14.

[161]ZHU. B. Q, LI. X. H, WANG Z. X, Novel synthesis of $LiFePO_4$ by aqueous precipitation and carbonthermal reduction[J]. Material Chemistry and Physics, 2006, 98: 373 - 376.

[162] ARNOLDG, GARCHEJ, HEMMERR, STROBELES. Fine-particle lithium iron phosphate $LiFePO_4$ synthesized by a new low-cost aqueous precipitation technique[J]. J. Power Sources, 2003, 119 - 121: 247 - 251.

[163]PROSINI P P, CAREW SM, SCACCIA S. A new synthetic route for p reparing $LiFePO_4$ with enhanced electrochemical performance[J]. J. Electrochem. Soc., 2002, 149(7): 886 - 890.

[164]ARNOLD G, GARCHE J, HEMMER R, et al. Fine-particle lithium iron phosphate $LiFePO_4$ synthesized by a new low-cost aqueous p recip itation technique[J]. J. Power Sources, 2003, 119 ~ 121: 247 - 251.

[165]CROCE F, EPIFANIO A D, HASSOUN J, et al. A novel concep t for the synthesis of an imp

roved $LiFePO_4$ lithium battery cathode [J]. Electrochem. Solid-State Lett. 2002, 5 (3): 47 - 50.

[166] HU Y Q, DOFF M M, KOSTECKI R, et al. Electrochemical performance of sol-gel synthesized $LiFePO_4$ in lithium batteries[J]. J. Electrochem. Soc. 2004, 51(8): 1 279 - 1285.

[167] CHO T. - H, CHUNG H. - T. Synthesis of olivine-type $LiFePO_4$ by emulsion-dryingmethod [J]. J. Power Sources, 2004, 133 : 272 - 276.

[168] TOMONARI T, MITSUHARU T, AKIKO N, TATSUYA N, YOSHIKI M, HIROYUKI K, KUNIAKI T. Preparation of dense $LiFePO_4$/C composite positive electrodes using spark-plasma-sintering process[J]. Journal of Power Sources, 2005, 146(1 - 2): 575 - 579.

[169] HIROKAZU O, JUNPEI Y, YOUHEI K, ICHIRO A, MINEO S. Synthesis of $FePO_4$ cathode material for lithium ion batteries by a sonochemical method[J]. Materials Research Bulletin 2008, 43: 1203 - 1208.

[170] YANG M. R, TENG T. H, WU SH. H. $LiFePO_4$/carbon cathode materials preparedby ultrasonic spray pyrolysis[J]. J. Power Sources, 2006, 159 : 307 - 311.

[171] LU Z. G, CHENG H, LO M. F, CHUNG C. Y. Pulsed laser deposition and electrochemical characterization of $LiFePO_4$ - Ag composite thin film [J]. Advanced Functional Materials. 2007, 17(18): 3885 - 3896.

[172] LI. P, HE. W, ZHAO. H, WANG S. Biomimetic synthesis and characterization of the positive electrode material $LiFePO_4$[J]. Journal of Alloys and Compounds. 2009, 471: 536 - 538.

[173] PROSINI P P , ZANE D , Pasquali M. Improved electrochemical performance of a $LiFePO_4$ based composite cathode[J]. Electrochimica Acta, 2001, 46 : 3517 - 3523.

[174] NRAVET, Y CHOUINARD, J F MAGNAN, et al. Electroactivity of natural and synthetic triphylite[J]. J. Power Sources. 2001, 97: 503 - 507.

[175] CHUNG S Y, BLOKING J T, CHIANG Y M. Electronically conductive phosphor-olivines as lithium storage electrodes[J]. Nature Materials, 2002, 2: 123 - 128.

[176] SHIN. H. C, PARK. S. B, JANG. H, CHUNG. K. Y. Rate performance and structural change of Cr-doped $LiFePO_4$/C during cycling [J]. Electrochimica Acta, 2008, 53: 7946 - 7951.

[177] LU. Y, SHI. J, GUO. Z, TONG. Q. Synthesis of $LiFe_{1-x}Ni_xPO_4$/C composites and their electrochemical performance[J]. Journal of Power Sources, 2009, 194: 786 - 793.

[178] WANG. D. Y, LI. H, SHI. S. Q, et al. Improving the rate performance of $LiFePO_4$ by Fe-site doping[J]. 2005, 50(14): 2955 - 2958.

[179] AMIN. R, LIN. C T, PENG. J. B, et al. Silicon-Doped $LiFePO_4$ Single Crystals: Growth, Conductivity Behavior, and Diffusivity[J]. Adv. Funct. Mater. 2009, 19: 1697 - 1704.

[180] HUANG H, YIN S C, NAZAR L F. Approaching theoretical capacity of $LiFePO_4$ at room temperature at high rates [J]. Electrochemical and Solid-State Letters, 2001, 4 (10): A170 - A172.

[181] FEDORKOVá A, NACHER - ALEJOS A, GóMEZ - ROMERO P, ORINáKOVá R, KANIANSKY D. Structural and electrochemical studies of PPy/PEG - LiFePO4 cathode material for Li-ion batteries[J]. Electrochim Acta. 2010, 55(3): 943 - 947.

[182]KANGB, CEDERG. Battery materials for ultrafast charging and discharging[J]. Nature, 2009, 458: 190 - 193.

[183]CROCEF, EPIFANIOAD, HASSOUNJ, DEPTULAA, OLCZACT, SCROSATIB. A Novel Concept for the Synthesis of an Improved $LiFePO_4$ Lithium Battery Cathode[J]. Electrochemical and Solid-State Letters, 2002, 5(3) A47 - A50.

[184]MI C. H, CAO Y. X, ZHANG X. G, ZHAO X. B, LI H. L. Synthesis and characterization of $LiFePO_4$/(Ag + C) composite cathodes with nano-carbon webs[J]. Powder Technology 2008, 181: 301 - 306.

[185]PARK K. S, SON J. T, CHUNG H. T, KIM S. J, LEE C. H, KANG K. T, KIM H. G. Surface modification by silver coating for improving electrochemical properties of $LiFePO_4$ [J]. Solid State Commun. 2004, 129: 311.

[186]北京冶矿研究总院测试研究所编. 有色冶金分析手册[M]. 北京: 冶金工业出版社, 2004.

[187]陈永明. 盐酸体系炼锌渣提铟及铁资源有效利用的工艺与理论研究[D]. 长沙: 中南大学, 2009.

[188]李金辉. 氯盐体系提取红土矿中镍钴的工艺及基础研究[D]. 长沙: 中南大学, 2010.

[189]HSTEPHEN, TSTEPHEN, Solubilities of Inorganic Compounds, vol. 1, PergamonPress, Oxford, 1963.

[190]郑俊超. 锂离子电池正极材料 $LiFePO_4$、$Li_3V_2(PO_4)_3$及 $xLiFePO_4 \cdot yLi_3V_2(PO_4)_3$的制备与性能研究 [D]. 长沙: 中南大学, 2010.

[191]喻正军. 从镍转炉渣中回收钴镍铜的理论与技术研究[D]. 长沙: 中南大学, 2007.

[192]ZHENG JC, LI XH, WANG ZX. $LiFePO_4$ with enhanced performance synthesized by a novel synthetic route. Journal of power sources[J]. 2008, 184(2): 574 - 577.

[193]KWON S. J, KIM C. W, JEONG W. T, LEE K. S. Synthesis and electrochemical properties of olivine $LiFePO_4$ as a cathode material prepared by mechanical alloying[J]. Journal of power sources. 2004, 137(1): 93 - 99.

[194]KIM C. W, PARK J. S, LEE K. S. Effect of Fe_2P on the electron conductivity and electrochemical performance of $LiFePO_4$ synthesized by mechanical alloying using Fe^{3+} raw material[J]. Journal of power sources. 2006, 163(1): 144 - 150.

[195]JIN E. M, JIN B, JUN D. K, PARK K. H, GU H. B, KIM K. W. A study on the electrochemical characteristics of $LiFePO_4$ cathode for lithium polymer batteries by hydrothermal method[J]. Journal of power sources. 2008, 178(2): 801 - 806.

[196]CHANG YC, SOHN HJ. Electrochemical impedance analysis for lithium ion intercalation into graphitized carbons[J]. J. Electrochem. Soc, 2000, 147(1): 50 - 58.

[197]庄大高, 赵新兵, 谢健, 等. Nb 掺杂 $LiFePO_4$/C 的一步固相合成及电化学性能[J]. 物理化学学报, 2006, 22(7): 840 - 844.

[198]YANG ZX, WANG B, YANG WS, WEI X. A novel method for the preparation of submicron-sized $LiNi_{0.8}CO_{0.2}O_2$ cathode material. Electrochim Acta. 2007, 52(28): 8069 - 8074.

[199]XIANG J. F, CHANG C. X, ZHANG F, SUN J. T. Rheological phase synthesis and electrochemical properties of Mg-doped $LiNi_{0.8}Co_{0.2}O_2$ cathode materials for lithium-ion battery[J]. J

Electrochem Soc. 2008, 155(7): A520 – A525.

[200]ZENG Y. W, HE J. H. Surface structure investigation of $LiNi_{0.8}Co_{0.2}O_2$ by $AlPO_4$ coating and using functional electrolyte[J]. J Power Sources. 2009, 189(1): 519 – 521.

[201]JAYALAKSHMI M, VENUGOPAL N, REDDY B. R, RAO M. M. Optimum conditions to prepare high yield, phase pure $\alpha-Ni(OH)_2$ nanoparticles by urea hydrolysis and electrochemical ageing in alkali solutions[J]. J. Power Sources. 2005, 150: 272 – 275.

[202]BERNARD M. C, BERNARD P, KEDDAM M, SENYARICH S, TAKENOUTI H. Characterisation of new nickel hydroxides during the transformation of α $Ni(OH)_2$ to β $Ni(OH)_2$ by ageing [J]. Electrochim. Acta. 1996, 41: 91 – 93.

[203]SURYANARAYANA C, KOCH C. C. Nanocrystalline materials – Current research and future directions[J]. Hyperfine Interact. 2000, 130: 5 – 44.

[204]SURYANARAYANA C. The structure and properties of nanocrystalline materials: Issues and concerns[J]. Jom-J. Min. Met. Mat. S. 2002, 54: 24 – 27.

[205]LI W, REIMERS JN, DAHN J. R. In situ x-ray diffraction and electrochemical studies of $Li_{1-x}NiO_2$[J]. Solid State Ionics. 1993, 67: 123 – 130.

[206]OH SW, PARK SH, PARK CW, SUN YK. Structural and electrochemical properties of layered $Li[Ni_{0.5}Mn_{0.5}]_{1-x}Co_xO_2$ positive materials synthesized by ultrasonic spray pyrolysis method[J]. Solid State Ionics. 2004, 171: 167 – 172.

[207]OHZUKU T, UEDA A, NAGAYAMA M. Electrochemistry and Structural Chemistry of $LiNiO_2$ ($R\bar{3}M$) for 4 Volt Secondary Lithium Cells[J]. J. Electrochem. Soc. 1993, 140: 1862 – 1870.

[208]SAAVEDRA – ARIAS J. J, KARAN N. K, PRADHAN D. K, KUMAR A, NIETO S, THOMAS R, et al. Synthesis and electrochemical properties of $Li(Ni_{0.8}Co_{0.1}Mn_{0.1})O_2$ cathode material: Ex situ structural analysis by Raman scattering and X-ray diffraction at various stages of charge-discharge process[J]. J Power Sources. 2008, 183(2): 761 – 765.

[209]CHERALATHAN KK, KANG NY, PARK HS, LEE YJ, CHOI WC, KO YS, et al. Preparation of spherical $LiNi_{0.80}Co_{0.15}Mn_{0.05}O_2$ lithium-ion cathode material by continuous co-precipitation[J]. J Power Sources. 2010, 195(5): 1486 – 1494.

[210]SHANNON R. Revised effective ionic radii and systematic studies of interatomic distances in halides and chalcogenides[J]. Acta Crystallogr. 1976, A 32: 751 – 767.

[211]KIM JM. CHUNG HT. The First Cycle Characteristics of $Li[Ni_{1/3}Co_{1/3}Mn_{1/3}]O_2$ Charged up to 4.7 V[J]. Electrochim. Acta. 2004, 49: 937 – 944.

[212]LIU. D., WANG. Z, CHEN. L. Comparison of structure and electrochemistry of Al- and Fe-doped $LiNi_{1/3}Co_{1/3}Mn_{1/3}O_2$[J]. Electrochim. Acta. 2006, 51: 4199 – 4203.

[213]MENG Y. S, WU Y. W, HWANG B. – J, LI Y, CEDER G, Combining Ab Initio Computation with Experiments for Designing New Electrode Materials for Advanced Lithium Batteries: $LiNi_{1/3}Fe_{1/6}Co_{1/6}Mn_{1/3}O_2$[J]. Journal of The Electrochemical Society. 2004, 151: A1134 – A1140.

[214]CASTRO – CARCIA S, CASTRO – COUCEIRO A, SENARIS – RODRIGUEZ MA, SOULETTE F, JULIEN C. Influence of alu minum doping on the properties of $LiCoO_2$ and $LiNi_{0.5}Co_{0.5}O_2$ oxides[J]. Solid Sate Ionics. 2003, 156: 15 – 26.

[215]DING Y. H, ZHANG P, JIANG Y, YIN Y. R, LU Q. B, GAO D. S. Synthesis and electrochemical properties of $LiNi_{0.375}Co_{0.25}Mn_{0.375-x}Cr_xO_{2-x}F_x$ cathode materials prepared by sol - gel method[J]. Materials Research Bulletin 2008, 43: 2005 - 2009.

[216]LI W, REIMERS J. N, DAHN JR. In situ x-ray diffraction and electrochemical studies of $Li_{1-x}NiO_2$[J]. Solid state ionocs. 1993, 67: 123 - 128.

[217]BRIGGS D. SEAH M. P, John WILLEY & SONS. Vol. 1, second edition 1993.

[218]WAGNER C. D, MOULDER J. F, DAVIS L. E, RIGGS W. M. Perking-Elmer Corporation[J]. Physical Electronics Division (end of book).

[219]STYPULA B, STOCH J, The characterization of passive films on chromium electrodes by XPS [J]. Corrosion Science. 1994, 36: 2159 - 2167.

[220]SHIM J, KOSTECKI R, RICHARDSON T, SONG X, STRIEBEL K. A. Electrochemical analysis for cycle performance and capacity fading of a lithium-ion battery cycled at elevated temperature[J]. J. Power Sources. 2002, 112: 222 - 230.

[221]WRIGHT R. B, CHRISTOPHERSEN J. P, MOTLOCH C. G, BELT J. R, HO C. D, BATTAGLIA V. S, BARNES J. A, DUONG T. Q, SUTULA R. A. Power fade and capacity fade resulting from cycle-life testing of advanced technology development program lithium-ion batteries[J]. J. Power Sources. 2003, 112: 865 - 869.

[222]BELHAROUAK I, LU W, VISSERS D, AMINE K. Safety characteristics of $Li(Ni_{0.8}Co_{0.15}Al_{0.05})O_2$ and $Li(Ni_{1/3}Co_{1/3}Mn_{1/3})O_2$[J]. Electrochem. Commun. 2006, 329 - 335.

[223]THOMAS M. G. S. R, DAVID W. I. F, GOODENOUGH J. B, Groves P. Synthesis and structural characterization of the normal spinel $Li[Ni_2]O_4$[J], Materials Research Bulletin. 1985, 20: 137 - 1146.

[224]HWANG B J, TSAI Y W, CHEN C H, SANTHANAM R. Influence of Mn content on the morphology and electrochemical performance of $LiNi_{1-x-y}Co_xMn_yO_2$ cathode materials[J]. J. Mater. Chem. 2003, 13: 1962 - 1968.

[225]PAULSEN J M, THOMAS C L, DAHN J R. O_2 - Type $Li_{2/3}[Ni_{1/3}Mn_{2/3}]O_2$: A new layered cathode material for rechargeable lithium batteries. II. Structure, composition, and properties [J]. J. Electrochem. Soc. 2000, 147: 861 - 868.

[226]LIU Kui, CHEN Qiyuan, HU Huiping. Comparative leaching of minerals by sulphuric acid in a Chinese ferruginous nickel laterite ore[J]. Hydrometallurgy, 2009, 98(3 - 4): 281 - 286.

[227]刘岩，王虹，蒋贵权，等. 含镍废料浸出条件及循环逆流浸出工艺研究[J]. 矿冶工程，2006, 26(5): 44 - 46.

[228]方成开，谭佩君. 从钴镍废料电溶液中分离回收钴镍[J]. 湿法冶金，2003, 22(4): 169 - 182.

[229]刘瑶，丛自范，王德全. 对低品位镍红土矿常压浸出的初步探讨[J]. 有色矿冶，2007, 23(5): 28 - 30.

[230]罗仙平，龚恩民. 酸浸法从含镍蛇纹石中提取镍的研究[J]. 有色金属(冶炼部分)，2006，(4): 28 - 31.

图书在版编目(CIP)数据

红土镍矿多元材料冶金/李新海等著.
—长沙:中南大学出版社,2015.10
ISBN 978-7-5487-2023-2

Ⅰ.红... Ⅱ.李... Ⅲ.红土型矿床-镍矿床-有色金属冶金
Ⅳ.TF815

中国版本图书馆CIP数据核字(2015)第267384号

红土镍矿多元材料冶金

李新海　李灵均　王志兴　郭华军　著

□责任编辑　刘颖维
□责任印制　易建国
□出版发行　中南大学出版社
社址:长沙市麓山南路　邮编:410083
发行科电话:0731-88876770　传真:0731-88710482
□印　　装　长沙超峰印刷有限公司

□开　　本　720×1000　1/16　□印张 13.25　□字数 263千字
□版　　次　2015年10月第1版　□印次　2015年10月第1次印刷
□书　　号　ISBN 978-7-5487-2023-2
□定　　价　60.00元